COMPOSITIONS
D'ANALYSE
ET DE
MÉCANIQUE

DONNÉES DEPUIS 1869 A LA SORBONNE

POUR LA LICENCE ÈS SCIENCES MATHÉMATIQUES,

SUIVIES D'EXERCICES

SUR LES VARIABLES IMAGINAIRES.

PAR E. VILLIÉ,

Ancien Ingénieur des Mines, Docteur ès Sciences,
Professeur à la Faculté libre des Sciences de Lille.

ÉNONCÉS ET SOLUTIONS.

PARIS,
GAUTHIER-VILLARS, IMPRIMEUR-LIBRAIRE
DU BUREAU DES LONGITUDES, DE L'ÉCOLE POLYTECHNIQUE,
Quai des Grands-Augustins, 55.

1885

COMPOSITIONS

D'ANALYSE ET DE MÉCANIQUE.

ΕΙ Ο ΘΕΟΣ ΓΕΩΜΕΤΡΕΙ

PRÉFACE.

Ayant été appelé à occuper, depuis sa fondation, la chaire d'Analyse à la Faculté libre des Sciences de Lille, j'ai dû, pour les besoins de mon enseignement, traiter un grand nombre d'exercices en vue des compositions écrites de la licence ès sciences mathématiques. Les résultats inespérés que j'ai obtenus, grâce à ce mode de préparation de mes élèves, m'ont engagé à publier ce Recueil, dans lequel sont résolus tous les problèmes d'Analyse et de Mécanique donnés en composition à la Sorbonne, depuis 1869, tant aux élèves de l'École Normale qu'aux élèves libres qui se sont présentés à la licence. J'y ai joint quelques questions proposées dans les autres Facultés et un certain nombre d'exercices sur les intégrales imaginaires et les fonctions doublement périodiques.

A la fin de cet Ouvrage, je donne les énoncés des questions d'Astronomie proposées à la Sorbonne pendant la période 1869-1884; ces exercices étant en général purement numériques, j'ai cru pouvoir me dispenser d'en donner les solutions.

L'exposé qui précède montre suffisamment que cette Publication ne fait pas double emploi avec celles du même genre qui ont paru, pour la plupart, avant la mise en vigueur du nouveau programme de licence.

TABLE DES MATIÈRES.

PREMIÈRE PARTIE.

ANALYSE.

DEUXIÈME PARTIE.

MÉCANIQUE.

APPENDICE.

ASTRONOMIE.

COMPOSITIONS
D'ANALYSE ET DE MÉCANIQUE.

PREMIÈRE PARTIE.
ANALYSE.

CHAPITRE PREMIER.
QUADRATURES.

1. *Trouver les aires des boucles formées par les courbes dont les équations suivent :*

1° $$x^{2n+1} + y^{2n+1} = a(xy)^n,$$

2° $$x^{2n} + y^{2n} = a^2(xy)^{n-1}.$$

Dans les deux cas n désigne un nombre entier positif.

(Clermont, novembre 1880.)

1° L'équation de cette courbe unicursale, en coordonnées polaires, est

$$\rho = \frac{a(\sin\omega\cos\omega)^n}{\cos^{2n+1}\omega + \sin^{2n+1}\omega};$$

l'aire de la boucle est donc

$$A = \frac{1}{2}\int_0^{\frac{\pi}{2}} \rho^2\, d\omega = \frac{a^2}{2}\int_0^{\frac{\pi}{2}} \frac{\operatorname{tang}^{2n}\omega\, d\operatorname{tang}\omega}{(1+\operatorname{tang}^{2n+1}\omega)^2} = \frac{a^2}{2(2n+1)}.$$

2° En suivant la même marche, on trouve

$$\rho^2 = \frac{a^2 \cos^{n-1}\omega \sin^{n-1}\omega}{\cos^{2n}\omega + \sin^{2n}\omega},$$

$$\mathrm{A} = \frac{a^2}{2}\int_0^{\frac{\pi}{2}} \frac{\operatorname{tang}^{n-1}\omega \, d\operatorname{tang}\omega}{1+\operatorname{tang}^{2n}\omega} = \frac{a^2}{2n}\left[\operatorname{arc\,tang}(\operatorname{tang}^n\omega)\right]_0^{\frac{\pi}{2}} = \frac{a^2}{4n}.$$

2. *Par l'extrémité* A *du diamètre* AB *d'un cercle donné* (*fig.* 1), *on mène une corde quelconque* AC, *puis on prend, à partir du point* A, *sur le diamètre* AB, *une longueur* AD = AC. *On demande le lieu du milieu* M *des droites telles que* CD.

Fig. 1.

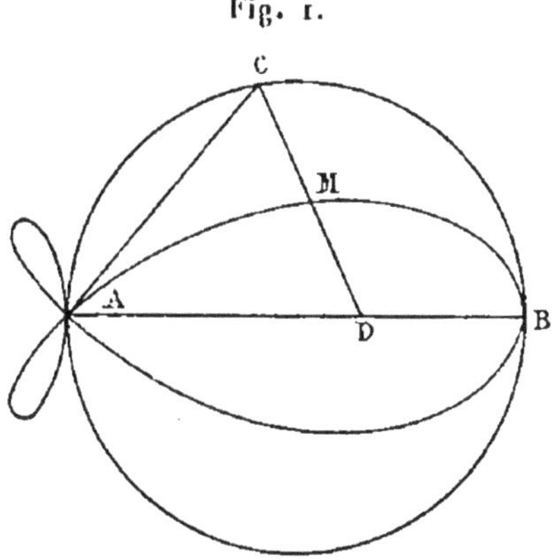

Construire la courbe et déterminer l'aire de la portion du plan qu'elle renferme.

(Lille, juillet 1865.)

Soit le diamètre AB = $2a$; l'équation de la courbe est

$$\rho = \mathrm{AD}\cos\omega = 2a\cos 2\omega \cos\omega.$$

D'après les données, ω ne peut varier que de $-\frac{\pi}{4}$ à $+\frac{\pi}{4}$; les valeurs négatives de ρ fournissent deux boucles parasites.

L'aire cherchée A de la boucle principale est donc

$$A = 2a^2 \int_{-\frac{\pi}{4}}^{+\frac{\pi}{4}} \cos^2\omega \cos^2 2\omega \, d\omega$$

$$= a^2 \int_0^{\frac{\pi}{4}} (1 + \cos 2\omega)(1 + \cos 4\omega)\, d\omega$$

$$= a^2 \left(\omega + \frac{\sin 2\omega}{2} + \frac{\sin 4\omega}{4}\right)_0^{\frac{\pi}{4}} + \frac{a^2}{2}\int_0^{\frac{\pi}{4}} (\cos 6\omega + \cos 2\omega)\, d\omega$$

$$= a^2 \left(\omega + \frac{3}{4}\sin 2\omega + \frac{1}{4}\sin 4\omega + \frac{1}{12}\sin 6\omega\right)_0^{\frac{\pi}{4}}$$

$$= a^2 \left(\frac{\pi}{4} + \frac{2}{3}\right).$$

3. *On donne un cylindre droit vertical dont la base est un cercle de centre* O *et de rayon* a. *Une courbe tracée sur ce cylindre jouit de la propriété que,* M *désignant un point de cette courbe et* MT *la tangente correspondante, la projection du rayon vecteur* $OM = r$ *sur cette tangente est constante et égale à une ligne donnée* K. *Le point* M *est défini par l'ordonnée verticale* z *et par l'angle* ω *que la projection horizontale* OP *de* OM *fait avec le rayon fixe* OA. *On propose de :*

1° *Trouver la relation finie qui existe entre* z *et* ω ;

2° *Trouver en fonction de* z *l'expression* s *de l'arc de la courbe;*

3° *Calculer l'aire cylindrique comprise entre deux génératrices données et les arcs qu'elles interceptent sur la courbe et sur le cercle de base.*

(Montpellier, novembre 1879.)

1° On a

$$\cos(OM, MT) = \frac{x\,dx + y\,dy + z\,dz}{r\,ds} = \frac{z\,dz}{r\,ds},$$

en tenant compte de l'équation différentielle du cylindre

$$x\,dx + y\,dy = 0,$$

d'où

$$K = r\cos(\text{OM}, \text{MT}) = \frac{z\,dz}{ds} = \frac{z\,dz}{\sqrt{dz^2 + a^2\,d\omega^2}},$$

$$\pm\ a\text{K}(\omega - \omega_0) = \int \sqrt{z^2 - \text{K}^2}\,dz,$$

$$\pm\ 2a\text{K}(\omega - \omega_0) = z\sqrt{z^2 - \text{K}^2} - \text{K}^2 \log \frac{z + \sqrt{z^2 - \text{K}^2}}{\text{K}}.$$

La constante arbitraire ω_0 répond à l'ordonnée minimum $z_0 = \text{K}$ de la courbe qui admet pour tangente en ce point la génératrice du cylindre.

2° L'arc de courbe compté à partir du point d'ordonnée minimum est donné par la formule

$$\text{S} = \frac{z^2 - \text{K}^2}{2\text{K}}.$$

3° Enfin l'aire cylindrique comprise entre la courbe, la base du cylindre et les ordonnées z_0 et z est

$$\text{A} = \int z.a\,d\omega = \int_{\text{K}}^{z} \frac{z\sqrt{z^2 - \text{K}^2}}{\text{K}}\,dz = \frac{1}{3\text{K}}(z^2 - \text{K}^2)^{\frac{3}{2}}.$$

4. *Le centre d'une sphère parcourant une hélice tracée sur un cylindre circulaire droit, l'enveloppe des positions de la sphère est une certaine surface canal; déterminer l'aire de la section faite dans cette surface par un plan perpendiculaire à l'axe. Chercher le rapport de cette aire au grand cercle de la sphère génératrice.*

(Lille, novembre 1868.)

Un plan normal à l'axe du cylindre coupe chaque sphère suivant un cercle dont le centre O (*fig.* 2) est sur le cercle de base du cylindre; l'enveloppe de tous ces cercles donne la section de la surface canal. Deux cercles infiniment voisins, de centres O et O_1, et de rayons r et $r+dr$, se coupent suivant une corde AB; nous prendrons pour aire élémentaire celle qui est comprise entre AB et la corde infiniment voisine, et pour variable indépendante l'arc

Fig. 2.

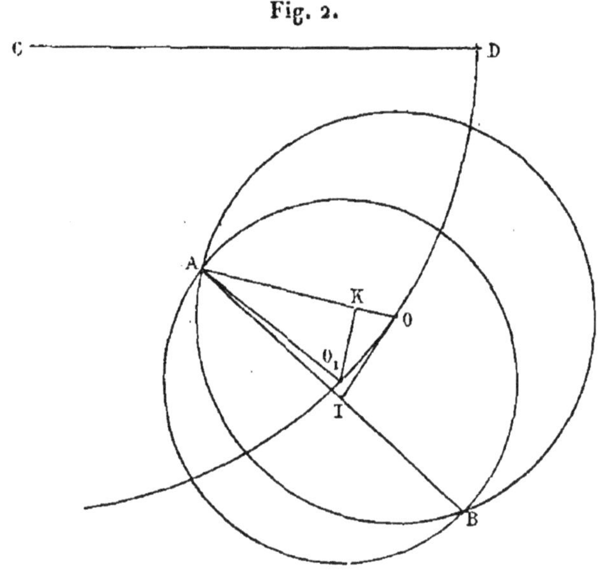

$s = \text{DO}$ de base du cylindre, compté à partir du point de D où l'hélice perce le plan de base.

L'aire élémentaire cherchée

$$dA = AB(ds + d.\overline{OI});$$

or les triangles rectangles OIA et OKO_1 donnent

$$OI = -r\frac{dr}{ds},$$

d'où

$$AI = r\sqrt{1-\left(\frac{dr}{ds}\right)^2};$$

d'ailleurs on a, en appelant a le rayon de la sphère génératrice et m la tangente de l'angle que fait l'hélice avec la base du cylindre,

$$r^2 = a^2 - m^2 s^2, \quad -r\frac{dr}{ds} = \mathrm{OI} = +m^2 s,$$

$$d.\overline{\mathrm{OI}} = m^2\,ds \quad \text{et} \quad \mathrm{AI} = \sqrt{a^2 - m^2(1+m^2)s^2};$$

on en déduit

$$d\mathrm{A} = 2(1+m^2)\,ds\sqrt{a^2 - m^2(1+m^2)s^2}.$$

Pour trouver les limites entre lesquelles on doit intégrer l'expression précédente, nous écrirons que deux cercles infiniment voisins se coupent, autrement dit que la distance ds de leurs centres est plus grande que la différence

$$-dr = \frac{m^2 s\,ds}{\sqrt{a^2 - m^2 s^2}}$$

de leurs rayons, ce qui donne pour limite supérieure

$$s_0 = \frac{a}{m\sqrt{1+m^2}}.$$

On a donc

$$\begin{aligned}
\mathrm{A} &= 4(1+m^2)\int_0^{\frac{a}{m\sqrt{1+m^2}}} ds\sqrt{a^2 - m^2(1+m^2)s^2} \\
&= 2(1+m^2)\left[\frac{a^2}{m\sqrt{1+m^2}}\arcsin\frac{m\sqrt{1+m^2}}{a}s \right. \\
&\qquad\qquad \left. + s\sqrt{a^2 - m^2(1+m^2)s^2}\right]_0^{s_0},
\end{aligned}$$

$$\mathrm{A} = \pi a^2\sqrt{1+\frac{1}{m^2}}.$$

Le rapport cherché est $\sqrt{1+\frac{1}{m^2}}$; il est indépendant du rayon du cylindre.

Quand l'hélice est une génératrice du cylindre, $m = \infty$, $\mathrm{A} = \pi a^2$, et quand elle devient la base du cylindre, $m = 0$, $\mathrm{A} = \infty$; on a en effet, alors, une infinité de couronnes superposées.

5. *Un paraboloïde elliptique a pour équation*

$$\frac{y^2}{p}+\frac{z^2}{q}=2x;$$

trouver l'expression du volume limité par un plan parallèle au plan des yz et le centre de gravité de ce volume.

(Lille, novembre 1869.)

Soit $x=a$ l'équation de ce plan; une section parallèle au plan des yz est une ellipse ayant pour axes $\sqrt{2px}$ et $\sqrt{2qx}$: sa surface est donc $B=\pi\sqrt{pq}\,2x$. On a, par suite, pour le volume cherché,

$$V=\int_0^a B\,dx=\pi a^2\sqrt{pq}.$$

Le centre de gravité est sur l'axe des x, à une distance X de l'origine donnée par la formule

$$XV=\int_0^a xB\,dx=\tfrac{2}{3}\pi a^3\sqrt{qp},$$

d'où

$$X=\tfrac{2}{3}a.$$

6. *Calculer le volume situé au-dessus du plan des xy et compris entre les deux surfaces*

$$\frac{z}{c}=1-\frac{x^2}{a^2}-\frac{y^2}{b^2}\quad\text{et}\quad\frac{x^2}{a^2}+\frac{y^2}{b^2}=m^2;$$

on suppose $m^2<1$. Que représenterait l'expression trouvée si $m^2>1$?

(Lille, juillet 1864).

Les sections du paraboloïde et du cylindre par le plan des xy sont des ellipses semblables et la seconde est intérieure à la première si $m^2<1$; les surfaces se coupent au-dessus du plan des xy.

Le volume cherché V est donné par la formule

$$\begin{aligned}
V &= 4\int_0^{am} dx \int_0^{\frac{b}{a}\sqrt{a^2m^2-x^2}} c\left(1-\frac{x^2}{a^2}-\frac{y^2}{b^2}\right)dy \\
&= \frac{4bc}{a^3}\int_0^{am} dx\sqrt{a^2m^2-x^2}\left(a^2-x^2-\frac{a^2m^2-x^2}{3}\right) \\
&= \frac{\pi abc\,m^2(3-m^2)}{3} - \frac{4bc}{a^3}\int_0^{am} 2x^2\,dx\sqrt{a^2m^2-x^2} \\
&= \frac{\pi abc\,m^2(3-m^2)}{3} - \frac{\pi abc\,m^4}{6} = \pi abc\,m^2\left(1-\frac{m^2}{2}\right).
\end{aligned}$$

Si $m^2 = 1$, on trouve $V = \frac{1}{2}\pi abc$; c'est le volume de la portion du paraboloïde située au-dessus du plan des xy.

Si $m^2 > 1$, les surfaces se coupent au-dessous du plan des xy, et l'expression générale de V représente la différence entre le volume du paraboloïde limité au plan des xy et le volume compris entre les deux surfaces.

7. *Les axes d'une ellipse sont $2a$ et $2b$ $(a > b)$, cette ellipse sert de directrice à un cylindre droit; calculer la portion du volume de ce cylindre comprise dans une sphère ayant le centre de l'ellipse pour centre et son demi-grand axe a pour rayon.*

(Paris, juillet 1876, 1re question.)

On a pour ce volume

$$\begin{aligned}
V &= 8\int_0^a dx\int_0^{b\sqrt{1-\frac{x^2}{a^2}}} dy\sqrt{a^2-x^2-y^2} \\
&= 4\int_0^a dx\left[(a^2-x^2)\arcsin\frac{y}{\sqrt{a^2-x^2}} + y\sqrt{a^2-x^2-y^2}\right]_{y=0}^{y=b\sqrt{1-\frac{x^2}{a^2}}} \\
&= \frac{8}{3}\left(abc + a^3\arcsin\frac{b}{a}\right).
\end{aligned}$$

8. *Soient* Ox, Oy *et* Oz *trois axes rectangulaires et*

un paraboloïde défini par l'équation

$$\frac{2z}{c} = \frac{x^2}{p^2} + \frac{y^2}{q^2};$$

calculer l'expression du volume limité par le plan xOy, *la surface du paraboloïde et la surface du cylindre dont l'équation est*

$$\frac{x^2}{a^2} + \frac{y^2}{b^2} = 1.$$

(Paris, juillet 1882, 1re question.)

On a

$$V = 2c\int_0^a dx \int_0^{\frac{b}{a}\sqrt{a^2-x^2}} \left(\frac{x^2}{p^2} + \frac{y^2}{q^2}\right) dy,$$

$$V = \frac{2bc}{3a^3p^2q^2}\int_0^a dx\sqrt{a^2-x^2}\,[a^2b^2p^2 + x^2(3a^2q^2 - b^2p^2)]$$

$$= \frac{2bc}{3a^3p^2q^2}\left[a^2b^2p^2\frac{\pi a^2}{4} + (3a^2q^2 - b^2p^2)\frac{\pi a^4}{16}\right]$$

$$= \frac{\pi abc}{8p^2q^2}(a^2q^2 + b^2p^2).$$

9. *Soient* Ox, Oy, Oz *trois axes rectangulaires. Une surface réglée est engendrée de la manière suivante : le plan* zOA *tourne autour de* Oz, *la génératrice* D *comprise dans ce plan fait avec* Oz *un angle constant dont la tangente est* λ; *elle intercepte sur* Oz *un segment* OC *représenté par* $\lambda a\theta$, a *désignant une ligne donnée et* θ *l'angle des plans* zOx, zOA.

1° *Calculer l'expression du volume limité par la surface réglée et les plans* xOy, zOx, zOA, *l'angle* θ *des deux derniers étant moindre que* 2π.

2° *Calculer l'expression de la portion de surface limitée par ces mêmes plans.*

(École Normale, juillet 1882, 1re question.)

1° L'équation de la surface en coordonnées cylindriques est

$$z = \lambda a \theta - \frac{\rho}{\lambda};$$

l'élément de volume

$$dV = z\rho\, d\theta\, d\rho = \frac{1}{\lambda}(\lambda^2 a\theta\rho - \rho^2)\, d\rho\, d\theta,$$

$$V = \frac{1}{\lambda}\int_0^\theta d\theta \int_0^{\lambda^2 a\theta} (\lambda^2 a\theta\rho - \rho^2)\, d\rho,$$

$$V = \frac{\lambda^5 a^3}{6}\int_0^\theta \theta^3\, d\theta = \frac{1}{24}\lambda^5\theta^4 a^3.$$

2° L'élément de surface $d\sigma$ est donné par la formule

$$d\sigma = \rho\, d\rho\, d\theta\sqrt{1 + p^2 + q^2};$$

or

$$dz = \lambda a\, d\theta - \frac{d\rho}{\lambda} = \lambda a\, \frac{x\, dy - y\, dx}{\rho^2} - \frac{x\, dx + y\, dy}{\lambda\rho},$$

d'où

$$p = -\frac{\lambda^2 a y + \rho x}{\lambda\rho^2}, \quad q = \frac{\lambda^2 a x - \rho y}{\lambda\rho^2},$$

et par suite

$$d\sigma = \frac{1}{\lambda} d\theta\, d\rho\sqrt{\lambda^4 a^2 + (1 + \lambda^2)\rho^2},$$

$$\sigma = \frac{1}{\lambda}\int_0^{\rho = \lambda^2 a\theta} d\rho\sqrt{\lambda^4 a^2 + (1 + \lambda^2)\rho^2}\int_{\frac{\rho}{\lambda^2 a}}^{\theta} d\theta,$$

$$\sigma = \frac{\theta}{\lambda}\int_0^{\rho = \lambda^2 a\theta} d\rho\sqrt{\lambda^4 a^2 + (1 + \lambda^2)\rho^2}$$

$$- \frac{1}{\lambda^3 a}\int_0^{\rho = \lambda^2 a\theta} \rho\, d\rho\sqrt{\lambda^4 a^2 + (1 + \lambda^2)\rho^2}.$$

Or on a

$$\int_0^\rho d\rho\sqrt{\lambda^4 a^2+(1+\lambda^2)\rho^2}$$
$$=\frac{1}{2}\left[\rho\sqrt{\lambda^4 a^2+(1+\lambda^2)\rho^2}+\frac{\lambda^4 a^2}{\sqrt{1+\lambda^2}}\log\frac{\rho\sqrt{1+\lambda^2}+\sqrt{\lambda^4 a^2+(1+\lambda^2)\rho^2}}{\lambda^2 a}\right],$$

$$\int_0^\rho \rho\, d\rho\sqrt{\lambda^4 a^2+(1+\lambda^2)\rho^2}=\frac{1}{3(1+\lambda^2)}\left\{[\lambda^4 a^2+(1+\lambda^2)\rho^2]^{\frac{3}{2}}-\lambda^6 a^3\right\}.$$

On en déduit pour l'aire cherchée

$$\sigma=\frac{\lambda^3 a^2}{6}\left\{\frac{2}{1+\lambda^2}+\left(\theta^2-\frac{2}{1+\lambda^2}\right)\sqrt{1+\theta^2(1+\lambda^2)}\right.$$
$$\left.+\frac{3\theta}{\sqrt{1+\lambda^2}}\log\left[\theta\sqrt{1+\lambda^2}+\sqrt{1+\theta^2(1+\lambda^2)}\right]\right\}.$$

10. *En un point quelconque* M *d'une chaînette dont l'équation en coordonnées rectangulaires est*

$$y=\frac{a}{2}\left(e^{\frac{x}{a}}+e^{-\frac{x}{a}}\right),$$

on mène la tangente MT *que l'on prolonge jusqu'à sa rencontre en* T *avec l'axe des* x, *puis on fait tourner la figure autour de cet axe. On demande d'exprimer la différence des aires décrites par l'arc* AM, A *étant le sommet de la courbe, et par la tangente* MT : 1° *en fonction de l'abscisse du point* M; 2° *en fonction de l'abscisse du point* T.

(Paris, juillet 1880, 1re question.)

Soient A la première aire, A_1 la seconde,

$$A=2\pi\int_a^y y\,ds=\frac{2\pi}{a}\int_a^y y^2\,dx=\frac{a\pi}{2}\int_0^x\left(e^{\frac{2x}{a}}+e^{-\frac{2x}{a}}+2\right)dx,$$

$$A=a\pi x+\frac{a^2\pi}{4}\left(e^{\frac{2x}{a}}-e^{-\frac{2x}{a}}\right).$$

D'autre part,

$$A_1 = \pi y \mathrm{MT},$$

$$\overline{\mathrm{MT}}^2 = y^2\left[1+\left(\frac{dx}{dy}\right)^2\right] = y^2\left[1+\frac{4}{\left(e^{\frac{x}{a}}-e^{-\frac{x}{a}}\right)^2}\right],$$

$$\mathrm{MT} = \frac{a}{2}\,\frac{\left(e^{\frac{x}{a}}+e^{-\frac{x}{a}}\right)^2}{e^{\frac{x}{a}}-e^{-\frac{x}{a}}},$$

$$A_1 = \frac{\pi a^2}{4}\,\frac{\left(e^{\frac{x}{a}}+e^{-\frac{x}{a}}\right)^3}{e^{\frac{x}{a}}-e^{-\frac{x}{a}}},$$

$$A - A_1 = \pi a\left(x - a\,\frac{e^{\frac{x}{a}}+e^{-\frac{x}{a}}}{e^{\frac{x}{a}}-e^{-\frac{x}{a}}}\right).$$

Pour exprimer $A - A_1$ en fonction de l'abscisse t_0 de T, écrivons l'équation de la tangente MT

$$u - y = \tfrac{1}{2}\left(e^{\frac{x}{a}}-e^{-\frac{x}{a}}\right)(t-x),$$

d'où

$$t_0 = x - a\,\frac{e^{\frac{x}{a}}+e^{-\frac{x}{a}}}{e^{\frac{x}{a}}-e^{-\frac{x}{a}}};$$

on en déduit

$$\frac{e^{\frac{x}{a}}+e^{-\frac{x}{a}}}{e^{\frac{x}{a}}-e^{-\frac{x}{a}}} = \frac{x-t_0}{a}$$

et enfin

$$A - A_1 = \pi a t_0.$$

11. *On considère, sur la surface d'un paraboloïde elliptique, les courbes définies par la condition que les normales à la surface menées par les différents points de l'une d'elles fassent un angle constant avec l'axe.*

Trouver l'équation des projections de ces courbes sur un plan perpendiculaire à l'axe du paraboloïde.

Calculer l'aire de la calotte du paraboloïde limitée par une de ces courbes.

(Paris, novembre 1874, 1re question.)

Soient

$$\frac{x^2}{a} + \frac{y^2}{b} = 2z \tag{1}$$

l'équation du paraboloïde et θ l'angle constant pour une même courbe, que font les normales à la surface avec l'axe des z; on a

$$1 = \cos\theta \sqrt{1 + \left(\frac{dz}{dx}\right)^2 + \left(\frac{dz}{dy}\right)^2} = \cos\theta \sqrt{1 + \frac{x^2}{a^2} + \frac{y^2}{b^2}};$$

d'où, pour l'équation de la projection des courbes cherchées, sur le plan tangent au sommet du paraboloïde,

$$\frac{x^2}{a^2} + \frac{y^2}{b^2} = \operatorname{tang}^2\theta. \tag{2}$$

Pour trouver l'aire de la calotte du paraboloïde limitée par une de ces courbes $\theta = \theta_0$, nous prendrons pour aire élémentaire $d\sigma$ celle qui se projette suivant la couronne comprise entre deux ellipses infiniment voisines.

L'aire de l'ellipse (2) étant $\pi ab \operatorname{tang}^2\theta$, celle de la couronne est

$$dA = 2\pi ab \operatorname{tang}\theta \frac{d\theta}{\cos^2\theta},$$

et, comme

$$d\sigma = \frac{dA}{\cos\theta} = 2\pi ab \frac{\sin\theta \, d\theta}{\cos^4\theta},$$

on en déduit

$$\sigma = 2\pi ab \int_0^{\theta_0} \frac{\sin\theta \, d\theta}{\cos^4\theta} = \frac{2}{3}\pi ab \left(\frac{1}{\cos^3\theta_0} - 1\right). \tag{3}$$

12. *Déterminer l'équation finie d'une courbe gauche d'après les conditions suivantes :*

1° *La courbe est située sur la surface du cône*

$$x^2 + y^2 = k^2 z^2;$$

2° *Toutes les tangentes à cette courbe rencontrent le cercle*

$$z = h, \quad x^2 + y^2 = a^2.$$

Rectification de la courbe. Calcul de la surface du cône comprise entre l'arc de la courbe et deux génératrices fixes.

(Montpellier, novembre 1880.)

En exprimant que la tangente qui a pour équation

$$\frac{t - x}{dx} = \frac{u - y}{dy} = \frac{v - z}{dz}$$

coupe le cercle donné, on a la condition

$$a^2 = x^2 + y^2 + 2(h - z)\frac{x\,dx + y\,dy}{dz} + (h - z)^2 \frac{dx^2 + dy^2}{dz^2},$$

ou, transformant en coordonnées cylindriques, en tenant compte de l'équation du cône $\rho = kz$;

$$a^2 = \rho^2 + 2\rho(hk - \rho) + (hk - \rho)^2 \frac{d\rho^2 + \rho^2 d\omega^2}{d\rho^2};$$

d'où

$$\pm\, d\omega = \sqrt{a^2 - h^2 k^2}\,\frac{d\frac{1}{\rho}}{\frac{hk}{\rho} - 1}.$$

Pour que le problème soit possible, il faut que $hk \overline{\gtrless} a$, c'est-à-dire que le cercle donné soit extérieur au cône ou sur le cône; dans ce dernier cas, $\omega = \text{const.}$, la courbe cherchée est une génératrice quelconque du cône. Soit donc

$$hk < a;$$

on a, pour l'équation de la projection de la courbe sur le plan des xy,

$$\pm(\omega + c) = \sqrt{\frac{a^2}{h^2k^2} - 1}\,\log \pm \left(\frac{hk}{\rho} - 1\right).$$

Toutes ces courbes sont superposables par rotation de l'une d'elles

$$\rho = \frac{hk}{1 \pm e^{\pm \frac{\omega}{\sqrt{\frac{a^2}{h^2k^2} - 1}}}}$$

autour de Oz. Ce lieu se compose de trois spirales : 1° une spirale située sur la nappe inférieure du cône, asymptotique au sommet et à la génératrice qui a pour projection la partie négative de l'axe des x; 2° deux spirales sur la nappe supérieure, toutes deux asymptotiques au cercle $\rho = hk$, $z = h$, suivant lequel le plan donné coupe le cône, la première située au-dessous de ce plan et asymptotique au sommet, la seconde placée au-dessus du même plan et asymptotique à la génératrice ayant pour projection la partie positive de l'axe des x.

L'arc s de la courbe est donné par la formule

$$ds^2 = dz^2 + d\rho^2 + \rho^2 d\omega^2,$$

$$ds = \frac{d\rho}{hk - \rho}\sqrt{a^2 - h^2k^2 + \left(1 + \frac{1}{k^2}\right)(hk - \rho)^2},$$

$$s + \text{const.} = \sqrt{a^2 - h^2k^2}\,\log \frac{\sqrt{a^2 - h^2k^2} + \sqrt{a^2 - h^2k^2 + \left(1 + \frac{1}{k^2}\right)(hk - \rho)^2}}{hk - \rho}$$

$$- \sqrt{a^2 - h^2k^2 + \left(1 + \frac{1}{k^2}\right)(hk - \rho)^2}.$$

Enfin l'aire du cône, comprise entre un arc de courbe et deux génératrices se projetant suivant les rayons ρ_1 et ρ_2, a pour expression

$$A = \frac{\sqrt{1+k^2}}{k} \int_{\rho_1}^{\rho_2} \frac{1}{2} \rho^2 \, d\omega = \frac{\sqrt{(1+k^2)(a^2-h^2k^2)}}{2k} \int_{\rho_1}^{\rho_2} \frac{\rho \, d\rho}{hk-\rho},$$

$$A = \frac{\sqrt{(1+k^2)(a^2-h^2k^2)}}{2k} \left(\rho_1 - \rho_2 + hk \log \frac{hk-\rho_1}{hk-\rho_2} \right).$$

CHAPITRE II.

ÉQUATIONS DIFFÉRENTIELLES.

13. *Exprimer sous forme réelle l'intégrale générale de l'équation différentielle*

$$\frac{d^5y}{dx^5}+\frac{d^2y}{dx^2}=x.$$

(Paris, juillet 1883, 1re question.)

Pour trouver l'intégrale générale de cette équation linéaire à coefficients constants, formons d'abord l'équation caractéristique

$$0=\alpha^5+\alpha^2=\alpha^2(\alpha+1)\left(\alpha-\frac{1+\sqrt{-3}}{2}\right)\left(\alpha-\frac{1-\sqrt{-3}}{2}\right),$$

et cherchons ensuite une solution particulière y_0 ; on l'obtient en substituant dans l'équation proposée un polynôme du cinquième degré et identifiant : on trouve ainsi

$$y_0=\frac{x^3}{6}$$

et

$$y=C_1+C_2x+C_3e^{-x}+C^{\frac{x}{2}}\left(C_4\sin\frac{\sqrt{3}}{2}x+C_5\cos\frac{\sqrt{3}}{2}x\right)+\frac{x^3}{6}.$$

14. *On propose de trouver l'intégrale générale de l'équation*

$$\frac{d^4y}{dx^4}-2\frac{d^2y}{dx^2}+y=Ae^x+Be^{-x}+C\sin x+D\cos x,$$

A, B, C, D *étant des constantes.*

(Paris, juillet 1870.)

L'équation caractéristique est

$$0 = \alpha^4 - 2\alpha^2 + 1 = (\alpha^2 - 1)^2;$$

$$y = e^x(C_0 + C_1 x) + e^{-x}(C_2 + C_3 x)$$

est donc la solution de l'équation dépourvue de second membre; il suffit d'y ajouter une intégrale particulière de l'équation avec second membre. Nous trouverons une portion de cette intégrale en substituant

$$y_0 = a \sin x + b \cos x;$$

on obtient

$$a = \frac{C}{4}, \quad b = \frac{D}{4}.$$

Mais la même méthode ne réussirait pas pour les termes $Ae^x + Be^{-x}$ qui sont solution de l'équation sans second membre. Voici comment on peut procéder sans se servir de la méthode de la variation des constantes arbitraires, dont l'emploi est toujours assez pénible. Soit, plus généralement, l'équation

$$\frac{d^m y}{dx^m} + A_1 \frac{d^{m-1} y}{dx^{m-1}} + A_2 \frac{d^{m-2} y}{dx^{m-2}} + \ldots + A_m y = Be^{ax}$$

et

$$\varphi(\alpha) = f(\alpha)(\alpha - a)^n = 0$$

son équation caractéristique, dont a est n fois racine. A l'équation proposée on substitue la suivante :

$$\frac{d^m y}{dx^m} + A_1 \frac{d^{m-1} y}{dx^{m-1}} + A_2 \frac{d^{m-2} y}{dx^{m-2}} + \ldots + A_m y = Be^{bx};$$

elle admet pour intégrale particulière $\dfrac{Be^{bx}}{f(b)(b-a)^n}$, en sorte que

$$y_0 = \frac{B}{f(b)} \left[e^{ax}(C_1 + C_2 x + \ldots + C_n x^{n-1}) + \frac{e^{bx}}{(b-a)^n} \right]$$

est une portion de l'intégrale; il n'y a plus qu'à faire

tendre b vers a, ou ε vers zéro, si l'on pose $b = a + \varepsilon$. Or

$$\frac{e^{bx}}{(b-a)^n} = e^{ax}\frac{e^{\varepsilon x}}{\varepsilon^n} = e^{ax}\left[\frac{1}{\varepsilon^n} + \frac{1}{\varepsilon^{n-1}}\frac{x}{1} + \frac{1}{\varepsilon^{n-2}}\frac{x^2}{1.2} + \ldots \right.$$
$$\left. + \frac{1}{\varepsilon}\frac{x^{n-1}}{1.2.3\ldots(n-1)} + \frac{x^n}{1.2.3\ldots n}\right] + \theta(x),$$

$\theta(x)$ s'annulant, quel que soit x, pour $\varepsilon = 0$.

L'expression de y_0 prend alors la forme

$$y_0 = \frac{B}{f(b)}\left(e^{ax}\left\{\left(C_1 + \frac{1}{\varepsilon^n}\right) + \left(C_2 + \frac{1}{\varepsilon^{n-1}}\right)x + \ldots \right.\right.$$
$$\left.\left. + \left[C_n + \frac{1}{1.2\ldots(n-1)\varepsilon}\right]x^{n-1} + \frac{x^n}{1.2\ldots n}\right\} + \theta(x)\right);$$

ou, en introduisant de nouvelles constantes et faisant tendre ensuite ε vers zéro,

$$y_0 = e^{ax}\left[D_1 + D_2 x + \ldots + D_n x^{n-1} + \frac{Bx^n}{1.2.3\ldots n\, f(a)}\right].$$

Appliquant cette formule à l'exemple proposé, on trouve pour l'intégrale générale

$$y = \left(C_0 + C_1 x + \frac{Ax^2}{8}\right)e^x$$
$$+ \left(C_2 + C_3 x + \frac{Bx^2}{8}\right)e^{-x} + \frac{C}{4}\sin x + \frac{D}{4}\cos x.$$

15. *Trouver l'intégrale générale de l'équation différentielle du troisième ordre*

$$(1) \qquad \frac{d^3y}{dx^3} - 3\frac{dy}{dx} + 2y = (ax+b)e^x + ce^{-2x}.$$

(Paris, juillet 1872, 1re question.)

L'équation caractéristique est

$$0 = \alpha^3 - 3\alpha + 2 = (\alpha - 1)^2(\alpha + 2);$$

la solution générale de l'équation sans second membre est

$$y = e^x(C + C'x) + C''e^{-2x}.$$

Nous diviserons la recherche de l'intégrale particulière en deux parties; nous considérerons d'abord l'équation

$$(2) \qquad \frac{d^3y}{dx^3} - 3\frac{dy}{dx} + 2y = (ax+b)e^x;$$

posons $y = ze^x$, l'équation précédente devient

$$(3) \qquad \frac{d^3z}{dx^3} + 3\frac{d^2z}{dx^2} = ax + b,$$

qui admet pour intégrale particulière

$$z = \tfrac{1}{18}[ax^3 + (3b-a)x^2];$$

la solution générale de l'équation (2) est donc

$$y = \frac{e^x}{18}[C_1 + C_2 x + (3b-a)x^2 + ax^3] + C'' e^{-2x}.$$

Prenons ensuite l'équation

$$(4) \qquad \frac{d^3y}{dx^3} - 3\frac{dy}{dx} + 2y = ce^{-2x};$$

on pourrait en trouver une intégrale particulière en se servant de la formule du numéro précédent, mais ici, -2 étant racine simple de l'équation caractéristique, on peut procéder comme il suit. Au second membre de l'équation (4) substituons ce^{nx},

$$y_0 = C'' e^{-2x} + \frac{ce^{nx}}{n^3 - 3n + 2}$$

sera une portion de solution de cette nouvelle équation; écrivons-la sous la forme

$$y_0 = De^{-2x} + \frac{c(e^{nx} - e^{-2x})}{n^3 - 3n + 2},$$

et faisons tendre n vers -2, le dernier terme prendra la forme $\frac{0}{0}$; on obtiendra sa valeur limite en prenant le rapport des dérivées de ses termes par rapport à n, et faisant ensuite $n = -2$; on a finalement

$$y_0 = De^{-2x} + \frac{cxe^{-2x}}{9}.$$

L'intégrale générale de l'équation proposée est donc

$$y = \frac{e^x}{18}[C_1 + C_2x + (3b - a)x^2 + ax^3] + \frac{e^{-2x}}{9}(C_3 + cx).$$

16. *Intégrer l'équation différentielle linéaire*

$$\frac{d^4y}{dx^4} + 2a^2\frac{d^2y}{dx^2} + a^4y = \cos ax.$$

(Toulouse, juillet 1880, 2e question.)

L'équation caractéristique étant

$$0 = \alpha^4 + 2a^2\alpha^2 + a^4 = (\alpha + a\sqrt{-1})^2(\alpha - a\sqrt{-1})^2$$

l'intégrale générale de l'équation sans second membre est

$$y = (C_1 + C_2x)\cos ax + (C_3 + C_4x)\sin ax.$$

La méthode de substitution employée au n° 14 pour trouver une intégrale particulière serait ici en défaut.

On pourrait ramener ce problème à un autre, précédemment traité (n° 14), en remplaçant, dans le second membre de l'équation proposée, $\cos ax$ par $\frac{e^{ax\sqrt{-1}} + e^{-ax\sqrt{-1}}}{2}$. On peut aussi substituer à l'équation proposée la suivante :

$$\frac{d^4y}{dx^4} + 2a^2\frac{d^2y}{dx^2} + a^4y = \cos bx,$$

dont l'intégrale générale est

$$\begin{aligned} y &= (C_1 + C_2x)\cos ax + (C_3 + C_4x)\sin ax + \frac{\cos bx}{(b^2 - a^2)^2} \\ &= (C_1 + C_2x)\cos ax + (C_3 + C_4x)\sin ax \\ &\qquad + \frac{1}{(b+a)^2}\,\frac{\cos bx - \cos ax}{(b-a)^2}. \end{aligned}$$

Pour $b = a$, le dernier terme prend la forme infinie

$$-\frac{1}{4a^2}\frac{x\sin bx}{2(b-a)},$$

mais on peut encore écrire

$$y = (C_1 + C_2 x)\cos ax + (C_3 + C_4 x)\sin ax + \frac{x}{8a^2}\frac{\sin ax - \sin bx}{b-a},$$

dont le dernier terme prend la forme $\frac{0}{0}$ quand b tend vers a; sa valeur limite étant $-\frac{x^2\cos ax}{8a^2}$, on a, pour l'intégrale générale de l'équation proposée,

$$y = (C_1 + C_2 x)\cos ax + (C_3 + C_4 x)\sin ax - \frac{x^2\cos ax}{8a^2}.$$

17. *Intégrer l'équation différentielle*

$$\frac{d^2y}{dx^2} - 6\frac{dy}{dx} + 9y = \frac{9x^2 + 6x + 2}{x^3}.$$

(Dijon, juillet 1880.)

L'équation caractéristique est

$$0 = \alpha^2 - 6\alpha + 9 = (\alpha - 3)^2,$$

et

$$y = (C_1 + C_2 x)e^{3x}$$

est l'intégrale de l'équation sans second membre.

L'emploi de la méthode de la variation des constantes arbitraires conduit aux équations

$$e^{3x}\left(\frac{dC_1}{dx} + x\frac{dC_2}{dx}\right) = 0,$$

$$e^{3x}\left(3\frac{dC_1}{dx} + \frac{dC_2}{dx} + 3x\frac{dC_2}{dx}\right) = 9x^{-1} + 6x^{-2} + 2x^{-3};$$

d'où

$$C_2 = -e^{-3x}(x^{-2} + 3x^{-1}),$$
$$C_1 = e^{-3x}(3 + 2x^{-1}).$$

L'intégrale générale est donc

$$y = (C_1 + C_2 x)e^{3x} + \frac{1}{x}.$$

18. *Intégrer l'équation différentielle*

$$x^2 \frac{d^2y}{dx^2} - 2x \frac{dy}{dx} + 2y = x^2 + px + q.$$

(Paris, novembre 1882, 1re question.)

Première méthode. — Cherchons d'abord l'intégrale de l'équation privée du second membre, en posant $x = e^t$; on arrive à l'équation

$$\frac{d^2y}{dt^2} - 3 \frac{dy}{dt} + 2y = 0,$$

dont l'intégrale est

$$y = C_1 e^{2t} + C_2 e^t = C_1 x^2 + C_2 x.$$

La méthode de la variation des constantes donne ensuite

$$x^2 \frac{dC_1}{dx} + x \frac{dC_2}{dx} = 0,$$

$$2x \frac{dC_1}{dx} + \frac{dC_2}{dx} = \frac{x^2 + px + p}{x^2};$$

d'où

$$C_1 = \log x - \frac{p}{x} - \frac{q}{2x^2},$$

$$C_2 = -x - p \log x + \frac{q}{x}.$$

Solution générale :

$$y = \frac{q}{2} + C_1 x + C_2 x^2 + (x^2 - px) \log x.$$

Deuxième méthode. — En différentiant l'équation proposée, on trouve

$$x^2 \frac{d^3y}{dx^3} = 2x + p.$$

$$y = C_0 + C_1 x + C_2 x^2 + (x^2 - px) \log x.$$

Cette solution doit être vérifiée, puisqu'à l'équation donnée on en a substitué une plus générale; cette vérification conduit à la condition $C_0 = \frac{q}{2}$.

Troisième méthode. — Posant $y = xz$, z satisfait à l'équation différentielle

$$\frac{d^2 z}{dx^2} = x^{-1} + px^{-2} + qx^{-3},$$

qui s'intègre par deux quadratures successives.

19. *Intégrer l'équation différentielle*

$$x^3 \frac{d^3y}{dx^3} - 9x^2 \frac{d^2y}{dx^2} + 37x \frac{dy}{dx} - 64y = x^4(\alpha + \beta \log x + \gamma \log^2 x),$$

α, β et γ étant des constantes données.

(École Normale, juillet 1873, 2e question.)

Posons, conformément à la méthode générale, $x = e^t$; il vient, pour l'équation privée de second membre,

$$\frac{d^3y}{dt^3} - 12 \frac{d^2y}{dt^2} + 48 \frac{dy}{dt} - 64y = 0.$$

L'équation caractéristique est

$$(\alpha - 4)^3 = 0,$$

d'où la solution

$$y = e^{4t}(C_1 + C_2 t + C_3 t^2).$$

Pour trouver une intégrale particulière de l'équation

$$\frac{d^3y}{dt^3} - 12 \frac{d^2y}{dt^2} + 48 \frac{dy}{dt} - 64y = e^{4t}(\alpha + \beta t + \gamma t^2),$$

nous poserons (no 15)

$$y = z e^{4t},$$

d'où

$$\frac{d^3 z}{dt^3} = \alpha + \beta t + \gamma t^2,$$

$$z = \frac{\alpha t^3}{1.2.3} + \frac{\beta t^4}{2.3.4} + \frac{\gamma t^5}{3.4.5};$$

l'intégrale générale cherchée est donc

$$y = x^4\left(C_1 + C_2 \log x + C_3 \log^2 x + \frac{\alpha}{6}\log^3 x + \frac{\beta}{24}\log^4 x + \frac{\gamma}{60}\log^5 x\right).$$

20. *Trouver l'intégrale générale de l'équation différentielle*

$$x^2 \frac{d^2 y}{dx^2} - 3x\frac{dy}{dx} + 4y = x^2 + \int_0^x \frac{dx}{\sqrt{1+x^4}}.$$

(Paris, novembre 1872.)

On pourrait employer la méthode générale du n° 18; il est plus simple de poser

$$y = zx^2,$$

d'où l'équation

$$x^4 \frac{d^2 z}{dx^2} + x^3 \frac{dz}{dx} = x^2 + \int_0^x \frac{dx}{\sqrt{1+x^4}},$$

que l'on peut écrire

$$\frac{d}{dx}\left(x\frac{dz}{dx}\right) = \frac{1}{x} + \frac{1}{x^3}\int_0^x \frac{dx}{\sqrt{1+x^4}},$$

$$x\frac{dz}{dx} = C_1 + \log x - \frac{1}{2x^2}\int_0^x \frac{dx}{\sqrt{1+x^4}} + \frac{1}{2}\int_0^x \frac{dx}{x^2\sqrt{1+x^4}};$$

d'où, enfin, pour l'intégrale générale cherchée,

$$y = x^2 z = x^2\left(C_0 + C_1 \log x + \frac{1}{2}\log^2 x\right) + \frac{1}{4}\int_0^x \frac{dx}{\sqrt{1+x^4}}$$
$$+ \frac{x^2}{4}(2\log x - 1)\int_0^x \frac{dx}{x^2\sqrt{1+x^4}} - \frac{x^2}{2}\int_0^x \frac{\log x\, dx}{x^2\sqrt{1+x^4}}.$$

21. *Prouver que l'équation différentielle*

$$(1 - x^2)\frac{d^2y}{dx^2} - 2x\frac{dy}{dx} + n(n+1)y = 0,$$

où n est un nombre entier positif, peut être satisfaite par un polynôme entier et indiquer comment on peut en déduire la solution générale.

(Nancy, novembre 1880.)

Soit

$$y = x^m + A_1 x^{m-1} + A_2 x^{m-2} + \ldots + A_m;$$

on trouve, par substitution, qu'il faut que l'on ait

$$m = n \quad \text{et} \quad 0 = A_1 = A_3 = \ldots;$$

on a en outre, entre deux coefficients consécutifs, la relation

$$A_{2k} = -A_{2k-2}\frac{(n-2k+2)(n-2k+1)}{2k[2(n-k)+1]}.$$

Le polynôme

$$P = x^n - \frac{n(n-1)}{2(2n-1)}x^{n-2} + \frac{n(n-1)(n-2)(n-3)}{2^2.1.2(2n-1)(2n-3)}x^{n-4} - \ldots$$
$$\pm \frac{n(n-1)\ldots(n-2k+1)}{2^k.1.2.3\ldots k(2n-1)(2n-3)\ldots[2(n-k)+1]}x^{n-2k} \mp \ldots$$

satisfait à l'équation proposée.

Pour en déduire la solution complète, soit, plus généralement, l'équation linéaire du second ordre, sans second membre,

$$X_0\frac{d^2y}{dx^2} + X_1\frac{dy}{dx} + X_2 y = 0,$$

dont on connaît une intégrale particulière $y = y_0$; on a

$$X_0\left(y_0\frac{d^2y}{dx^2} - y\frac{d^2y_0}{dx^2}\right) + X_1\left(y_0\frac{dy}{dx} - y\frac{dy_0}{dx}\right) = 0,$$

d'où l'on déduit aisément

$$y = y_0\left(C_1 + C_2\int \frac{dx}{y_0^2} e^{-\int \frac{X_0}{X_1} dx}\right)$$

Appliquant cette formule à l'exemple actuel, on a

$$y = P\left[C_1 + C_2\int \frac{1+x}{(1-x)P^2} dx\right],$$

que l'on sait former.

22. *Intégrer l'équation différentielle*

$$\left[\left(\frac{dy}{dx}\right)^2 - y\right]^2 = y\left[\left(\frac{dy}{dx}\right)^2 + y\right]^2.$$

(Paris, novembre 1875, 1re question.)

Résolvant l'équation par rapport à $\frac{dy}{dx}$, on a

$$\pm dx = \frac{dy\sqrt{1 \pm \sqrt{y}}}{\sqrt{y(1 \mp \sqrt{y})}} = \frac{dy(1 \pm \sqrt{y})}{\sqrt{y(1-y)}},$$

d'où

$$x = C \pm 2\sqrt{1-y} \pm \arcsin(2y-1),$$

les doubles signes étant indépendants.

L'intégrale cherchée s'obtient plus rapidement et sous une forme un peu différente, si l'on pose

$$y = z^2,$$

d'où

$$\pm dx = 2dz\sqrt{\frac{1 \pm z}{1 \mp z}} = 2dz\frac{1 \pm z}{\sqrt{1-z^2}},$$

$$x = C \pm 2\sqrt{1-y} \pm 2\arcsin\sqrt{y}.$$

23. *Intégrer l'équation différentielle du premier ordre*

(1) $$\left(\frac{dy}{dx}\right)^3 - \frac{3}{2}\left(\frac{dy}{dx}\right)^2 = (y-x)^2.$$

(Lille, novembre 1880).

On a

$$y = x \pm \frac{dy}{dx}\sqrt{\frac{dy}{dx} - \frac{3}{2}},$$

équation linéaire en x et y, que l'on intègre en commençant par la différentier. Posant

$$\frac{dy}{dx} = p,$$

on a

$$\pm\, dx = \frac{dp}{p-1}\left(\sqrt{p - \frac{3}{2}} + \frac{p}{2\sqrt{p-\frac{3}{2}}}\right) = \frac{3}{2}\,\frac{dp}{\sqrt{p-\frac{3}{2}}},$$

$$(2) \qquad \pm(x + C) = 3\sqrt{\frac{dy}{dx} - \frac{3}{2}}.$$

Éliminant $\frac{dy}{dx}$ entre les équations (1) et (2), on a l'intégrale cherchée

$$(3) \qquad y = x \pm \frac{x+C}{3}\left[\left(\frac{x+C}{3}\right)^2 + \frac{3}{2}\right].$$

24. *Trouver les courbes dont les coordonnées rapportées à deux axes rectangulaires satisfont à l'équation différentielle*

$$\left[1 + \left(\frac{dy}{dx}\right)^2\right]\frac{dy}{dx}\,\frac{d^3y}{dx^3} = \left[3\left(\frac{dy}{dx}\right)^2 - 1\right]\left(\frac{d^2y}{dx^2}\right)^2.$$

(École Normale, juillet 1878.)

En posant $\frac{dy}{dx} = p$, $\frac{dp}{dx} = z$, on a, entre z et p, la relation

$$\frac{dz}{z} = \frac{(3p^2 - 1)\,dp}{p(1+p^2)} = dp\left(\frac{4p}{1+p^2} - \frac{1}{p}\right),$$

$$z = \frac{dp}{dx} = -\,C\,\frac{(1+p^2)^2}{p},$$

$$C(x - x_0) = \frac{1}{2(1+p^2)}, \quad \pm\frac{dy}{dx} = \sqrt{\frac{1}{C(x-x_0)} - 1},$$

$$\pm C(y - y_0) = \text{arc sin}\sqrt{C(x-x_0)} + \sqrt{C(x-x_0)[1 - C(x-x_0)]},$$

d'où, par un transport d'axes coordonnés,

$$\pm \mathrm{C}y = \arcsin\sqrt{\mathrm{C}x} + \sqrt{\mathrm{C}x(1-\mathrm{C}x)};$$

ces courbes sont semblables et ont l'origine pour centre de similitude; si l'on construit l'une d'elles

$$\pm y = \arcsin\sqrt{\pm x} + \sqrt{\pm x(1 \mp x)},$$

on obtient une courbe symétrique par rapport aux axes, ayant pour axes 2 et π et composée de deux demi-ovales tangentes à l'axe des y; transportant celle de gauche en $x_0 = 2$, on a une courbe fermée.

25. *Intégrer le système de deux équations différentielles simultanées*

$$(1) \qquad \begin{cases} \dfrac{d^2x}{dt^2} + 5x + y = \cos 2t, \\ \dfrac{d^2y}{dt^2} - x + 3y = 0. \end{cases}$$

(Paris, juillet 1873.)

En éliminant x entre les deux équations proposées, on arrive à l'équation différentielle du quatrième ordre

$$(2) \qquad \frac{d^4y}{dt^4} + 8\frac{d^2y}{dt^2} + 16y = \cos 2t,$$

qui a pour équation caractéristique

$$0 = \alpha^4 + 8\alpha^2 + 16 = (\alpha^2 + 4)^2;$$

l'intégrale de l'équation (2), sans second membre, est

$$(3) \qquad y = (\mathrm{C}_1 + \mathrm{C}_2 t)\cos 2t + (\mathrm{C}_3 + \mathrm{C}_4 t)\sin 2t.$$

Pour trouver une intégrale particulière, on pourrait employer la méthode du n° **16**; nous suivrons une marche analogue à celle du n° **14** : nous remplacerons le second membre de l'équation (2) par $\cos kt$, et nous en déduirons comme solution particulière

$$y_0 = \frac{\cos kt}{k^4 - 8k^2 + 16} = \frac{1}{(k+2)^2}\,\frac{\cos kt}{(k-2)^2};$$

posant

$$k = 2 + \varepsilon,$$

on a

$$y_0 = \frac{1}{(4+\varepsilon)^2}\left\{\cos 2t\left[\frac{1}{\varepsilon^2} - \frac{t^2}{1.2} + \theta_1(t)\right] - \sin 2t\left[\frac{t}{\varepsilon} + \theta_2(t)\right]\right\}$$

ou, en faisant tendre ε vers zéro et tenant compte de l'équation (3),

$$(4)\qquad y_0 = -\frac{t^2}{32}\cos 2t,$$

ce qui donne finalement

$$(5)\qquad \left\{\begin{aligned} y &= \cos 2t\left(C_1 + C_2 t - \frac{t^2}{32}\right) + \sin 2t(C_3 + C_4 t),\\ x &= \cos 2t\left[\left(4C_4 - C_1 - \frac{1}{16}\right) - C_2 t + \frac{t^2}{32}\right]\\ &\quad + \sin 2t\left[-(4C_2 + C_3) + t\left(\frac{1}{4} - C_4\right)\right]. \end{aligned}\right.$$

26. 1° *Intégrer les deux équations différentielles simultanées*

$$(1)\qquad \left\{\begin{aligned} &\frac{d^2y}{dx^2} - 5\frac{dy}{dx} + 13y + \frac{dz}{dx} + 20z = 0,\\ &\frac{dy}{dx} + 2y + \frac{d^2z}{dx^2} + 3\frac{dz}{dx} + 3z = 0. \end{aligned}\right.$$

2° *Intégrer les deux équations simultanées*

$$(1\ bis)\qquad \left\{\begin{aligned} &\frac{d^2y}{dx^2} - 5\frac{dy}{dx} + 13y + \frac{dz}{dx} + 20z = e^x,\\ &\frac{dy}{dx} + 2y + \frac{d^2z}{dx^2} + 3\frac{dz}{dx} + 3z = e^{-x}. \end{aligned}\right.$$

(École normale, juillet 1874.)

1° Nous procéderons par la méthode d'élimination.

Si l'on dérive la première des équations et qu'on en retranche la seconde, il vient

$$17\frac{dz}{dx} - 3z = -\frac{d^3y}{dx^3} + 5\frac{d^2y}{dx^2} - 12\frac{dy}{dx} + 2y,$$

qui, jointe à la première, fournit deux équations en $\frac{dz}{dx}$ et z; on en déduit, en les résolvant,

$$(2)\quad \left\{\begin{aligned} 343\frac{dz}{dx} &= -20\frac{d^3y}{dx^3} + 97\frac{d^2y}{dx^2} - 225\frac{dy}{dx} + y,\\ 343\,z &= \frac{d^3y}{dx^3} - 22\frac{d^2y}{dx^2} + 97\frac{dy}{dx} - 223y.\end{aligned}\right.$$

Éliminant z entre ces dernières, on a l'équation

$$(3)\qquad \frac{d^4y}{dx^4} - 2\frac{d^3y}{dx^3} + 2\frac{dy}{dx} - y = 0,$$

dont l'équation caractéristique est

$$0 = \alpha^4 - 2\alpha^3 + 2\alpha - 1 = (\alpha+1)(\alpha-1)^3,$$

qui fournit l'expression de y; celle de z s'obtient ensuite à l'aide de la seconde des équations (2).

La solution cherchée est donc

$$(5)\quad \left\{\begin{aligned} y &= e^x(C_1 + C_2x + C_3x^2) + C_4e^{-x},\\ z &= e^x\Big[-\frac{3}{7}C_1 + \frac{8}{7^2}C_2 - \frac{38}{7^3}C_3\\ &\qquad + x\Big(-\frac{3}{7}C_2 + \frac{16}{7^2}C_3\Big) - \frac{3}{7}C_3x^2\Big] - C_4e^{-x}.\end{aligned}\right.$$

2° Pour trouver une solution particulière, y_0, z_0 des équations (1 *bis*), la méthode générale consisterait à poser

$$y = ae^x + be^{-x},\quad z = \alpha e^x + \beta e^{-x},$$

à substituer ces valeurs dans les équations (1 *bis*) et à annuler dans chacune d'elles les coefficients de e^x et de e^{-x}; on obtiendrait ainsi quatre équations du premier degré fournissant les valeurs des quatre constantes a, b, α et β. Elle conduit dans l'exemple actuel à des équations incompatibles, ainsi qu'il était facile de le prévoir; cette méthode, en effet, doit être en défaut, puisque e^x et e^{-x} sont solutions de l'équation (3). Procédant par la méthode d'élimination, on arrive à

$$(3\ bis)\qquad \frac{d^4y}{dx^4} - 2\frac{d^3y}{dx^3} + 2\frac{dy}{dx} - y = 7e^x - 19e^{-x};$$

en y appliquant la formule du n° 14, on trouve l'expression de y_0; la formule

$$(2\ bis)\quad 343z = \frac{d^3y}{dx^3} - 22\frac{d^2y}{dx^2} + 97\frac{dy}{dx} - 223y + 16e^x + e^{-x}$$

donne ensuite z_0. On arrive ainsi à

$$y_0 = \frac{7}{12}x^3e^x + \frac{19}{8}xe^{-x},$$

$$z_0 = e^x\left(\frac{39}{2.7^3} - \frac{19}{2.7^2}x + \frac{2}{7}x^2 - \frac{1}{4}x^3\right) + e^{-x}\left(1 - \frac{19}{8}x\right).$$

27. *Intégrer les deux équations différentielles simultanées*

$$\frac{dy}{dx} = \frac{z}{(z-y)^2},\quad \frac{dz}{dx} = \frac{y}{(z-y)^2}.$$

(École Normale, juillet 1875, 2e question.)

En combinant ces deux équations, on arrive aux deux suivantes :

$$y\,dy - z\,dz = 0,\quad \frac{d(y-z)}{dx} = -\frac{1}{y-z},$$

qui s'intègrent immédiatement et donnent

$$y^2 - z^2 = 2C_1,\quad (y-z)^2 = 2(C_2 - x);$$

d'où la solution

$$y = \frac{1}{\pm\sqrt{2(C_2 - x)}}(C_1 + C_2 - x),$$

$$z = \frac{1}{\pm\sqrt{2(C_2 - x)}}(C_1 - C_2 + x).$$

28. *Soient $\varphi(x)$ et $\psi(x)$ deux fonctions données de x, leurs dérivées étant représentées par $\varphi'(x)$ et $\psi'(x)$; on propose d'intégrer les deux équations différentielles simultanées*

$$\frac{dy}{dz} + \varphi'(x)y - \psi'(x)z = 0,$$

$$\frac{dz}{dx} + \psi'(x)y + \varphi'(x)z = 0.$$

(Paris, novembre 1874, 2e question.)

Éliminant successivement les fonctions $\psi'(x)$ et $\varphi'(x)$, on a

$$y\frac{dy}{dx} + z\frac{dz}{dx} + (y^2 + z^2)\varphi'(x) = 0,$$

$$z\frac{dy}{dx} - y\frac{dz}{dx} - (y^2 + z^2)\psi'(x) = 0;$$

d'où

$$y^2 + z^2 = C_1^2 e^{-2\varphi(x)},$$

$$\frac{y}{z} = \operatorname{tang}[\psi(x) + C_2],$$

et enfin

$$y = C_1 e^{-\varphi(x)} \sin[\psi(x) + C_2],$$
$$z = C_1 e^{-\varphi(x)} \cos[\psi(x) + C_2].$$

CHAPITRE III.

ÉQUATIONS AUX DÉRIVÉES PARTIELLES. DIFFÉRENTIELLES TOTALES.

29. *Étant donnés un plan* P *et un point* O *dans le plan, trouver l'équation générale de toutes les surfaces telles que si, par un point quelconque* m *de l'une d'elles, on mène la normale* mn, *qui rencontre en* n *le plan* P, *puis la perpendiculaire* mp *à ce plan, l'aire du triangle* Onp *soit égale à une constante donnée.*

Déterminer la fonction arbitraire comprise dans l'équation obtenue, de manière que la surface passe par une droite Ox *située dans le plan* P.

(Paris, novembre 1871.)

Le point O étant pris pour origine et le plan P pour plan des xy, les coordonnées du point n sont

$$t = x + z\frac{dz}{dx},\quad u = y + z\frac{dz}{dy},\quad v = 0;$$

l'équation de Op étant

$$ty - ux = 0,$$

la distance de n à cette droite est

$$\pm h = \frac{y\left(x + z\dfrac{dz}{dx}\right) - x\left(y + z\dfrac{dz}{dy}\right)}{\sqrt{x^2+y^2}},$$

d'où l'équation différentielle du lieu

$$(1) \qquad z\left(y\frac{dz}{dx} - x\frac{dz}{dy}\right) = \pm 2s = \pm K^2;$$

les équations à intégrer sont

$$(2) \qquad \frac{dx}{y} = -\frac{dy}{x} = \pm\frac{z\,dz}{K^2},$$

d'où

$$x^2 + y^2 = C^2, \quad z^2 = C_1 \pm 2K^2 \arcsin\frac{y}{C};$$

$$(3) \qquad z^2 = \varphi(x^2 + y^2) \pm 2K^2 \operatorname{arctang}\frac{y}{x}.$$

Pour que cette surface contienne l'axe des x, il faut que la fonction φ soit nulle

$$z^2 = \pm 2K \ \text{a}[illegible]\text{ang}\,\frac{y}{x}$$

ou, en coordonnées cylindriques,

$$(4) \qquad z^2 = \pm 2K^2\theta = \pm 4s\theta.$$

c'est l'équation d'une surface réglée à plan directeur, dans laquelle les ordonnées sont égales aux carrés de celles d'un hélicoïde gauche.

La trace de ce conoïde sur un cylindre circulaire droit ayant Oz pour axe a pour transformée, dans le développement, une double parabole dont l'axe est la section droite du cylindre.

30. *Déterminer toutes les surfaces qui satisfont à la condition*

$$OP.MN = \lambda\overline{OM}^2,$$

dans laquelle λ *désigne une constante donnée,* O *l'origine des coordonnées,* M *un point quelconque de l'une des surfaces,* P *le pied de la perpendiculaire abaissée de* O *sur le plan tangent en* M, *et* N *la trace de la normale en* M *sur le plan* XOY.

(Paris, novembre 1875, 2ᵉ question.)

On a

$$\mathrm{OP} = \pm \frac{x\frac{dz}{dx} + y\frac{dz}{dy} - z}{\sqrt{1 + \left(\frac{dz}{dx}\right)^2 + \left(\frac{dz}{dy}\right)^2}},$$

$$\mathrm{MN} = \frac{\pm z}{\cos(\mathrm{OZ}, \mathrm{MN})} = \pm z\sqrt{1 + \left(\frac{dz}{dx}\right)^2 + \left(\frac{dz}{dy}\right)^2},$$

d'où l'équation aux dérivées partielles

$$(1) \qquad z\left(x\frac{dz}{dx} + y\frac{dz}{dy} - z\right) = \pm\lambda(x^2 + y^2 + z^2),$$

qui s'intègre en posant

$$(2) \qquad \frac{dx}{x} = \frac{dy}{y} = \frac{z\,dz}{z^2 \pm \lambda(x^2 + y^2 + z^2)} = \frac{x\,dx + y\,dy + z\,dz}{(1 \pm \lambda)(x^2 + y^2 + z^2)},$$

d'où

$$y = C_1 x, \quad x^2 + y^2 + z^2 = C_2 x^{2(1\pm\lambda)},$$

et enfin l'équation finie

$$(3) \qquad x^2 + y^2 + z^2 = x^{2(1\pm\lambda)}\varphi_1\left(\frac{y}{x}\right),$$

qu'on peut mettre encore sous la forme

$$(3\ bis) \qquad x^2 + y^2 + z^2 = (x^2 + y^2)^{1\pm\lambda} f\left(\frac{y}{x}\right).$$

En coordonnées polaires, cette équation prend la forme simple

$$(3\ ter) \qquad \rho = (\sin\theta)^{1\pm\frac{1}{\lambda}} \mathrm{F}(\psi).$$

31. *Trouver l'équation aux dérivées partielles des surfaces décrites par une droite qui se meut en rencontrant une droite fixe sous un angle donné.*

Intégrer ensuite cette équation aux dérivées partielles.

(École Normale, juillet 1873.)

Les équations d'une génératrice sont de la forme

$$y = ax, \quad z = bx + c,$$

avec la condition

$$\frac{b}{\sqrt{1 + a^2 + b^2}} = \cos\theta;$$

exprimant que le plan tangent passe par le point

$$x = 0, \quad y = 0, \quad z = c,$$

on a l'équation cherchée

$$(1) \quad \left\{ \begin{aligned} x\frac{dz}{dx} + y\frac{dz}{dy} &= z - c = bx \\ &= x\cot\theta\sqrt{1 + a^2} = \cot\theta\sqrt{x^2 + y^2}. \end{aligned} \right.$$

Pour l'intégrer, on pose

$$(2) \qquad \frac{dx}{x} = \frac{dy}{y} = \frac{dz \operatorname{tang}\theta}{\sqrt{x^2 + y^2}},$$

$$y = C_1 x, \quad dx\sqrt{1 + C_1^2} = dz \operatorname{tang}\theta, \quad z = C_2 + x\sqrt{1 + C_1^2}\cot\theta,$$

d'où enfin

$$(3) \qquad z = \cot\theta\sqrt{x^2 + y^2} + \varphi\left(\frac{y}{x}\right).$$

32. *Intégrer l'équation aux différentielles partielles*

$$(1) \quad \frac{x}{y}\frac{d\varphi}{dx} + (1 - y^2)\frac{d\varphi}{dy} + (a - yz)\frac{d\varphi}{dz} + (b - yu)\frac{d\varphi}{du} = 0.$$

(Nancy, juillet 1880.)

Les équations à intégrer sont

$$(2) \qquad \frac{dx}{x} = \frac{dy}{y(1 - y^2)} = \frac{dz}{y(a - yz)} = \frac{du}{y(b - yu)}.$$

La première peut s'écrire

$$-\frac{dx}{x} = \frac{1}{2}\,\frac{d\,\frac{1}{y^2}}{\frac{1}{y^2}-1},$$

d'où

$$C_1 = \frac{x\sqrt{1-y^2}}{y};$$

on a encore

$$\frac{dy}{y(y^2-1)} = \frac{dz}{y(yz-a)} = \frac{y\,dz - z\,dy}{yz-ay^2} = \frac{d\,\frac{z}{y}}{\frac{z}{y}-a} = -\frac{dx}{x},$$

d'où

$$C_2 = \frac{x(z-ay)}{y}$$

et, de même,

$$C_3 = \frac{x(u-by)}{y}.$$

L'intégrale cherchée est donc

$$(3)\qquad \varphi\left[\frac{x}{y}\sqrt{1-y^2},\ \frac{x}{y}(z-ay),\ \frac{x}{y}(u-by)\right] = 0.$$

33. *Trouver la fonction z des deux variables indépendantes x et y, qui se réduit à zéro pour $x=a$ et qui satisfait à l'équation aux dérivées partielles*

$$(1)\qquad ax^4\frac{dz}{dx} + (x^4z + ax^3y - ax^2y^2)\frac{dz}{dy} = 2ax^2yz - 2a^2y^3.$$

(Paris, juillet 1869.)

On a

$$(2)\qquad \frac{dx}{ax^4} = \frac{dy}{x^4z+ax^3y-ax^2y^2} = \frac{dz}{2ay(x^2z-ay^2)};$$

que l'on peut écrire

$$(2\,bis)\quad \left\{\begin{aligned} \frac{dy}{dx} &= \frac{z}{a} + \frac{y}{x} - \frac{y^2}{x^2},\\ \frac{dz}{dx} &= 2\frac{y}{x^2}z - 2a\frac{y^3}{x^4} = a\left(\frac{2y}{x^2}\frac{dy}{dx} - 2\frac{y^2}{x^3}\right) = a\frac{d\frac{y^2}{x^2}}{dx};\end{aligned}\right.$$

d'où

$$\frac{z}{a} = \frac{y^2}{x^2} + C_1 \tag{3}$$

et

$$\frac{dy}{dx} = \frac{y}{x} + C_1;$$

$$\frac{y}{x} = C_1 \log x + C_2. \tag{4}$$

L'équation générale des surfaces, satisfaisant l'équation donnée, est donc

$$\frac{z}{a} - \frac{y^2}{x^2} = \varphi\left[\frac{y}{x} - \log x\left(\frac{z}{a} - \frac{y^2}{x^2}\right)\right]. \tag{5}$$

Si l'on tient compte des conditions de l'énoncé, on a

$$C_1 + \frac{y^2}{a^2} = 0, \quad C_2 + C_1 \log a = \frac{y}{a}, \tag{6}$$

d'où, par l'élimination de y, la relation

$$C_2 + C_1 \log a \pm \sqrt{-C_1} = 0,$$

et enfin, pour l'équation de la surface,

$$\frac{y^2}{x^2} - \frac{z}{a} = \left[\frac{y}{x} + \log\frac{x}{a}\left(\frac{y^2}{x^2} - \frac{z}{a}\right)\right]^2. \tag{7}$$

34. *On donne l'équation aux dérivées partielles*

$$\left\{\begin{aligned} &\left(x^2\frac{d^2z}{dx^2} + 2xy\frac{d^2z}{dx\,dy} + y^2\frac{d^2z}{dy^2}\right)(x^2+y^2) \\ &\quad -\left(x\frac{dz}{dx} + y\frac{dz}{dy}\right)(x^2+y^2) - \left(x\frac{dz}{dx} + y\frac{dz}{dy}\right)^3 = 0, \end{aligned}\right. \tag{1}$$

les coordonnées étant rectangulaires :

1° *Transformer cette équation en substituant aux variables indépendantes x et y les coordonnées polaires ρ et θ;*

2° *Intégrer l'équation transformée et indiquer le*

mode de génération des surfaces représentées par cette équation.

(École Normale, juillet 1881.)

On a

$$\frac{dz}{d\rho} = \frac{dz}{dx}\cos\theta + \frac{dz}{dy}\sin\theta,$$

$$\frac{d^2z}{d\rho^2} = \frac{d^2z}{dx^2}\cos^2\theta + 2\frac{d^2z}{dx\,dy}\cos\theta\sin\theta + \frac{d^2z}{dy^2}\sin^2\theta,$$

ce qui permet d'écrire immédiatement l'équation transformée

$$\rho^4\frac{d^2z}{d\rho^2} - \rho^3\frac{dz}{d\rho} - \rho^3\left(\frac{dz}{d\rho}\right)^3 = 0$$

ou

$$(2) \qquad \rho\frac{d^2z}{d\rho^2} - \frac{dz}{d\rho} - \left(\frac{dz}{d\rho}\right)^3 = 0.$$

Posant $\frac{dz}{d\rho} = p$, elle devient

$$\frac{dp}{p(1+p^2)} = \frac{d\rho}{\rho},$$

$$\frac{p}{\sqrt{1+p^2}} = \rho f(\theta),$$

la fonction f étant arbitraire.

On en déduit

$$dz = f(\theta)\frac{\rho\,d\rho}{\sqrt{1-\rho^2 f^2(\theta)}},$$

$$(3) \qquad z + \varphi(\theta) = \frac{1}{f(\theta)}\sqrt{1-\rho^2 f^2(\theta)} = \sqrt{F^2(\theta) - \rho^2}.$$

Ces surfaces sont engendrées par une circonférence mobile située dans un plan passant par Oz et dont le centre est sur cette droite, l'ordonnée du centre et le rayon de la circonférence étant d'ailleurs des fonctions arbitraires de l'azimut θ.

35. *Déterminer les fonctions u et v de deux variables*

indépendantes x et y, dont les différentielles totales vérifient les relations

$$(1)\qquad \begin{cases} du = (3u + 12v)\,dx + (2u + 12v)\,dy, \\ dv = (u + 2v)\,dr + (u + v)\,dy. \end{cases}$$

(Paris, novembre 1881.)

Première méthode. — On a les équations linéaires simultanées

$$(2)\qquad \frac{du}{dx} = 3u + 12v, \quad \frac{dv}{dx} = u + 2v,$$

$$(3)\qquad \frac{du}{dy} = 2u + 12v, \quad \frac{dv}{dy} = u + v.$$

En les intégrant par la méthode de d'Alembert, on a, pour les équations (2),

$$\frac{d(u + \theta v)}{dx} = (3 + \theta)u + (12 + 2\theta)v,$$

$$3 + \theta = a, \quad 12 + 2\theta = a\theta,$$

$$\theta^2 + \theta - 12 = 0, \quad \theta_1 = 3, \quad a_1 = 6; \quad \theta_2 = -4, \quad a_2 = -1.$$

Substituant dans l'intégrale

$$u + \theta v = f(y)e^{ax},$$

on a successivement

$$(4)\qquad u + 3v = f_1(y)e^{6x}, \quad u - 4v = f_2(y)e^{-x}.$$

Procédant de même pour les équations (3), on obtient

$$(5)\qquad u + 3v = F_1(x)e^{5y}, \quad u - 4v = F_2(x)e^{-2y}.$$

Les équations (4) et (5) exigent que l'on ait

$$(6)\qquad u + 3v = C_1 e^{6x+5y}, \quad u - 4v = C_2 e^{-x-2y};$$

d'où

$$(7)\qquad \begin{cases} u = \frac{1}{7}(4C_1 e^{6x+5y} + 3C_2 e^{-x-2y}), \\ v = \frac{1}{7}(\ C_1 e^{6x+5y} - \ C_2 e^{-x-2y}). \end{cases}$$

DEUXIÈME MÉTHODE. — Prenons u et v comme variables indépendantes; à cet effet, tirons dy et dx des équations (1) :

$$(8)\quad \begin{cases} dx = \dfrac{(u+v)\,du - (2u+12v)\,dv}{u^2 - uv - 12v^2} \\ dy = \dfrac{-(u+2v)\,du + (3u+12v)\,dv}{u^2 - uv - 12v^2}; \end{cases}$$

on a, en intégrant ces différentielles totales,

$$(9)\quad \begin{cases} x + C_1 = \ \ \frac{1}{7}[5\log(u-4v) + 2\log(u+3v)], \\ y + C_2 = -\frac{1}{7}[6\log(u-4v) + \log(u+3v)]; \end{cases}$$

d'où l'on tire u et v sous une forme qui se ramène facilement à la précédente,

$$(10)\quad \begin{cases} u = \frac{1}{7}[4e^{6(x+c_1)+5(y+c_2)} + 3e^{-x-c_1-2(y+c_2)}], \\ v = \frac{1}{7}[e^{6(x+c_1)+5(y+c_2)} - e^{-x-c_1-2(y+c_2)}]. \end{cases}$$

TROISIÈME MÉTHODE. — Formons les équations aux dérivées partielles

$$\frac{du}{dx} - \frac{du}{dy} = u, \quad \frac{dv}{dx} - \frac{dv}{dy} = v;$$

on en déduit

$$(11)\quad u = e^x f_1(x+y), \quad v = e^x f_2(x+y).$$

Pour déterminer les fonctions f_1 et f_2, on pourra substituer les valeurs de u et v dans les équations qui donnent, par exemple, $\dfrac{du}{dy}$ et $\dfrac{dv}{dy}$; on sera conduit à des équations simultanées

$$(12)\quad f'_1 = 2f_1 + 2f_2, \quad f'_2 = f_1 + f_2,$$

identiques à celles que nous avons obtenues par la première méthode, et qui donnent

$$(13)\quad f_1 + 3f_2 = C_1 e^{5(x+y)}, \quad f_1 - 4f_2 = C_2 e^{-2(x+y)},$$

d'où l'on déduit pour u et v les valeurs (7) précédemment obtenues.

36. *Intégrer l'équation aux dérivées partielles*

$$z = \frac{dz}{dx}\frac{dz}{dy}. \tag{1}$$

On peut ramener cette équation à la forme linéaire, en considérant x comme la fonction à déterminer. On a en effet

$$dz = \frac{dz}{dx}dx + \frac{dz}{dy}dy,$$

d'où

$$dx = \frac{1}{\frac{dz}{dx}}dz - \frac{\frac{dz}{dy}}{\frac{dz}{dx}}dy;$$

on en déduit

$$\frac{dx}{dz} = \frac{1}{\frac{dz}{dx}}, \quad \frac{dx}{dy} = -\frac{\frac{dz}{dy}}{\frac{dz}{dx}},$$

ce qui permet de transformer l'équation (1) en la suivante :

$$z\left(\frac{dx}{dz}\right)^2 + \frac{dx}{dy} = 0 \tag{2}$$

ou, en posant $\frac{dx}{dy} = p$, $\frac{dx}{dz} = q$,

$$zq^2 + p = 0. \tag{2 bis}$$

Dérivant cette équation par rapport à z, on a l'équation linéaire en q,

$$\frac{dq}{dy} + 2zq\frac{dq}{dz} + q^2 = 0, \tag{3}$$

dont l'intégrale est

$$y - \frac{1}{q} = f(zq^2) = \varphi'(zq^2). \tag{4}$$

Les équations (2 *bis*) et (4) fournissent p et q, mais, à cause de la fonction indéterminée f, il est impossible de pousser plus loin, en général, l'étude de la question. On y arrive, dans le cas actuel, à l'aide d'un artifice; on a

$$(5) \qquad dx = d(py + qz) - (y\,dp + z\,dq),$$

donc

$$(6) \qquad y\,dp + z\,dq = \left[\frac{1}{q} + \varphi'(-p)\right] dp - \frac{p}{q^2}\,dq$$

est une différentielle exacte. Si on la forme, l'équation (5), en l'intégrant, donne

$$(7) \qquad x = yp + zq + \varphi(-p) - \frac{p}{q}.$$

On a donc, entre x, y, z, p et q, les trois relations (2 *bis*), (4) et (7) entre lesquelles il faudrait éliminer p et q. Or l'équation (7) est celle d'un plan, et les équations (4) et (2 *bis*) ses dérivées par rapport à p et q; donc la surface est l'enveloppe du plan mobile (7) dans l'équation duquel p et q sont considérées comme des constantes arbitraires. On obtient une infinité de surfaces déterminées par leurs plans tangents, quand on fait varier la forme de la fonction φ.

CHAPITRE IV.

LIGNES ET SURFACES ORTHOGONALES.

37. *On donne une série de courbes* (C) *représentées en coordonnées rectangulaires par l'équation*

$$y^2 = \frac{x^3}{2a - x},$$

où a est une constante arbitraire.

On demande :

1° *L'équation différentielle qui représente toutes les courbes* (C);

2° *L'équation différentielle des trajectoires orthogonales des courbes* (C);

3° *L'équation en termes finis des trajectoires orthogonales des courbes* (C).

(Paris, novembre 1873.

1° En différentiant l'équation

$$(1) \qquad 2ay^2 - xy^2 = x^3,$$

on obtient

$$y(2a - x) = \frac{3x^2 + y^2}{2}\frac{dx}{dy};$$

d'où, pour l'équation cherchée,

$$(2) \qquad y(3x^2 + y^2) = 2x^3\frac{dy}{dx}.$$

2° Celle des trajectoires orthogonales des courbes (C)

est

$$(3) \qquad 3\frac{y}{x}\frac{dy}{dx}+\left(\frac{y}{x}\right)^3\frac{dy}{dx}+2=0.$$

3° Pour intgérer cette équation homogène, posons

$$\left(\frac{y}{x}\right)^2=z;$$

elle devient, par l'élimination de y et dy,

$$0=\frac{dx}{x}+\frac{1}{2}\frac{z+3}{z^2+3z+2}dz,$$

d'où, en intégrant,

$$\frac{x(z+1)}{\sqrt{z+2}}=$$

ou

$$(4) \qquad x^2+y^2=C\sqrt{y^2+2x^2}.$$

C'est une courbe ovale comprise entre les cercles de rayon C et $C\sqrt{2}$.

On arrive plus rapidement par l'emploi des coordonnées polaires. L'équation des courbes proposées se met sous la forme

$$(1\ bis) \qquad 2a=\frac{\rho\cos\omega}{\sin^2\omega};$$

leur équation différentielle est

$$(2\ bis) \qquad \frac{d\rho}{\rho}=\frac{1+\cos^2\omega}{\sin\omega\cos\omega}d\omega,$$

et celle de leurs trajectoires orthogonales (C_1) s'obtient par la relation

$$1+\rho^2\left(\frac{d\omega}{d\rho}\right)_C\left(\frac{d\omega}{d\rho}\right)_{C_1}=0;$$

elle est donc

$$(3\ bis) \qquad \frac{d\rho}{\rho}=-\frac{\sin\omega\cos\omega}{1+\cos^2\omega}d\omega,$$

qui s'intègre immédiatement et donne, pour l'équation des courbes cherchées,

$$(4\ bis) \qquad \rho = C\sqrt{1+\cos^2\omega}.$$

38. *Trouver les trajectoires orthogonales des courbes représentées en coordonnées polaires par l'équation*

$$\rho^2 = a^2 \log \frac{\operatorname{tang}\omega}{c},$$

dans laquelle c est un paramètre variable; le signe log *désigne un logarithme népérien.*

(Paris, juillet 1877, 1re question.)

L'équation différentielle des courbes proposées est

$$\frac{d\omega}{d\rho} = \frac{\rho \sin 2\omega}{a^2};$$

celle de leurs trajectoires orthogonales est, par suite,

$$1 + \rho^3 \frac{d\omega}{d\rho}\frac{\sin 2\omega}{a^2} = 0,$$

qui, par l'intégration, devient

$$\rho^2 = \frac{a^2}{C - \cos 2\omega}$$

ou, en coordonnées rectilignes,

$$(C+1)y^2 + (C-1)x^2 = a^2,$$

famille de courbes du second degré ayant pour axes de symétrie les axes coordonnés.

39. *Déterminer les trajectoires orthogonales des courbes définies en coordonnées rectangulaires par l'équation*

$$(x^2+y^2)^2 = \pm a^2 xy,$$

dans laquelle a désigne un paramètre variable.

(École Normale, juillet 1879.)

L'équation proposée représente deux familles de lemniscates semblables dont les axes sont les bissectrices des axes coordonnés; leur équation différentielle est

$$\frac{4(x\,dx + y\,dy)}{x^2 + y^2} = \frac{y\,dx + x\,dy}{xy}$$

et celle de leurs trajectoires orthogonales

$$\frac{4(x\,dy - y\,dx)}{x^2 + y^2} = \frac{y\,dy - x\,dx}{xy}$$

ou

$$y\,dy(3x^2 - y^2) + x\,dx(x^2 - 3y^2) = 0;$$

c'est une équation homogène dont l'intégrale générale est

$$\frac{x^2 + y^2}{\sqrt{x^2 - y^2}} = c,$$

ou, en coordonnées polaires,

$$\rho = c\sqrt{\cos 2\omega},$$

qui représente des lemniscates semblables.

L'emploi des coordonnées polaires est un peu plus simple; on trouve, pour l'équation différentielle des courbes proposées,

$$\frac{d\rho}{\rho} = \cot 2\omega\,d\omega$$

et, pour celle de leurs trajectoires orthogonales,

$$\frac{d\rho}{\rho} = -\tang 2\omega\,d\omega$$

qui s'intègre immédiatement.

40. *Déterminer les trajectoires orthogonales des courbes qui sont les positions successives d'une courbe plane fixe* (C) *tournant, sans changer de forme, autour d'un point* O *de son plan.*

(Paris, novembre 1883, 2e question.)

Nous prendrons l'équation générale des courbes (C) sous la forme

$$\omega + C = f(\rho);$$

leur équation différentielle est

$$\frac{d\omega}{d\rho} = f'(\rho),$$

et celle de leurs trajectoires orthogonales

$$\rho^2 \frac{d\omega}{d\rho} f'(\rho) = -1.$$

Ces trajectoires, dont l'équation est

$$\omega + C_1 = -\int \frac{d\rho}{\rho^2 f'(\rho)},$$

sont donc comme les proposées, des courbes qui s'obtiennent par la rotation de l'une d'elles autour de O.

Si les courbes (C) sont des cercles passant par l'origine, on trouve, pour leurs trajectoires orthogonales, les courbes

$$\omega + C_1 = \arcsin \frac{\rho}{2a} + \sqrt{\frac{2a^2}{\rho^2} - 1}.$$

41. *Déterminer les trajectoires orthogonales des courbes représentées par l'équation*

$$(1) \qquad x^2 + y^2 - 2\lambda x + a^2 = 0,$$

λ étant le paramètre variable.

(Bordeaux, novembre 1880.)

L'équation (1) représente une famille de cercles ayant leurs centres sur Ox et tels que le rapport des distances des divers points de l'un quelconque d'entre eux à deux points fixes A et B est constant; ces points A et B sont situés sur l'axe des x, de part et d'autre de l'origine, à la distance a.

Leur équation différentielle est

$$(2)\qquad 2xy\frac{dy}{dx}+x^2-y^2-a^2=0,$$

et celle de leurs trajectoires orthogonales

$$(3)\qquad 2xy\frac{dx}{dy}+y^2-x^2+a^2=0.$$

L'équation (3) se déduisant de (2) par la permutation de x et y et le changement de signe de a^2, on peut en conclure, *a priori*, que l'intégrale de l'équation (3) est

$$(4)\qquad x^2+y^2-2Cy-a^2=0;$$

elle représente une famille de cercles passant par les points fixes A et B.

L'intégration de l'équation (3) est d'ailleurs immédiate, si on l'écrit sous la forme

$$2y(x\,dx+y\,dy)-(y^2+x^2-a^2)\,dy=0.$$

L'équation (3) rentre dans un type d'équations ne contenant que des termes de degré 0 et 2 par rapport aux variables x et y et que l'on sait intégrer; nous exposerons la méthode en l'appliquant à cette équation. Si l'on pose

$$x^2=u,\quad y^2=v\quad\text{et}\quad\frac{dv}{du}=p,$$

l'équation (3) prend une forme linéaire en u et v,

$$(5)\qquad v=(u-a^2)\frac{p}{2+p},$$

qui donne par dérivation (n° 23)

$$\frac{du}{2(u-a^2)}=\frac{dp}{p(p+1)(p+2)}$$
$$=dp\left[\frac{1}{2p}-\frac{1}{p+1}+\frac{1}{2(p+2)}\right],$$

d'où

$$(6)\qquad \sqrt{u-a^2} = C\frac{\sqrt{p(p+2)}}{p+1};$$

l'élimination de $p = \frac{2v}{u-v-a^2}$ entre les équations (5) et (6) donne

$$\sqrt{u-a^2} = 2C\frac{\sqrt{v(u-a^2)}}{u+v-a^2},$$

qui conduit à l'équation (4) précédemment obtenue.

42. *Trouver les courbes telles que, si par le point* N *où une normale quelconque* MN *rencontre l'axe* Ox *on mène une parallèle à la tangente en* M, *cette droite passe par un point donné* A *sur l'axe* Oy.

Trouver les trajectoires orthogonales de ces courbes.

(Poitiers, juillet 1880.)

On voit, *a priori*, que ces courbes sont parallèles et admettent pour trajectoires orthogonales une famille de droites.

L'équation de la droite NA est

$$u = \left(t - x - y\frac{dy}{dx}\right)\frac{dy}{dx};$$

si l'on pose $OA = a$, on a, pour l'équation différentielle des courbes,

$$(1)\qquad y\left(\frac{dy}{dx}\right)^2 + x\frac{dy}{dx} + a = 0$$

et, pour celle de leurs trajectoires orthogonales,

$$(2)\qquad y - x\frac{dy}{dx} + a\left(\frac{dy}{dx}\right)^2 = 0.$$

Cette dernière est l'équation de Clairaut; elle représente la famille de droites

$$(3)\qquad y = Cx - aC^2,$$

enveloppées par la parabole

$$x^2 = 4ay, \tag{4}$$

qui est solution singulière de l'équation (2).

L'intégrale de l'équation (1) s'obtient en dérivant

$$y + \frac{x}{p} + \frac{a}{p^2} = 0, \tag{1 bis}$$

ce qui donne

$$p^2(1+p^2)\frac{dx}{dp} = px + 2a,$$

$$x = e^{\int \frac{dp}{p(1+p^2)}}\left[C + 2a\int \frac{dp}{p^2(1+p^2)}\, e^{-\int \frac{dp}{p(1+p^2)}}\right];$$

or

$$\int \frac{dp}{p(1+p^2)} = -\frac{1}{2}\int \frac{d\left(\frac{1}{p^2}\right)}{1+\frac{1}{p^2}} = \log\frac{p}{\sqrt{1+p^2}},$$

d'où

$$x = \frac{p}{\sqrt{1+p^2}}\left(C + 2a\int \frac{dp}{p^3\sqrt{1+p^2}}\right),$$

$$x = \frac{p}{\sqrt{1+p^2}}\left[C - 2a\int \frac{\left(\frac{1}{p}\right)^2 d\frac{1}{p}}{\sqrt{1+\left(\frac{1}{p}\right)^2}}\right],$$

$$x = \frac{p}{\sqrt{1+p^2}}\left[C - a\frac{\sqrt{1+p^2}}{p^2} + a\log\left(\frac{1}{p} + \sqrt{1+\frac{1}{p^2}}\right)\right]. \tag{5}$$

Les équations (1 *bis*) et (5) donnent les coordonnées y et x des courbes cherchées en fonction de la variable auxiliaire p.

43. *Étant données des ellipses semblables ayant même sommet et leurs axes dirigés suivant la même droite, déterminer les courbes qui les coupent toutes sous un angle donné. Faire l'intégration :*

1° *Quand les ellipses se réduisent à des cercles;*
2° *Quand l'angle donné est droit.*

(Lille, juillet 1862.)

Si l'on prend pour origine le sommet fixe et pour axe des x l'axe commun, l'équation de la famille d'ellipses données est

$$(1)\qquad \frac{(x-ka)^2}{k^2a^2}+\frac{y^2}{k^2b^2}=1,$$

k étant un paramètre variable; on en déduit, pour l'équation différentielle de ces courbes,

$$(2)\qquad 2a^2xy\frac{dy}{dx}+b^2x^2-a^2y^2=0.$$

Soit m la tangente de l'angle sous lequel les ellipses sont coupées par les courbes cherchées (C); on a

$$\pm m=\frac{\left(\frac{dy}{dx}\right)_C-\left(\frac{dy}{dx}\right)}{1+\left(\frac{dy}{dx}\right)_C\left(\frac{dy}{dx}\right)};$$

d'où, pour l'équation différentielle des courbes (C),

$$(3)\qquad 2a^2xy\left(\pm m+\frac{dy}{dx}\right)+(b^2x^2-a^2y^2)\left(1\mp m\frac{dy}{dx}\right)=0.$$

Cette équation, étant homogène, représente une famille de courbes semblables ayant l'origine pour centre de similitude; on l'intègre en posant

$$\frac{y}{x}=z,$$

d'où l'équation

$$(4)\qquad \frac{dx}{x}+\frac{2a^2z\pm m(a^2z^2-b^2)}{a^2z^2+b^2\pm mz(a^2z^2+2a^2-b^2)}dz=0.$$

Le problème est donc ramené à la quadrature d'une fraction rationnelle, et sa solution ne saurait être poussée plus loin, puisqu'il faudrait connaître les racines du dénominateur, qui est un polynôme du troisième degré en z.

1° Si les courbes se réduisent à des cercles, $a = b$ et l'équation (4), en prenant d'abord les signes supérieurs, devient

$$\frac{dx}{x} + \frac{mz^2 + 2z - m}{(mz + 1)(z^2 + 1)} dz = 0 \tag{5}$$

ou

$$\frac{dx}{x} + \frac{2z\,dz}{1 + z^2} - \frac{m\,dz}{mz + 1} = 0,$$

dont l'intégrale générale est, en rétablissant le double signe de m,

$$x^2 + y^2 = 2C(x \pm my); \tag{6}$$

ce sont deux séries de cercles passant à l'origine et qui ont leurs centres sur les droites

$$y = \pm mx. \tag{7}$$

2° Si l'angle donné est droit, $m = \infty$, et l'on a

$$\frac{dx}{x} + \frac{a^2 z^2 - b^2}{a^2 z^3 + (2a^2 - b^2)z} dz = 0, \tag{8}$$

que l'on peut écrire, en décomposant en fractions simples,

$$(2a^2 - b^2)\frac{dx}{x} - \frac{b^2\,dz}{z} + \frac{a^2\,dz}{z - \frac{\sqrt{b^2 - 2a^2}}{a}} + \frac{a^2\,dz}{z + \frac{\sqrt{b^2 - 2a^2}}{a}} = 0;$$

dont l'intégrale est

$$a^2 y^2 + (2a^2 - b^2)x^2 = Cy^{\frac{b^2}{a^2}} \tag{9}$$

ou, en coordonnées polaires,

$$\rho^{\frac{b^2 - 2a^2}{a^2}} = \frac{a^2 \sin^2\omega + (2a^2 - b^2)\cos^2\omega}{C \sin^{\frac{b^2}{a^2}}\omega}. \tag{9 bis}$$

Si $b^2 < 2a^2$, ces courbes sont fermées; elles se confondent et deviennent l'axe des x si $b^2 = 2a^2$. Enfin elles ont des branches infinies qui se coupent à l'origine, si $b^2 > 2a^2$.

44. *On donne une sphère et une droite* D, *déterminer les projections sur un plan perpendiculaire à la droite* D *des trajectoires orthogonales des sections faites dans la sphère par les plans menés suivant cette droite.*

(Paris, novembre 1876.)

La Géométrie conduit très simplement à la solution de

Fig. 3.

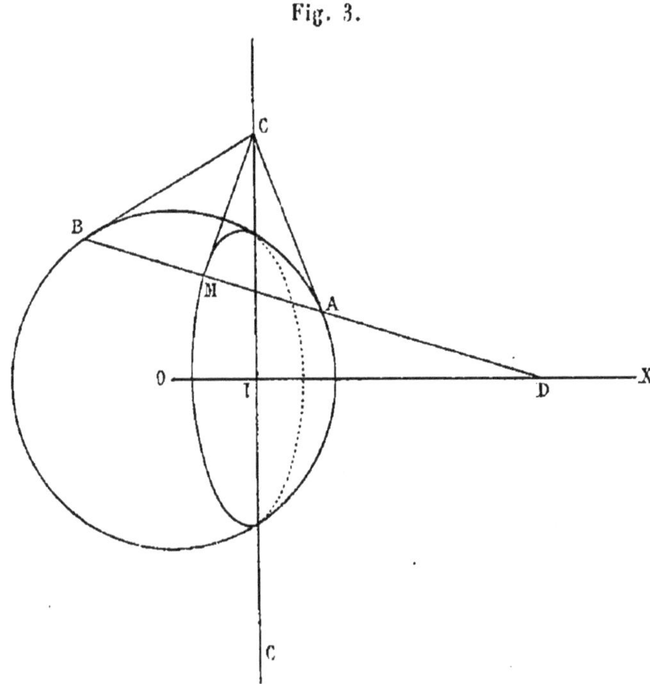

ce problème. Prenons pour plan normal à la droite D (*fig.* 3) celui qui passe par le centre O de la sphère; un plan quelconque, mené par la droite D, coupe la sphère suivant un cercle de diamètre AB, et les génératrices du cône droit tangent à la sphère le long de ce cercle, touchent les trajectoires orthogonales de AB; or les sommets C de tous ces cônes sont sur la polaire de D; les trajectoires orthogonales des sections telles que AB sont donc les cercles déterminés dans la sphère par des plans passant par la polaire CC′ du point D, et leurs projections sur un plan normal à D sont des ellipses ayant une corde de contact commune.

Analytiquement on a, pour l'équation de la sphère,

$$x^2+y^2+z^2=r^2;$$

celle d'un plan sécant est

$$y=m(x-a),$$

d'où

$$\frac{dy}{dx}=m;$$

par l'élimination du paramètre variable m, on a les équations différentielles des courbes d'intersection

$$(1)\qquad x\,dx+y\,dy+z\,dz=0,\quad (x-a)\,dy-y\,dx=0.$$

Leurs trajectoires orthogonales satisfont aux équations

$$(2)\quad X\,dX+Y\,dY+Z\,dZ=0,\quad dX\,dx+dY\,dy+dZ\,dz=0;$$

or les équations (1) nous donnent

$$\frac{dx}{x-a}=\frac{dy}{y}=\frac{-z\,dz}{x(x-a)+y^2};$$

la seconde des équations (2) peut donc s'écrire

$$(X-a)\,dX+Y\,dY+\frac{X(a-X)-Y^2}{Z}\,dZ=0$$

ou

$$(3)\qquad -a\,dX+(aX-r^2)\frac{dZ}{Z}=0$$

dont l'intégrale est

$$(4)\qquad aX-r^2=CZ;$$

c'est l'équation de la projection des trajectoires orthogonales sur le plan des xz : elle représente une famille de plans passant par la droite fixe CIC', dont les équations sont

$$z = 0, \quad x = \frac{r^2}{a}.$$

Ces plans coupent la sphère suivant des cercles dont les projections sur le plan xOy ont pour équation

$$X^2 + Y^2 + \left(\frac{aX - r^2}{C}\right)^2 = r^2,$$

ou

$$(5) \qquad X^2(a^2 + C^2) + C^2Y^2 - 2ar^2X = r^2(C^2 - r^2),$$

équation qui représente une famille d'ellipses ayant leur grand axe parallèle à Oy. Ces courbes sont réelles si elles coupent l'axe des x, ce qui donne la condition

$$C^2 > r^2 - a^2,$$

toujours vérifiée si $r < a$, c'est-à-dire si la droite D ne coupe pas la sphère; dans le cas de $a < r$, elle exprime que le plan (4), qui passe par la polaire du point D, rencontre la sphère donnée.

43. *Étant donné le paraboloïde elliptique*

$$\frac{x^2}{p^2} + \frac{y^2}{q^2} = \frac{2z}{c},$$

déterminer les projections sur le plan xOy des trajectoires orthogonales des sections de la surface par les plans qui passent par son axe.

(Paris, juillet 1882, 2e question.)

En procédant comme dans le problème qui précède, on trouve pour les équations différentielles des courbes de section par des plans menés par l'axe

$$(1) \qquad \frac{x\,dx}{p^2} + \frac{y\,dy}{q^2} = \frac{dz}{c}, \quad \frac{dx}{x} = \frac{dy}{y},$$

que l'on peut mettre sous la forme

$$(1\ bis) \qquad \frac{dx}{x} = \frac{dy}{y} = \frac{\dfrac{x\,dx}{p^2}}{\dfrac{x^2}{p^2}} = \frac{\dfrac{y\,dy}{q^2}}{\dfrac{y^2}{q^2}} = \frac{dz}{2z};$$

d'où, en substituant dans l'équation,

$$(2) \qquad dX\,dx + dY\,dy + dZ\,dz = 0,$$

$$(3) \qquad X\,dX + Y\,dY + 2Z\,dZ = 0,$$

dont l'intégrale donne les ellipsoïdes

$$(4) \qquad X^2 + Y^2 + 2Z^2 = K^2,$$

aplatis et de révolution autour de OZ ; ils coupent le paraboloïde donné suivant les trajectoires orthogonales cherchées. L'équation générale de la projection de ces courbes sur le plan des xy est

$$(5) \qquad \left(\frac{X^2}{p^2} + \frac{Y^2}{q^2}\right)^2 + \frac{2}{c^2}(X^2 + Y^2 - K^2) = 0.$$

Ce sont des courbes du quatrième degré, symétriques par rapport aux axes coordonnés et dont l'équation, en coordonnées polaires, est

$$(5\ bis) \qquad \rho^4\left(\frac{\cos^2\omega}{p^2} + \frac{\sin^2\omega}{q^2}\right) + 2\frac{\rho^2}{c^2} - 2\frac{K^2}{c^2} = 0;$$

elle n'admet qu'une racine positive en ρ^2. En la mettant sous la forme

$$\rho^4\left[\frac{1}{p^2} + \sin^2\omega\left(\frac{1}{q^2} - \frac{1}{p^2}\right)\right] + 2\frac{\rho^2}{c^2} - 2\frac{K^2}{c^2} = 0,$$

si $q < p$, on voit que ρ^2 est d'autant plus petit que $\sin^2\omega$

est plus grand; les axes des courbes (5) sont donc dans le même ordre de grandeur que ceux de l'ellipse de section du paraboloïde par un plan parallèle au plan des xy.

46. *Déterminer les trajectoires orthogonales de l'un des systèmes de génératrices rectilignes d'un hyperboloïde de révolution à une nappe.*

(Paris, juillet 1876, 2e question.)

Nous définirons l'hyperboloïde par le rayon r de son cercle de gorge et l'angle γ que font les génératrices avec l'axe; nous prendrons pour variable indépendante l'angle θ que fait avec une droite fixe Ox, menée dans le plan du cercle de gorge, la plus courte distance d'une génératrice et de l'axe Oz de l'hyperboloïde.

Les équations des deux systèmes de génératrices sont

$$\frac{x - r\cos\theta}{\pm\sin\gamma\sin\theta} = \frac{y - r\sin\theta}{\mp\sin\gamma\cos\theta} = \frac{z}{\cos\gamma}. \tag{1}$$

Les trajectoires orthogonales de ces lignes satisfont donc aux trois équations

$$\left\{\begin{array}{l} dx\sin\theta - dy\cos\theta \pm dz\cot\gamma = 0, \\ x = r\cos\theta \pm z\tan\!g\,\gamma\sin\theta, \\ y = r\sin\theta \mp z\tan\!g\,\gamma\cos\theta. \end{array}\right. \tag{2}$$

Des deux dernières on déduit

$$dx\sin\theta - dy\cos\theta = \pm dz\,\mathrm{tang}\,\gamma - r\,d\theta,$$

d'où

$$r\,d\theta = \pm dz(\mathrm{tang}\,\gamma + \cot\gamma).$$

Cette équation, en l'intégrant, donne

$$z = \pm\frac{r\sin2\gamma}{2}\theta + C, \tag{3}$$

qui, avec les deux dernières équations (2), détermine la famille des courbes cherchées.

On voit que chaque courbe monte en spirale sur l'hyperboloïde, z croissant ou décroissant proportionnellement à θ, suivant le système de génératrices rectilignes que l'on considère. De plus, les courbes de l'un des systèmes se déduisent de l'une d'entre elles en portant une longueur constante sur chaque génératrice. Ce fait est général pour les trajectoires orthogonales des génératrices d'une surface réglée; car, si l'on considère le quadrilatère gauche formé par deux quelconques de ces trajectoires et deux génératrices infiniment voisines, les longueurs finies de ces génératrices ne peuvent différer que d'un infiniment petit du second ordre, comme étant les projections d'une même diagonale sur chacune d'elles. Donc les longueurs interceptées sur deux génératrices à distances finies ne peuvent différer que d'un infiniment petit du premier ordre et sont par suite égales; la même propriété se conserve d'ailleurs en projection sur le plan du cercle de gorge.

Les équations de la projection de celles de ces courbes pour laquelle $C = 0$ sont

$$(4)\qquad \left\{ \begin{aligned} x &= r(\cos\theta + \theta \sin\theta \sin^2\gamma), \\ y &= r(\sin\theta - \theta \cos\theta \sin^2\gamma); \end{aligned} \right.$$

un point quelconque xy de cette courbe s'obtient en portant sur la tangente au cercle de gorge, à partir de son point de contact, une longueur $r\theta \sin^2\gamma$, proportionnelle à l'arc $r\theta$ correspondant. On peut encore considérer cette courbe comme étant la projection des divers points de la développante du cercle de rayon $r \sin^2\gamma$, sur les tangentes au cercle de gorge, les points correspondants des deux courbes étant situés sur des tangentes parallèles. Toutes les autres courbes se déduisent de celle-là, soit en portant une longueur constante sur les tangentes au cercle de gorge, soit en faisant tourner cette courbe autour du point O.

47. *Trouver l'équation générale des surfaces qui coupent à angle droit les sphères représentées par l'équation*

$$x^2 + y^2 + z^2 - 2az = 0,$$

où a est un paramètre variable.

Déduire du résultat obtenu quelques systèmes formés de trois familles de surfaces triplement orthogonales.

(Paris, novembre 1869.)

Soient $F = 0$ l'équation générale de la famille de sphères, $z = f(x, y)$ celle d'une surface les coupant à angle droit; on doit avoir

$$\frac{dF}{dx}\frac{df}{dx} + \frac{dF}{dy}\frac{df}{dy} - \frac{dF}{dz} = 0$$

ou

$$(1) \qquad x\frac{dz}{dx} + y\frac{dz}{dy} + a - z = 0,$$

qui, par l'élimination du paramètre variable a, devient

$$(2) \qquad 2xz\frac{dz}{dx} + 2yz\frac{dz}{dy} + x^2 + y^2 - z^2 = 0.$$

On intègre cette équation linéaire aux dérivées partielles du premier ordre, en posant

$$(3) \qquad \frac{dx}{2xz} = \frac{dy}{2yz} = \frac{dz}{z^2 - x^2 - y^2} = \frac{x\,dx + y\,dy + z\,dz}{z(x^2 + y^2 + z^2)};$$

d'où

$$\frac{dx}{x} = \frac{2(x\,dx + y\,dy + z\,dz)}{x^2 + y^2 + z^2},$$

$$\frac{dy}{y} = \frac{2(x\,dx + y\,dy + z\,dz)}{x^2 + y^2 + z^2}$$

et, en intégrant,

$$(4)\qquad C = \frac{x}{x^2+y^2+z^2}, \quad C' = \frac{y}{x^2+y^2+z^2}.$$

L'équation générale des surfaces coupant à angle droit les sphères données est donc, en désignant par Φ une fonction arbitraire,

$$(5)\qquad \Phi(C, C') = \Phi\left(\frac{x}{x^2+y^2+z^2}, \frac{y}{x^2+y^2+z^2}\right) = 0.$$

Soient maintenant deux familles de surfaces

$$(6)\qquad \varphi(C, C') = 0, \quad \psi(C, C') = 0,$$

pour qu'elles forment avec les sphères données un système triplement orthogonal, il faut et il suffit que l'on ait identiquement

$$\frac{d\varphi}{dx}\frac{d\psi}{dx} + \frac{d\varphi}{dy}\frac{d\psi}{dy} + \frac{d\varphi}{dz}\frac{d\psi}{dz} = 0$$

ou bien

$$\left(\frac{d\varphi}{dC}\frac{dC}{dx} + \frac{d\varphi}{dC'}\frac{dC'}{dx}\right)\left(\frac{d\psi}{dC}\frac{dC}{dx} + \frac{d\psi}{dC'}\frac{dC'}{dx}\right) + \ldots = 0$$

et, en développant,

$$(7)\qquad \begin{cases} \dfrac{d\varphi}{dC}\dfrac{d\psi}{dC}\left[\left(\dfrac{dC}{dx}\right)^2 + \left(\dfrac{dC}{dy}\right)^2 + \left(\dfrac{dC}{dz}\right)^2\right] \\ + \dfrac{d\varphi}{dC'}\dfrac{d\psi}{dC'} + \left[\left(\dfrac{dC'}{dx}\right)^2 + \left(\dfrac{dC'}{dy}\right)^2 + \left(\dfrac{dC'}{dz}\right)^2\right] \\ + \left(\dfrac{d\varphi}{dC}\dfrac{d\psi}{dC'} + \dfrac{d\varphi}{dC'}\dfrac{d\psi}{dC}\right)\left(\dfrac{dC}{dx}\dfrac{dC'}{dx} + \dfrac{dC}{dy}\dfrac{dC'}{dy} + \dfrac{dC}{dz}\dfrac{dC'}{dz}\right) = 0. \end{cases}$$

Or on a

$$\left(\frac{dC}{dx}\right)^2 + \left(\frac{dC}{dy}\right)^2 + \left(\frac{dC}{dz}\right)^2$$

$$= \left(\frac{dC'}{dx}\right)^2 + \left(\frac{dC'}{dy}\right)^2 + \left(\frac{dC'}{dz}\right)^2 = \frac{1}{(x^2+y^2+z^2)^2}.$$

$$\frac{dC}{dx}\frac{dC'}{dx} + \frac{dC}{dy}\frac{dC'}{dy} + \frac{dC}{dz}\frac{dC'}{dz} = 0;$$

l'équation (7) se réduit donc à

$$(8) \qquad \frac{d\varphi}{dC}\frac{d\psi}{dC} + \frac{d\varphi}{dC'}\frac{d\psi}{dC'} = 0,$$

qui exprime, si l'on considère C et C′ comme des coordonnées, que les courbes φ et ψ sont orthogonales.

Il résulte de cette équation que, la fonction φ étant arbitrairement choisie, on peut toujours trouver la fonction ψ correspondante; il existe donc une infinité de systèmes orthogonaux dont fait partie la famille des sphères proposées.

Nous appliquerons ce qui précède à trois exemples :

1° $$\varphi(C, C') = C - \frac{1}{\alpha} = \frac{x}{x^2+y^2+z^2} - \frac{1}{\alpha} = 0;$$

d'où

$$\frac{d\varphi}{dC} = 1, \quad \frac{d\varphi}{dC'} = 0;$$

l'équation (8) devient

$$\frac{d\psi}{dC} = 0, \quad \psi = \chi(C') = 0 \quad \text{ou} \quad C' = \text{const.},$$

ce qui donnera le système triple orthogonal

$$\alpha = \frac{x^2+y^2+z^2}{x}, \quad \beta = \frac{x^2+y^2+z^2}{y}, \quad \gamma = \frac{x^2+y^2+z^2}{z},$$

formé de sphères passant par l'origine et ayant leurs centres sur les axes coordonnés.

2° $$\varphi(C, C') = \frac{C'}{C} - \alpha = \frac{y}{x} - \alpha = 0;$$

d'où l'équation aux dérivées partielles

$$-\frac{C'}{C^2}\frac{d\psi}{dC} + \frac{1}{C}\frac{d\psi}{dC'} = 0,$$

$$\psi(C, C') = \chi(C^2 + C'^2) = 0,$$

$$C^2 + C'^2 = \text{const.} = \frac{1}{\beta^2};$$

d'où le système triple orthogonal

$$y = \alpha x, \quad \frac{x^2+y^2}{(x^2+y^2+z^2)^2} = \frac{1}{\beta^2}, \quad \gamma = \frac{x^2+y^2+z^2}{z}.$$

qui comprend, outre la famille des sphères données, une série de plans passant par Oz et une famille de tores engendrés par la rotation autour de Oz de cercles tangents à cet axe au point O.

3° $$\varphi(C, C') = \frac{C^2}{\alpha^2} + \frac{C'^2}{\alpha^2 - k^2} - 1 = 0, \quad \alpha^2 > k^2,$$

qui représente, si C et C′ sont regardés comme des coordonnées, des ellipses homofocales; on en déduit, pour la fonction ψ, les hyperboles homofocales

$$\psi(C, C') = \frac{C^2}{\beta^2} - \frac{C'^2}{k^2 - \beta^2} - 1 = 0, \quad \beta^2 < k^2.$$

Nous avons donc le système triplement orthogonal

$$x^2+y^2+z^2 = \gamma x,$$
$$\frac{x^2}{\alpha^2} + \frac{y^2}{\alpha^2 - k^2} = (x^2+y^2+z^2)^2,$$
$$\frac{x^2}{\beta^2} + \frac{y^2}{k^2 - \beta^2} = (x^2+y^2+z^2)^2.$$

CHAPITRE V.

RAYONS DE COURBURE ET LIGNES DE COURBURE.

48. *Donner une méthode pour avoir les courbes dans lesquelles le rayon de courbure r est une fonction donnée de l'angle α que la tangente à la courbe fait avec une direction fixe*

$$r = f(\alpha).$$

Application aux cas où $f(\alpha) = a\cos\alpha$, $f(\alpha) = \dfrac{a}{\cos^2\alpha}$.

(Clermont, juillet 1880.)

Prenons la droite fixe pour axe des x; on a les formules

$$r = \frac{ds}{d\alpha}, \quad dx = ds\cos\alpha, \quad dy = ds\sin\alpha;$$

on en déduit

$$dx = f(\alpha)\cos\alpha\, d\alpha, \quad dy = f(\alpha)\sin\alpha\, d\alpha$$

et, en intégrant,

$$x = x_0 + \int f(\alpha)\cos\alpha\, d\alpha, \quad y = y_0 + \int f(\alpha)\sin\alpha\, d\alpha.$$

On voit que toutes ces courbes s'obtiennent en transportant l'une d'elles parallèlement à elle-même.

1° $f(\alpha) = a\cos\alpha$,

$$x = a\int\cos^2\alpha\, d\alpha + x_0 = \frac{a}{4}(2\alpha + \sin 2\alpha),$$

$$y = \frac{a}{2}\int\sin 2\alpha\, d\alpha + y_0 = \frac{a}{4}(1 - \cos 2\alpha),$$

en faisant $x_0 = 0$, $y_0 = \dfrac{a}{4}$.

Soit $2\alpha = -\beta$, nous aurons

$$x = \frac{a}{4}(\beta - \sin\beta), \quad y = \frac{a}{4}(1 - \cos\beta) :$$

ce sont les équations d'une cycloïde engendrée par un cercle de rayon $\frac{a}{4}$, roulant sans glisser sur l'axe des x.

2° $f(\alpha) = \frac{a}{\cos^2\alpha}$; faisant $x_0 = 0$, $y_0 = 0$, on a

$$x = a\int \frac{d\alpha}{\cos\alpha} = a \log\operatorname{tang}\left(\frac{\pi}{4} + \frac{\alpha}{2}\right),$$

$$y = a\int \frac{\sin\alpha}{\cos^2\alpha}\,d\alpha = \frac{a}{\cos\alpha}.$$

On en déduit

$$e^{\frac{x}{a}} = \operatorname{tang}\left(\frac{\pi}{4} + \frac{\alpha}{2}\right),$$

$$e^{-\frac{x}{a}} = \cot\left(\frac{\pi}{4} + \frac{\alpha}{2}\right),$$

$$\frac{1}{2}\left(e^{\frac{x}{a}} + e^{-\frac{x}{a}}\right) = \frac{1}{\cos\alpha} = \frac{y}{a}.$$

On a donc

$$y = \frac{a}{2}\left(e^{\frac{x}{a}} + e^{-\frac{x}{a}}\right),$$

équation de la chaînette.

49. *Déterminer la courbe* C *de façon que le rayon de courbure* r *en un point quelconque* M *de cette courbe et l'arc* $s = \text{AM}$, *compté à partir d'un point fixe* A, *vérifient la relation*

$$r = \frac{s^2 + a^2}{a},$$

dans laquelle a *désigne une ligne donnée.*

(Paris, juillet 1882, 2ᵉ question.)

De l'équation

$$r = \frac{ds}{d\alpha} = \frac{s^2 + a^2}{a},$$

on tire

$$d\alpha = \frac{a\,ds}{a^2 + s^2}, \quad \alpha - \alpha_0 = \text{arc tang}\,\frac{s}{a}$$

ou, en prenant l'axe des x parallèle à la tangente à la courbe au point A,

$$s = a \operatorname{tang} \alpha.$$

On en déduit

$$r = \frac{a}{\cos^2 \alpha},$$

et l'on rentre dans le problème précédent. On peut encore procéder comme suit ; de l'équation

$$\frac{s}{a} = \frac{dy}{dx} = p$$

on tire, en la dérivant,

$$\frac{\sqrt{1+p^2}}{a} = \frac{dp}{dx}, \quad \frac{x}{a} = \int \frac{dp}{\sqrt{1+p^2}} = \log(p + \sqrt{1+p^2});$$

d'où

$$p + \sqrt{1+p^2} = e^{\frac{x}{a}},$$

$$-p + \sqrt{1+p^2} = e^{-\frac{x}{a}},$$

$$p = \frac{dy}{dx} = \frac{1}{2}\left(e^{\frac{x}{a}} - e^{-\frac{x}{a}}\right),$$

$$y = \frac{a}{2}\left(e^{\frac{x}{a}} + e^{-\frac{x}{a}}\right),$$

équation de la chaînette. Le problème comporte trois constantes arbitraires α_0, x_0, y_0, c'est-à-dire que la chaînette peut occuper une position quelconque dans le plan.

50. *Trouver une courbe plane telle que, si d'un point fixe pris dans son plan on mène des rayons vecteurs à*

ses différents points, le lieu de la projection du centre de courbure sur le rayon vecteur correspondant soit une courbe symétrique de la proposée par rapport au point fixe.

On vérifiera que la courbe trouvée satisfait bien à la condition énoncée.

(Grenoble, novembre 1880.)

Le rayon de courbure

$$r = \pm \frac{\left[1 + \left(\frac{dy}{dx}\right)^2\right]^{\frac{3}{2}}}{\frac{d^2y}{dx^2}};$$

le cosinus de l'angle de la normale et du rayon vecteur est donné par la formule

$$\pm \frac{x\,dy - y\,dx}{\sqrt{dx^2 + dy^2}\sqrt{x^2 + y^2}};$$

l'équation différentielle du lieu est donc

$$(1) \qquad \pm \frac{1 + \left(\frac{dy}{dx}\right)^2}{\frac{d^2y}{dx^2}} \frac{x\,dy - y\,dx}{dx\sqrt{x^2 + y^2}} = 2\sqrt{x^2 + y^2};$$

mais cette équation est trop générale : elle comprend aussi celle des courbes telles que la projection du rayon de courbure sur le prolongement du rayon vecteur soit double de ce rayon vecteur. Pour distinguer les deux cas, il convient de remarquer que, dans le problème proposé, la courbe doit toujours tourner sa concavité dans le sens de l'origine, ce qui exige que $\frac{y}{x}$ et $\frac{dy}{dx}$ varient dans le même sens ou que les quantités $d\frac{dy}{dx} = \frac{d^2y}{dx^2}dx$ et $d\frac{y}{x} = \frac{x\,dy - y\,dx}{x^2}$ aient même signe; le signe supérieur de l'équation (1) convient donc au problème proposé.

L'équation (1), mise sous la forme

$$\frac{2\dfrac{d^2y}{dx^2}dx}{1+\left(\dfrac{dy}{dx}\right)^2} = \frac{x\,dy - y\,dx}{x^2+y^2},$$

s'intègre une première fois et donne

$$2\,\text{arc tang}\,\frac{dy}{dx} = \text{arc tang}\,\frac{y}{x} + \omega_0$$

ou

(2) $$2\alpha = \omega + \omega_0.$$

Or l'angle V que fait la tangente à la courbe avec le rayon vecteur est donné par

$$V = \alpha - \omega = -\tfrac{1}{2}(\omega - \omega_0),$$

d'où

$$\text{tang}\,V = \rho\frac{d\omega}{d\rho} = -\,\text{tang}\,\tfrac{1}{2}(\omega - \omega_0),$$

ce qui donne la famille de courbes semblables

(3) $$\rho = \frac{C}{\sin^2\frac{1}{2}(\omega - \omega_0)}.$$

Pour opérer la vérification demandée, $2\rho = r\sin V$, on a les formules

$$\sin V = \frac{\rho}{\sqrt{\rho^2+\left(\dfrac{d\rho}{d\omega}\right)^2}}, \quad r = \pm\frac{\left[\rho^2+\left(\dfrac{d\rho}{d\omega}\right)^2\right]^{\frac{3}{2}}}{\rho^2+2\left(\dfrac{d\rho}{d\omega}\right)^2-\rho\dfrac{d^2\rho}{d\omega^2}};$$

l'équation à vérifier est alors la suivante :

(4) $$2 = \pm\frac{\rho^2+\left(\dfrac{d\rho}{d\omega}\right)^2}{\rho^2+2\left(\dfrac{d\rho}{d\omega}\right)^2-\rho\dfrac{d^2\rho}{d\omega^2}}.$$

Les courbes obtenues doivent donc satisfaire à l'une quelconque des deux équations

$$(5)\qquad \rho^2 + 3\left(\frac{d\rho}{d\omega}\right)^2 - 2\rho\frac{d^2\rho}{d\omega^2} = 0,$$

$$(6)\qquad 3\rho^2 + 5\left(\frac{d\rho}{d\omega}\right)^2 - 2\rho\frac{d^2\rho}{d\omega^2} = 0.$$

Dans le cas actuel, c'est l'équation (5) qui est satisfaite.

Le signe inférieur de l'équation (1) correspond à un autre problème précédemment énoncé; la famille de courbes qui satisfait aux conditions de ce second problème est

$$(7)\qquad \rho = \frac{C}{\sin^{\frac{2}{3}}\frac{3}{2}(\omega - \omega_0)},$$

elle vérifie l'équation (6).

51. *Déterminer une courbe* C *telle que, si l'on forme une de ses transformées* C_1 *par rayons vecteurs réciproques, relativement à un pôle donné* O, *les rayons de courbure en deux points correspondants* M *et* M_1 *des deux courbes* C *et* C_1 *aient un rapport constant.*

(Paris, juillet 1875.)

On dit que la courbe C_1 est une transformée par rayons vecteurs réciproques de C, par rapport au pôle O, lorsque le produit $OM.OM_1$ des rayons de même direction, issus du point O, est constant.

Donnons d'abord une relation entre le rayon de courbure r, le rayon vecteur ρ et la distance p de la tangente à l'origine. On a

$$r = \frac{ds}{d\alpha} = \frac{ds}{d\omega + dV};$$

mais

$$\cos V = \frac{d\rho}{ds},\quad \sin V = \frac{\rho\, d\omega}{ds};$$

on en déduit, en éliminant ds et $d\omega$,

$$r = \frac{d\rho}{\cos V\, d\omega + \cos V\, dV}$$

$$= \frac{\rho\, d\rho}{\sin V\, d\rho + \rho \cos V\, dV} = \frac{\rho\, d\rho}{d.\rho \sin V} = \frac{\rho\, d\rho}{dp}.$$

Si l'on désigne par k le rapport constant des rayons de courbure aux points $M(\rho, \omega)$ et $M_1(R, \omega)$, l'équation de condition sera

$$(1) \qquad \frac{\rho\, d\rho}{d.\rho \sin V} = \frac{k R\, dR}{d.R \sin V},$$

en remarquant que les angles V en ces deux points sont supplémentaires. On a d'ailleurs, par définition, $R\rho = a^2$, d'où $dR = -\frac{a^2}{\rho^2} d\rho$; substituant dans l'équation (1), elle devient

$$\frac{\rho\, d\rho}{d.\rho \sin V} = - \frac{k a^4\, d\rho}{\rho^3\, d.\dfrac{a^2}{\rho} \sin V}.$$

On tire de là

$$\frac{d \sin V}{\sin V} = \frac{\rho^2 - k a^2}{\rho(\rho^2 + k a^2)} d\rho = - \frac{d\rho}{\rho} + \frac{2\rho\, d\rho}{\rho^2 + k a^2},$$

et, en intégrant et posant $k a^2 = b^2$,

$$(2) \qquad \sin V = \frac{\rho^2 + b^2}{2 c \rho};$$

on a aussi

$$d\omega = \frac{d\rho}{\rho} \operatorname{tang} V.$$

De la première on tire

$$\rho = c \sin V \pm \sqrt{c^2 \sin^2 V - b^2}$$

et, par conséquent,

$$d\rho = c \cos V \left(1 \pm \frac{c \sin V}{\sqrt{c^2 \sin^2 V - b^2}}\right) dV;$$

éliminant ρ et $d\rho$, on a la relation entre ω et V

$$d\omega = \frac{\pm c \sin V}{\sqrt{c^2 - b^2 - c^2 \cos^2 V}} dV,$$

dont l'intégrale est

$$(3) \qquad \omega - \omega_0 = \text{arc} \cos \frac{c \cos V}{\sqrt{c^2 - b^2}}.$$

Si l'on élimine V entre les équations (2) et (3), on a

$$c^2 = \frac{(\rho^2 + b^2)^2}{4\rho^2} + (c^2 - b^2) \cos^2(\omega - \omega_0).$$

Rapportant cette courbe à des axes rectangulaires, tels que Ox fasse avec l'axe polaire l'angle arbitraire ω_0, on a

$$4(b^2 x^2 + c^2 y^2) = (x^2 + y^2 + b^2)^2,$$

équation qui peut s'écrire

$$(4) \quad (x^2 + y^2 + 2y\sqrt{c^2 - b^2} - b^2)(x^2 + y^2 - 2y\sqrt{c^2 - b^2} - b^2) = 0.$$

Ce sont deux circonférences de même rayon c se coupant sur l'axe des x aux points $\pm b = \pm a\sqrt{k}$. La famille des courbes C, qui comprend aussi leurs transformées C_1, se compose donc de circonférences telles que, si A est le centre arbitrairement choisi de l'une d'elles, cette courbe coupe la droite Ox normale à OA, à une distance $OB = a\sqrt{k}$; sa transformée a son centre en un point A_1, situé sur la droite AO, de l'autre côté du point A; elle coupe la proposée au point B; enfin le rapport de leurs rayons est k.

La méthode que nous venons d'employer est assez simple, mais peu naturelle, et le résultat auquel elle conduit ne donne pas immédiatement la solution géométrique du problème. Nous allons traiter la question directement.

L'équation de condition

$$(5)\qquad \frac{\left[\rho^2+\left(\frac{d\rho}{d\omega}\right)^2\right]^{\frac{3}{2}}}{\rho^2+2\left(\frac{d\rho}{d\omega}\right)^2-\rho\frac{d^2\rho}{d\omega^2}} = k\,\frac{\left[R^2+\left(\frac{dR}{d\omega}\right)^2\right]^{\frac{3}{2}}}{R^2+2\left(\frac{dR}{d\omega}\right)^2-R\frac{d^2R}{d\omega^2}}$$

devient, par l'élimination de R à l'aide de la relation $R=\frac{a^2}{\rho}$, en posant, comme précédemment, $ka^2=b^2$,

$$(6)\qquad \rho(\rho^2+b^2)\frac{d^2\rho}{d\omega^2}-2b^2\left(\frac{d\rho}{d\omega}\right)^2+\rho^2(\rho^2-b^2)=0,$$

équation dans laquelle ω ne figure pas; elle devient, si l'on prend comme fonction inconnue $z=\left(\frac{d\rho}{d\omega}\right)^2$,

$$(7)\qquad \rho(\rho^2+b^2)\frac{dz}{d\rho}-4b^2z+2\rho^2(\rho^2-b^2)=0;$$

cette dernière est linéaire en z et son intégrale est

$$z=\left(\frac{d\rho}{d\omega}\right)^2=\frac{\rho^4}{(b^2+\rho^2)}\left(C-\rho^2-\frac{b^4}{\rho^2}\right)$$

ou

$$(8)\qquad \begin{cases} \pm\, d\omega = \dfrac{d\rho+\dfrac{b^2\,d\rho}{\rho^2}}{\sqrt{C-\rho^2-\dfrac{b^4}{\rho^2}}} = \dfrac{d\left(\rho-\dfrac{b^2}{\rho}\right)}{\sqrt{C-2b^2-\left(\rho-\dfrac{b^2}{\rho}\right)^2}}, \\[2ex] \pm(\omega-\omega_0) = \arccos\dfrac{\rho-\dfrac{b^2}{\rho}}{\sqrt{C-2b^2}}, \end{cases}$$

qui, si l'on pose $\sqrt{C-2b^2}=2\sqrt{c^2-b^2}$, donne la famille de cercles

$$(9)\qquad \rho^2-2\rho\sqrt{c^2-b^2}\cos(\omega-\omega_0)-b^2=0.$$

52. *On donne le paraboloïde hyperbolique défini en coordonnées rectangulaires par l'équation* $z=\frac{xy}{C}$, *dans*

laquelle C désigne une constante. Déterminer les lieux des centres de courbure des sections principales qui correspondent aux divers points de l'axe des x.

(École Normale, juillet 1883, 1re question.)

Si, suivant les notations habituelles, on pose

$$\frac{dz}{dx} = p, \quad \frac{dz}{dy} = q, \quad \frac{d^2 z}{dx^2} = r, \quad \frac{d^2 z}{dx\,dy} = s, \quad \frac{d^2 z}{dy^2} = t,$$

on a, pour le paraboloïde proposé,

$$p = \frac{y}{C}, \quad q = \frac{x}{C}, \quad r = 0, \quad s = \frac{1}{C}, \quad t = 0;$$

les équations de la normale au point x_0 de l'axe des x sont donc

$$x = x_0, \quad y + z\frac{x_0}{C} = 0,$$

et toutes les normales à la surface aux divers points de l'axe des x sont sur le paraboloïde hyperbolique

$$(1) \qquad y + \frac{zx}{C} = 0.$$

L'équation qui donne les rayons de courbure principaux

$$\rho^2(rt - s^2) - \rho\sqrt{1 + p^2 + q^2}\,[(1 + p^2)t - 2pqs + (1 + q^2)r] + (1 + p^2 + q^2)^2 = 0$$

devient

$$-\frac{\rho^2}{C^2} + \left(1 + \frac{x_0^2}{C^2}\right)^2 = 0,$$

d'où l'équation

$$y^2 + z^2 = \left(C + \frac{x^2}{C}\right)^2,$$

qui, par l'élimination de y avec l'équation (1), devient

$$(2) \qquad z^2 - x^2 = C^2.$$

Le lieu cherché est donc la courbe intersection du paraboloïde (1) avec le cylindre hyperbolique (2).

53. *Étant donné un ellipsoïde à trois axes inégaux représenté en coordonnées rectangulaires par l'équation*

$$\frac{x^2}{a^2} + \frac{y^2}{b^2} + \frac{z^2}{c^2} = 1,$$

on considère l'ellipse E *résultant de l'intersection de cette surface par le plan des xz. En un point quelconque* M *de cette ellipse, il existe deux sections normales principales de l'ellipsoïde dont chacune a pour ce point son rayon et son centre de courbure. Cela posé, on demande :*

1° *Les expressions pour chaque point* M *des rayons de courbure* ρ_1, ρ_2 *des deux sections principales;*

2° *La relation qui existe entre* ρ_1 *et* ρ_2;

3° *Le lieu des positions qu'occupent les centres de courbure des sections principales, lorsque le point* M *se déplace sur l'ellipse* E.

(Paris, novembre 1877.)

On a, pour les divers points de l'ellipse $E(y = 0)$,

$$\frac{x}{a^2} + p\frac{z}{c^2} = 0, \quad p = -\frac{c^2 x}{a^2 z},$$

$$\frac{y}{b^2} + q\frac{z}{c^2} = 0, \quad q = 0,$$

$$\frac{1}{a^2} + \frac{p^2}{c^2} + \frac{rz}{c^2} = 0, \quad r = -\frac{c^4}{a^2 z^3},$$

$$\frac{pq}{c^2} + \frac{zs}{c^2} = 0, \quad s = 0,$$

$$\frac{1}{b^2} + \frac{q^2}{c^2} + \frac{tz}{c^2} = 0, \quad t = -\frac{c^2}{b^2 z}.$$

Si, dans l'équation qui donne les rayons de courbure

principaux, on fait d'abord $q = 0$, $s = 0$, on trouve

$$(1)\quad \begin{cases} \rho = \dfrac{\sqrt{1+p^2}}{2rt}\left\{(1+p^2)t + r \pm [(1+p^2)t - r]\right\}, \\ \rho_1 = \dfrac{(1+p^2)^{\frac{3}{2}}}{r}, \quad \rho_2 = \dfrac{\sqrt{1+p^2}}{t}. \end{cases}$$

Ces valeurs auraient pu être écrites immédiatement, car l'un des rayons de courbure ρ_1 doit être celui de l'ellipse E, et l'autre s'en déduit par la relation

$$\rho_1 \rho_2 = \frac{(1+p^2+q^2)^2}{rt - s^2}.$$

On a donc

$$(2)\quad \begin{cases} \rho_1 = \mp \dfrac{(c^4x^2 + a^4z^2)^{\frac{3}{2}}}{a^6z^3} \dfrac{a^2z^3}{c^4} = \mp \dfrac{(c^4x^2 + a^4z^2)^{\frac{3}{2}}}{a^4c^4}, \\ \rho_2 = \mp \dfrac{(c^4x^2 + a^4z^2)^{\frac{1}{2}}}{a^2z} \dfrac{b^2z}{c^2} = \mp \dfrac{b^2(c^4x^2 + a^4z^2)^{\frac{1}{2}}}{a^2c^2}; \end{cases}$$

les signes supérieurs conviennent au cas de z positif.

On en déduit, pour la relation entre ρ_1 et ρ_2,

$$(3)\quad \frac{\rho_2^3}{\rho_1} = \frac{b^6}{a^2c^2}.$$

Le lieu des centres de courbure de la première série de sections principales est la développée de l'ellipse E

$$(4)\quad (ax)^{\frac{2}{3}} + (cz)^{\frac{2}{3}} = (a^2 - c^2)^{\frac{2}{3}}.$$

On trouve le second lieu en éliminant x et z entre les trois équations

$$\frac{x^2}{a^2} + \frac{z^2}{c^2} = 1, \quad \frac{X - x}{c^2x} = \frac{Z - z}{a^2z}, \quad (X - x)^2 + (Z - z)^2 = \rho_2^2;$$

on obtient ainsi, si l'on remarque que $z - Z$ est de même

signe que z,

$$\frac{X-x}{c^2x}=\frac{Z-z}{a^2z}=-\frac{b^2}{a^2c^2};$$

d'où l'équation

$$\frac{a^2X^2}{(a^2-b^2)^2}+\frac{c^2Z^2}{(b^2-c^2)^2}=1, \tag{5}$$

qui est celle d'une ellipse concentrique à l'ellipse E et ayant mêmes directions d'axes.

54. *On donne les deux surfaces définies en coordonnées rectangulaires par les équations*

$$z=a\,\text{arc tang}\,\frac{y}{x}\quad(\text{hélicoïde gauche})$$

et

$$\sqrt{x^2+y^2}=\frac{a}{2}\left(e^{\frac{z}{a}}+e^{-\frac{z}{a}}\right),$$

surface engendrée par la rotation d'une chaînette autour de l'axe Oz.

Soient

M *un point de la première surface;*
M_1 *un point de la seconde;*
θ *l'angle du plan* MOZ *avec le plan* ZOX;
l *la distance du point* M *à l'axe* OZ;
θ_1 *l'angle du méridien* M_1OZ *avec le plan* ZOX;
σ *l'arc* AM_1 *de ce méridien compris entre le point* M_1 *et l'équateur de la surface.*

On dit que le point M_1 *de la deuxième surface correspond au point* M *de la première lorsqu'on a* $\theta_1=\theta$, $\sigma=l$; *le point* M *décrivant une courbe* C *sur la première surface, le point* M_1 *décrit une courbe correspondante* C_1 *sur la deuxième surface :*

1° *Démontrer que les arcs correspondants des courbes* C *et* C_1 *ont même longueur;*

2° *Démontrer que les produits des rayons de courbure principaux en deux points correspondants sont égaux.*

(Paris, novembre 1879.)

Nous calculerons d'abord l'arc σ; mettant l'équation de la seconde surface sous la forme

$$\rho = \frac{a}{2}\left(e^{\frac{z}{a}} + e^{-\frac{z}{a}}\right),$$

on a

$$d\sigma = \sqrt{d\rho^2 + dz^2} = \frac{\rho\,dz}{a},$$

d'où

$$\sigma = \frac{a}{2}\left(e^{\frac{z}{a}} - e^{-\frac{z}{a}}\right) = \sqrt{\rho^2 - a^2} = l. \tag{1}$$

1° Pour démontrer l'égalité des arcs correspondants s et s_1 des courbes C et C_1, il suffit de prouver que $ds = ds_1$. Or

$$ds^2 = dl^2 + l^2\,d\theta^2 + dz^2,$$

d'où, en remarquant que l'équation de l'hélicoïde gauche est $z = a\theta$,

$$ds^2 = dl^2 + d\theta^2(a^2 + l^2) = dl^2 + \rho^2\,d\theta^2;$$

on a de même, pour la seconde surface,

$$ds_1^2 = d\sigma^2 + \rho^2\,d\theta^2;$$

donc, à cause de $l = \sigma$, on a bien

$$ds = ds_1, \quad s = s_1. \tag{2}$$

2° Le produit des rayons de courbure principaux en un point d'une surface est donné par la formule

$$\rho_1\rho_2 = \frac{(1 + p^2 + q^2)^2}{rt - s^2}; \tag{3}$$

appliquant à l'hélicoïde $z = a \operatorname{arc\,tang} \frac{y}{x}$ et remarquant que $x^2+y^2=l^2$, on trouve

$$p=-\frac{ay}{l^2},\qquad q=\frac{ax}{l^2},\qquad 1+p^2+q^2=\frac{a^2+l^2}{l^2},$$

$$r=-t=\frac{2axy}{l^4},\quad s=a\frac{y^2-x^2}{l^4},\qquad rt-s^2=-\frac{a^2}{l^4};$$

d'où enfin

$$(4)\qquad \rho_1\rho_2=-\frac{(a^2+l^2)^2}{a^2}.$$

La seconde surface, étant de révolution, a pour rayons de courbure principaux la longueur de la normale limitée à l'axe de révolution et le rayon de courbure du méridien; ces deux lignes sont égales en grandeur absolue et leur produit est $-\frac{\rho^4}{a^2}$: c'est-à-dire le même que pour l'hélicoïde, en vertu de la relation (1).

55. 1° *Former l'équation du second degré qui donne les rayons de courbure principaux en un point quelconque du paraboloïde défini en coordonnées rectangulaires, par l'équation*

$$(1)\qquad \frac{x^2}{a}+\frac{y^2}{b}=2z.$$

2° *Exprimer, en fonction de la variable z, chacun des deux rayons principaux, pour tout point de la ligne de rencontre du paraboloïde proposé avec le paraboloïde défini par l'équation*

$$(2)\qquad \frac{x^2}{a-\lambda}+\frac{y^2}{b-\lambda}=2z-\lambda.$$

(Paris, juillet 1881.)

1° On a

$$p=\frac{x}{a},\quad q=\frac{y}{b},\quad r=\frac{1}{a},\quad s=0,\quad t=\frac{1}{b};$$

l'équation qui donne les rayons de courbure principaux

est

$$\frac{\rho^2}{ab} - \rho\sqrt{1+\frac{x^2}{a^2}+\frac{y^2}{b^2}}\left[\frac{1}{b}\left(1+\frac{x^2}{a^2}\right)+\frac{1}{a}\left(1+\frac{y^2}{b^2}\right)\right] + \left(1+\frac{x^2}{a^2}+\frac{y^2}{b^2}\right)^2 = 0$$

ou

$$(3)\qquad \left\{ \begin{aligned} &\rho^2 - \rho(a+b+2z)\sqrt{1+\frac{x^2}{a^2}+\frac{y^2}{b^2}} \\ &\qquad + ab\left(1+\frac{x^2}{a^2}+\frac{y^2}{b^2}\right)^2 = 0. \end{aligned} \right.$$

2° Les coordonnées x et y de la courbe d'intersection des paraboloïdes sont données en fonction de z par les formules

$$(4)\qquad \left\{ \begin{aligned} \frac{x^2}{a^2} &= \frac{a-\lambda}{a(a-b)}(2z+b-\lambda), \\ \frac{y^2}{b^2} &= \frac{\lambda-b}{b(a-b)}(2z+a-\lambda), \end{aligned} \right.$$

d'où

$$1+\frac{x^2}{a^2}+\frac{y^2}{b^2} = \lambda\,\frac{2z+a+b-\lambda}{ab};$$

or de l'équation (3) on tire

$$\rho = \frac{2z+a+b}{2}\sqrt{1+\frac{x^2}{a^2}+\frac{y^2}{b^2}}\left[1\pm\sqrt{1-\frac{4ab\left(1+\frac{x^2}{a^2}+\frac{y^2}{b^2}\right)}{(2z+a+b)^2}}\right],$$

$$\rho = \frac{2z+a+b}{2}\sqrt{\frac{\lambda}{ab}}\sqrt{2z+a+b-\lambda}\left[1\pm\left(1-\frac{2\lambda}{2z+a+b}\right)\right],$$

et enfin

$$(5)\qquad \left\{ \begin{aligned} \rho_1 &= \sqrt{\frac{\lambda}{ab}}(2z+a+b-\lambda)^{\frac{3}{2}}, \\ \rho_2 &= \lambda\sqrt{\frac{\lambda}{ab}}(2z+a+b-\lambda)^{\frac{1}{2}}. \end{aligned} \right.$$

Le rapport $\frac{\rho_1}{\rho_2}$ est rationnel et linéaire en z

$$(6)\qquad \frac{\rho_1}{\rho_2} = \frac{2z+a+b-\lambda}{\lambda};$$

enfin l'on a

$$\frac{\rho_2^3}{\rho_1} = \frac{\lambda^4}{ab} = \text{const.} \tag{7}$$

56. *Déterminer les surfaces de révolution telles que, en chacun de leurs points, les rayons de courbure des sections principales soient dirigés dans le même sens et aient une somme constante $2a$.*

On indiquera la figure du méridien de la surface.

(Paris, juillet 1878.)

Les rayons de courbure principaux sont le rayon de courbure

$$\rho_1 = \frac{\left[1 + \left(\frac{dy}{dx}\right)^2\right]^{\frac{3}{2}}}{\frac{d^2y}{dx^2}}$$

de la courbe méridienne, et la portion de normale

$$\rho_2 = y\sqrt{1 + \left(\frac{dy}{dx}\right)^2}$$

comprise entre la courbe méridienne et l'axe de révolution Ox. Cette courbe tournant sa concavité vers l'axe Ox, puisque ρ_1 et ρ_2 doivent être dirigés dans le même sens, y et $\frac{d^2y}{dx^2}$ sont de signes contraires, si donc nous étudions la portion de méridienne située au-dessus de Ox, on aura $y > 0$, $\frac{d^2y}{dx^2} < 0$; d'où l'équation différentielle

$$y\sqrt{1 + \left(\frac{dy}{dx}\right)^2} - \frac{\left[1 + \left(\frac{dy}{dx}\right)^2\right]^{\frac{3}{2}}}{\frac{d^2y}{dx^2}} = 2a, \tag{1}$$

que l'on ramène au premier ordre en posant

$$\sqrt{1 + \left(\frac{dy}{dx}\right)^2} = \sqrt{1 + p^2} = z;$$

l'équation (1) devient alors

$$yz - \frac{z^2}{\frac{dz}{dy}} = 2a$$

ou

$$(2) \qquad \frac{z\,dy - y\,dz}{z^2} = -\frac{2a\,dz}{z^3},$$

dont l'intégrale est

$$(3) \qquad y = \frac{a}{z} + Cz = \frac{a}{\sqrt{1+p^2}} + C\sqrt{1+p^2},$$

d'où

$$(4) \qquad \pm dx = \frac{2C\,dy}{\sqrt{(y \pm \sqrt{y^2 - 4aC})^2 - 4C^2}}.$$

En posant, pour simplifier l'écriture,

$$u = y \pm \sqrt{y^2 - 4aC},$$

d'où

$$dy = \frac{u^2 - 4aC}{2u^2}\,du,$$

on arrive à

$$(4\ bis) \qquad \pm dx = \frac{C(u^2 - 4aC)\,du}{u^2\sqrt{u^2 - 4C^2}},$$

qui donne, pour l'équation du lieu,

$$(5) \quad \pm(x - x_0) = C\log(u + \sqrt{u^2 - 4C^2}) - a\frac{\sqrt{u^2 - 4C^2}}{u}.$$

Cette formule est trop compliquée pour être discutée. Pour trouver la forme du méridien, nous exprimerons ses coordonnées x et y en fonction de l'angle α de sa tangente avec Ox.

On a

$$(6) \qquad y = a\cos\alpha + \frac{C}{\cos\alpha},$$

d'où

$$dy = dx \operatorname{tang}\alpha = \left(-a\sin\alpha + \frac{C\sin\alpha}{\cos^2\alpha}\right)d\alpha$$

et

$$(7)\qquad dx = \left(-a\cos\alpha + \frac{C}{\cos\alpha}\right)d\alpha,$$

$$(8)\qquad x = -a\sin\alpha + C\log\operatorname{tang}\left(\frac{\pi}{4} + \frac{\alpha}{2}\right);$$

l'addition d'une constante à x répondrait à un transport de la courbe parallèlement à l'axe de révolution. Il suffit d'ailleurs, dans la discussion, de donner à α des valeurs positives, la courbe étant symétrique par rapport à l'axe des y. Nous distinguerons trois cas :

1° $C = 0$; on a le cercle de rayon a.

2° $C > 0$. Pour $\alpha = 0$, $x = 0$, $y = a + C$, ce qui exige $C \leqq a$, sans quoi l'un des rayons de courbure principaux serait supérieur à $2a$. Quand α croît, dx commence par être négatif : il en est donc de même de x ; dx s'annule pour $\cos^2\alpha_1 = \frac{C}{a}$ et devient ensuite positif; il y a, au point correspondant de la courbe, un rebroussement de première espèce; mais la seconde branche, qui va à l'infini, est parasite, attendu qu'elle tourne sa concavité vers les y positifs (*fig.* 4). Comparons les diverses courbes que l'on obtient en faisant croître C de zéro à a; soient $-x_1$, y_1 les coordonnées du point de rebroussement de la courbe. $y_1 = 2\sqrt{aC}$ croît de zéro à $2a$, x_1 décroît de a à zéro, puis α_1 décroît de $\frac{\pi}{2}$ à zéro. Enfin, si l'on cherche les points de ces courbes pour lesquels les tangentes sont parallèles à une direction donnée α, on trouve que y est d'autant plus grand et $-x$ plus petit que C est plus grand, ce qui indique une courbure plus prononcée des courbes à mesure qu'elles s'éloignent de l'axe de révolution.

3° $C < 0$. Mettant en évidence le signe de C, nous écrirons

$$(6\,bis)\qquad y = a\cos\alpha - \frac{C}{\cos\alpha},$$

$$(7\,bis)\qquad dx = -\left(a\cos\alpha + \frac{C}{\cos\alpha}\right)d\alpha,$$

$$(8\,bis)\qquad x = -\left[a\sin\alpha + C\log\operatorname{tang}\left(\frac{\pi}{4} + \frac{\alpha}{2}\right)\right].$$

Pour $\alpha = 0$, $x = 0$, $y = a - C$; C doit être compris entre zéro et a. Quand α croît, x est négatif et croît en

Fig. 4.

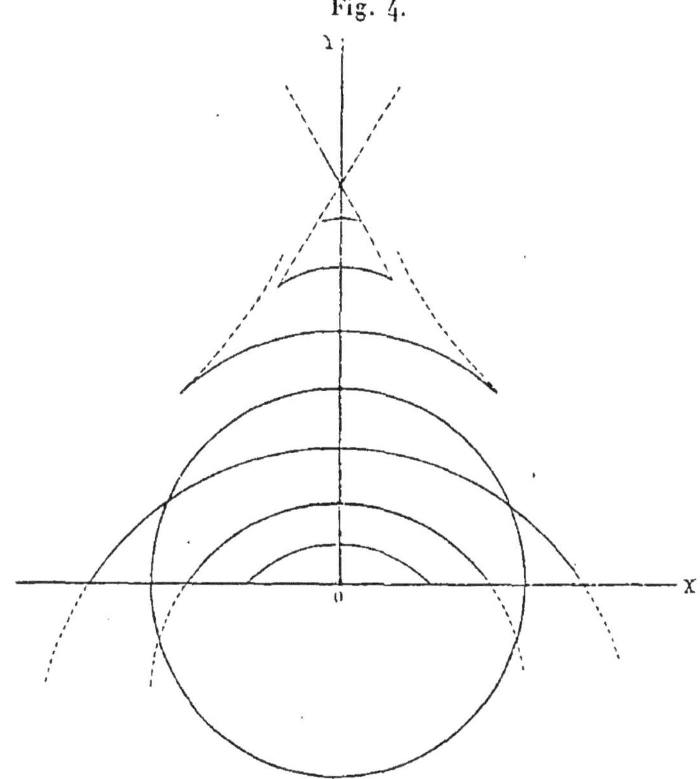

valeur absolue, y va au contraire en décroissant et, comme nos formules supposent $y \gtreqless 0$, la valeur maximum α_1 de α est donnée par $\cos\alpha_1 = \frac{C}{a}$; les valeurs supérieures de α fournissent une branche parasite. Les pôles de la surface de révolution sont donc des points coniques. Étudions les variations du demi-axe polaire x_1 quand C varie de zéro à a, ou α_1 de $\frac{\pi}{2}$ à zéro :

$$(9) \quad x_1 = a f(\alpha_1) = a \left[\sin\alpha_1 + \cos^2\alpha_1 \log\operatorname{tang}\left(\frac{\pi}{4} + \frac{\alpha_1}{2}\right)\right],$$

$$(10) \quad f'(\alpha) = 2\cos\alpha\left[1 - \sin\alpha \log\operatorname{tang}\left(\frac{\pi}{4} + \frac{\alpha}{2}\right)\right];$$

pour $\alpha_1 = 0$, $x_1 = 0$; quand α_1 croît, il en est de même de x_1, jusqu'à la valeur α déterminée par l'équation

$$\sin\alpha \log\operatorname{tang}\left(\frac{\pi}{4} + \frac{\alpha}{2}\right) = 1;$$

x_1 décroît ensuite jusqu'à devenir égal à a pour $\alpha_1 = \frac{\pi}{2}$.

57. *Déterminer les lignes de courbure de la surface représentée, en coordonnées rectangulaires, par l'équation*

$$e^z = \cos x \cos y.$$

(École Normale, juillet 1875, 1re question.)

La coordonnée z n'est réelle que si $\cos x$ et $\cos y$ sont de même signe, c'est-à-dire que, si x est compris entre $(k \pm \frac{1}{2})\pi$, y doit être compris entre $(k' \pm \frac{1}{2})\pi$, k et k' désignant des nombres entiers de même parité. La surface située tout entière au-dessous du plan des xy se composera donc d'une infinité de parties identiques se projetant sur des carrés égaux de côté π, disposés comme les cases de même couleur d'un damier, et l'un de ces carrés ayant son centre à l'origine.

L'équation différentielle des projections des lignes de courbure est, en général,

$$\frac{dx + p\,dz}{dp} = \frac{dy + q\,dz}{dq};$$

or, pour la surface proposée,

$$p = -\operatorname{tang} x, \quad q = -\operatorname{tang} y;$$

d'où l'équation

$$dy^2 \cos^2 x - dx^2 \cos^2 y = 0 \quad \text{ou} \quad \frac{dy}{\cos y} = \pm \frac{dx}{\cos x}$$

et, en intégrant, les deux familles de courbes

$$\operatorname{tang}\left(\frac{\pi}{4} + \frac{y}{2}\right) = C_1 \operatorname{tang}\left(\frac{\pi}{4} + \frac{x}{2}\right),$$

$$\operatorname{tang}\left(\frac{\pi}{4} + \frac{y}{2}\right) = C_2 \operatorname{tang}\left(\frac{\pi}{4} - \frac{x}{2}\right),$$

qui passent, les premières par les extrémités des diagonales parallèles à la bissectrice des axes, et les secondes par les autres sommets des carrés.

58. *Trouver les lignes de courbure de la surface développable, enveloppe du plan mobile représenté en coordonnées rectangulaires par l'équation*

$$z = \alpha x + y\,\varphi(\alpha) + R\sqrt{1 + \alpha^2 + \varphi^2(\alpha)},$$

où α est un paramètre variable, $\varphi(\alpha)$ une fonction arbitraire de ce paramètre et R *une constante donnée. On fera voir : 1° que les génératrices rectilignes constituent un premier système de lignes de courbure, comme dans toutes les surfaces développables; 2° que les lignes de courbure du deuxième système sont situées sur des sphères concentriques à la sphère qui touche le plan mobile.*

(Paris, août 1871.)

La ligne de contact de la surface proposée avec la sphère de rayon R est une ligne de courbure du second système, car cette ligne est normale à une génératrice quelconque, qui est l'intersection de deux plans tangents à la sphère et infiniment voisins. Toute ligne obtenue en portant une longueur constante sur chaque génératrice, à partir de la ligne de contact, est aussi ligne de courbure; or une telle ligne est évidemment sur une sphère concentrique à la première. Reprenons la question analytiquement. La surface développable est représentée par les deux équations

$$(1)\quad \begin{cases} z = \alpha x + y\,\varphi(\alpha) + R\sqrt{1+\alpha^2+\varphi^2(\alpha)}, \\ 0 = x + y\,\varphi'(\alpha) + R\dfrac{\alpha + \varphi(\alpha)\,\varphi'(\alpha)}{\sqrt{1+\alpha^2+\varphi^2(\alpha)}}. \end{cases}$$

Différentiant la première et tenant compte de la seconde, on a

$$(2)\qquad dz = \alpha\,dx + \varphi(\alpha)\,dy,$$

d'où

$$p = \alpha, \quad q = \varphi(\alpha).$$

L'équation des lignes de courbure devient

$$(dx + \alpha\,dz)\,\varphi'(\alpha)\,d\alpha = [dy + \varphi(\alpha)\,dz]\,d\alpha,$$

d'où la solution $d\alpha = 0$ ou $\alpha =$ const., qui donne les génératrices rectilignes de la surface comme lignes de courbure du premier système. Les génératrices du deuxième système satisfont à l'équation

$$(3)\qquad \frac{dx + \alpha\,dz}{1} = \frac{dy + \varphi(\alpha)\,dz}{\varphi'(\alpha)}.$$

Si l'on multiplie les deux termes du premier rapport par x, ceux du deuxième par y, et que l'on ajoute terme à terme, puis que l'on répète cette opération en employant comme facteurs α et $\varphi(\alpha)$, on a

$$(3\ bis)\qquad \frac{x\,dx + y\,dy + dz[\alpha x + y\,\varphi(\alpha)]}{x + y\,\varphi'(\alpha)} = \frac{[1+\alpha^2+\varphi^2(\alpha)]\,dz}{\alpha + \varphi(\alpha)\,\varphi'(\alpha)};$$

or ce dernier rapport, en vertu de la seconde des équations (1), est égal à

$$-\frac{R\sqrt{1+\alpha^2+\varphi^2(\alpha)}\,dz}{x+y\varphi'(\alpha)};$$

d'où l'on déduit

$$x\,dx+y\,dy+dz[\alpha x+y\varphi(\alpha)]=-R\sqrt{1+\alpha^2+\varphi^2(\alpha)}\,dz,$$

ou, en tenant compte de la première des équations de la surface,

$$(4)\qquad x\,dx+y\,dy+z\,dz=0,$$

$$(4\ bis)\qquad x^2+y^2+z^2=C^2.$$

C. Q. F. D.

Réciproquement, si les lignes de courbure du second système de la surface développable

$$(1\ bis)\qquad \begin{cases} z=\alpha x+y\varphi(\alpha)+\psi(\alpha),\\ 0=\ \ x+y\varphi'(\alpha)+\psi'(\alpha),\end{cases}$$

sont situées sur des sphères ayant l'origine pour centre, $\psi(\alpha)$ aura la forme indiquée. En effet, les équations (2), (3) et (3 *bis*) subsistent et cette dernière, en tenant compte de (4) et de (1 *bis*), devient

$$\frac{\psi(\alpha)}{\psi'(\alpha)}=\frac{1+\alpha^2+\varphi^2(\alpha)}{\alpha+\varphi(\alpha)\varphi'(\alpha)},$$

ou, en intégrant et désignant la constante par R,

$$\psi(\alpha)=R\sqrt{1+\alpha^2+\varphi^2(\alpha)}.$$

Dans le cas de R nulle, les surfaces en question sont des surfaces coniques quelconques ayant l'origine pour sommet commun.

59. *x, y, z étant les coordonnées rectilignes, a, b, α, β des fonctions d'un paramètre variable, on demande les conditions pour que la droite $x=az+\alpha$, $y=bz+\beta$, engendre une surface développable dont les lignes de*

courbure normales aux génératrices soient situées sur des sphères concentriques.

(Paris, juillet 1872, 2e question.)

En exprimant d'abord que deux génératrices infiniment voisines se rencontrent, on a la condition

$$(1) \qquad \frac{da}{db} = \frac{d\alpha}{d\beta},$$

qui exprime que la surface est développable.

Si l'on différentie totalement les équations de la droite et que l'on élimine ensuite z, on arrive à l'équation

$$(2) \qquad dz(b\,da - a\,db) = da\,dy - db\,dx,$$

d'où

$$p = \frac{-db}{b\,da - a\,db}, \qquad q = \frac{da}{b\,da - a\,db},$$

$$dp = \frac{b(db\,d^2a - da\,d^2b)}{(b\,da - a\,db)^2}, \quad dq = \frac{-a(db\,d^2a - da\,d^2b)}{(b\,da - a\,db)^2}.$$

Si l'on substitue dans l'équation différentielle des lignes de courbure, on remarque qu'elle est satisfaite quand le paramètre variable reste constant, ce qui donne les génératrices rectilignes pour le premier système de lignes de courbure.

Le second système satisfait à l'équation

$$b\left(dy + \frac{da\,dz}{b\,da - a\,db}\right) = a\left(-dx + \frac{db\,dz}{b\,da - a\,db}\right)$$

ou

$$(3) \qquad a\,dx + b\,dy + dz = 0,$$

que l'on aurait pu écrire immédiatement, puisqu'elle exprime que ces lignes sont les trajectoires orthogonales des génératrices. La condition pour que ces lignes soient sur des sphères ayant l'origine pour centre est

$$x\,dx + y\,dy + z\,dz = 0$$

ou

$$(az + \alpha)\,dx + (bz + \beta)\,dy + z\,dz = 0\,;$$

cette équation devient, en tenant compte de (3),

$$(4)\qquad \alpha\,dx + \beta\,dy = 0.$$

Éliminant enfin dx, dy et dz entre les équations (2), (3) et (4), on arrive à la seconde condition

$$(5)\qquad da[\alpha(1+b^2) - ab\beta] + db[\beta(1+a^2) - ab\alpha] = 0.$$

60. *On considère la surface enveloppe de la sphère représentée par l'équation contenant deux paramètres arbitraires a et b*

$$(1)\qquad (x-a)^2 + (y-b)^2 + [z - \mathrm{F}(b)]^2 = \varphi^2(a),$$

F *et* φ *étant deux fonctions données quelconques.*

Trouver les lignes de courbure de cette surface.

On montrera que les lignes de courbure sont des lignes planes et que les plans de l'un des systèmes sont parallèles au plan des yz.

(Toulouse, novembre 1880.)

La Géométrie mène assez simplement à la solution de cette question; il est d'abord facile de voir comment est engendrée la surface enveloppe. Le lieu des centres des sphères est le cylindre

$$(2)\qquad z = \mathrm{F}(y).$$

Or, si l'on considère une génératrice quelconque du cylindre et les sphères ayant leurs centres sur cette génératrice, le rayon de chacune d'elles étant fonction seulement de la coordonnée $x = a$ du centre, il suffira de déplacer cette génératrice sur le cylindre, de façon que sa trace sur le plan des yz parcoure la courbe (2), pour que toutes les sphères entraînées avec la génératrice touchent la surface; celle-ci est donc le lieu de la courbe enveloppe des sections des sphères par un plan normal au cylindre le long d'une génératrice rectiligne. L'une quelconque de ces génératrices planes de la surface est alors ligne de courbure, puisque les normales à la surface, qui sont celles de la sphère aux points où elles la touchent, sont dans ce plan normal. D'un autre côté, les sections de la surface par des plans parallèles au plan des yz sont évidemment les trajectoires orthogonales des génératrices planes de la surface; elles constituent donc la seconde série de lignes de courbure. On peut d'ailleurs voir directement que ces courbes, qui sont parallèles à la section correspondante du cylindre, sont telles que les normales à la surface enveloppe en deux points infiniment voisins de l'une d'elles se rencontrent. En effet, les projections de ces normales sur le plan sécant, limitées à leur point de rencontre, diffèrent d'un infiniment petit d'ordre supérieur au premier, puisqu'elles sont normales à la courbe (2); ces normales coupent la parallèle à l'axe des x menée par le point de rencontre de leurs projections, en deux points distants également d'un infiniment petit d'ordre supérieur au premier, puisqu'elles font le même angle avec le plan sécant; elles se rencontrent donc.

Pour étudier la question analytiquement, nous remarquerons que la forme ordinaire de l'équation différentielle des lignes de courbure serait ici d'un emploi peu commode, puisqu'elle suppose que le z de la surface est explicitement donné en fonction de x et y; nous nous servirons d'une autre équation de forme très simple, due à O. Rodrigues. Voici comment on l'établit.

Soient

x, y, z les coordonnées d'un point M de la surface;

X, Y, Z les cosinus directeurs de la normale à la surface en ce point;

$x + dx$, $y + dy$, $z + dz$ les coordonnées d'un point M_1 infiniment voisin appartenant à une ligne de courbure passant par M;

C le point de rencontre des normales en ces points.

Le triangle CMM_1 est isoscèle en négligeant les infiniment petits d'ordre supérieur au premier. Si donc on projette ce triangle sur Ox, on a, en appelant R la distance CM,

$$dx = R\,dX;$$

d'où les équations

$$\frac{dx}{dX} = \frac{dy}{dY} = \frac{dz}{dZ} = R, \tag{3}$$

R étant le rayon de courbure de la section principale correspondante.

Cela posé, pour déterminer la surface considérée, il faut à l'équation (1) joindre les deux suivantes :

$$\left\{\begin{aligned} &x - a + \varphi\varphi' = 0,\\ &y - b + (z - F)F' = 0, \end{aligned}\right. \tag{4}$$

qui permettent d'exprimer en fonction des deux paramètres a et b les coordonnées d'un point quelconque de la surface enveloppe,

$$\left\{\begin{aligned} &x = a - \varphi\varphi',\\ &z = F \pm \varphi\sqrt{\frac{1 - \varphi'^2}{1 + F'^2}} = F + \varphi u,\\ &y = b \mp \varphi F'\sqrt{\frac{1 - \varphi'^2}{1 + F'^2}} = b - \varphi F' u, \end{aligned}\right. \tag{5}$$

en posant, pour simplifier, $u = \pm\sqrt{\frac{1 - \varphi'^2}{1 + F'^2}}$.

Comme, d'ailleurs, la normale à la surface au point

x, y, z est aussi normale à la sphère de rayon φ et dont le centre a pour coordonnées a, b et $F(b)$, on a

$$(6)\quad X = \frac{x-a}{\varphi} = -\varphi', \quad Y = \frac{y-b}{\varphi} = -F'u, \quad Z = \frac{z-F}{\varphi} = u;$$

appliquant les équations (3) des lignes de courbure, il vient

$$(7)\quad R = \frac{(1-\varphi'^2-\varphi\varphi'')\,da}{-\varphi''\,da} = \frac{db-d(\varphi F'u)}{-d(F'u)} = \frac{F'\,db+d(\varphi u)}{du}.$$

La dernière peut s'écrire

$$\varphi + \frac{F'u\varphi'\,da - db}{d(F'u)} = \varphi + \frac{u\varphi'\,da + F'\,db}{du},$$

ou

$$(8)\quad (1+F'^2)\,db\,du + uF''\,db(u\varphi'\,da + F'\,db) = 0,$$

d'où la solution $db = 0$, $b = \text{const.}$, qui donne comme première série de lignes de courbure les lignes planes

$$y - b + (z - F)F' = 0,$$

dont le plan est normal au cylindre (2).

Pour trouver la seconde série de lignes de courbure, il faut, dans l'équation (8), après avoir supprimé la solution $db = 0$, substituer du,

$$du = -\frac{(1+F'^2)\varphi'\varphi''\,da + (1-\varphi'^2)F'F''\,db}{u(1+F'^2)^2},$$

ce qui nous donne, après simplification,

$$\varphi'\,da(\varphi'' - u^3F'') = 0;$$

d'où la seconde série de lignes de courbure $da = 0$, $a = \text{const.}$, dont le plan

$$x = a - \varphi\varphi'$$

est parallèle au plan des yz.

Les rayons de courbure principaux de la surface sont

$$(9)\qquad \left\{\begin{aligned} R_1 &= \frac{\varphi'^2 + \varphi\varphi'' - 1}{\varphi''}, \\ R_2 &= \varphi + \frac{F'\,db}{du} = \varphi \mp \frac{(1 + F'^2)^{\frac{3}{2}}}{F''\sqrt{1 - \varphi'^2}}. \end{aligned}\right.$$

CHAPITRE VI.

LIGNES ASYMPTOTIQUES ET LIGNES GÉODÉSIQUES.

61. *Recherche des lignes asymptotiques et des lignes de courbure de la surface*

$$z = mxy.$$

Angles sous lesquels les premières lignes sont coupées par les secondes.

Courbes suivant lesquelles ces deux sortes de lignes se projettent sur le plan des xy.

(Marseille, novembre 1880.)

L'équation différentielle de la projection des lignes asymptotiques sur le plan des xy est

$$dp\,dx + dq\,dy = 0;$$

elle devient, pour le paraboloïde proposé,

$$2m\,dx\,dy = 0;$$

d'où les deux familles de lignes

$$(1)\qquad \begin{cases} x = C_1, & z = mC_1 y; \\ y = C_2, & z = mC_2 x. \end{cases}$$

Ce sont, comme il était aisé de le prévoir, les deux séries de génératrices rectilignes de la surface.

En appliquant l'équation différentielle des lignes de courbure, on arrive à

$$\frac{dy}{\sqrt{1+m^2y^2}} = \pm \frac{dx}{\sqrt{1+m^2x^2}},$$

$$y+\sqrt{1+m^2y^2} = C(\pm x+\sqrt{1+m^2x^2}),$$

$$4C^2(x^2+y^2) \mp 4C(1+C^2)xy = \left(\frac{1-C^2}{m}\right)^2;$$

C étant une constante arbitraire, ces courbes appartiennent toutes à la famille d'hyperboles

$$(2) \qquad x^2+y^2+\frac{1+C^2}{C}xy = \left(\frac{1-C^2}{2Cm}\right)^2.$$

Les lignes de courbure étant tangentes aux sections principales sont les bissectrices des lignes asymptotiques, puisque ces dernières sont tangentes aux asymptotes de l'hyperbole indicatrice; si donc α est l'angle sous lequel se coupent ces deux séries de lignes, 2α sera l'angle que forment les lignes asymptotiques. Pour déterminer cet angle, il suffira de remarquer que les cosinus directeurs des deux génératrices rectilignes qui passent au point x, y, z de la surface sont respectivement

$$0, \quad \frac{1}{\pm\sqrt{1+m^2x^2}}, \quad \frac{mx}{\pm\sqrt{1+m^2x^2}};$$

$$\frac{1}{\pm\sqrt{1+m^2y^2}}, \quad 0, \quad \frac{my}{\pm\sqrt{1+m^2y^2}}.$$

d'où

$$(3) \qquad \cos 2\alpha = \frac{\pm m^2xy}{\sqrt{(1+m^2x^2)(1+m^2y^2)}}.$$

62. *Trouver les lignes asymptotiques de la surface*

$$z = f(x) - f(y);$$

déterminer la fonction f par la condition que les lignes asymptotiques de la première série coupent orthogona-

lement celles de la seconde. Trouver, dans cette hypothèse, les lignes asymptotiques de la surface sous forme finie.

(Marseille, juillet 1883.)

On a

$$r = f''(x), \quad s = 0, \quad t = -f''(y),$$

d'où l'équation différentielle des deux séries de lignes asymptotiques

$$\frac{dy}{dx} = \pm\sqrt{\frac{f''(x)}{f''(y)}};$$

en exprimant qu'elles se coupent à angle droit, on arrive à l'équation

$$1 - \frac{f''(x)}{f''(y)} + f'^2(x) - f'^2(y)\frac{f''(x)}{f''(y)} = 0,$$

que l'on peut écrire

$$\frac{f''(x)}{1+f'^2(x)} = \frac{f''(y)}{1+f'^2(y)}.$$

Le premier membre de cette équation est une fonction de x et le second une fonction de y; pour que l'égalité puisse avoir lieu pour une infinité de valeurs de x et de y, indépendantes les unes des autres, il faut que les deux membres soient égaux à une constante a. On a donc

$$\frac{f''(x)}{1+f'^2(x)} = a,$$

d'où

$$f'(x) = \operatorname{tang}(ax+b), \quad f(x) = -\frac{1}{a}\log\cos(ax+b) + \text{const.}$$

et enfin, pour l'équation de la surface,

$$az = \log\frac{\cos(ay+b)}{\cos(ax+b)}.$$

Toutes ces surfaces sont semblables à l'une des surfaces

$$e^{\pm z} = \frac{\cos x}{\cos y},$$

dont les lignes asymptotiques ont pour équation différentielle

$$\frac{dy}{\cos y} = \pm \frac{dx}{\cos x};$$

elles se confondent donc avec les lignes de courbure de la surface

$$e^{\pm z} = \cos x \cos y \quad (\text{n}^\circ\ 57).$$

63. *On considère la surface représentée en coordonnées rectangulaires par l'équation*

$$zx^2 = ay^2,$$

a étant une constante. Trouver ses lignes asymptotiques.

(Toulouse, juillet 1880, 1re question.)

L'équation différentielle des lignes asymptotiques peut s'écrire

$$r\,dx^2 + 2s\,dx\,dy + t\,dy^2 = 0;$$

or, pour le conoïde proposé,

$$r = 6a\frac{y^2}{x^4}, \quad s = -4a\frac{y}{x^3}, \quad t = 2a\frac{1}{x^2};$$

d'où l'équation

$$\frac{dy}{dx} = \frac{2xy \pm xy}{x^2},$$

ce qui donne les deux séries de lignes asymptotiques

$$y = C_1 x, \quad y = C_2 x^3.$$

Les premières sont les génératrices rectilignes de la surface; pour toute surface réglée, les génératrices rectilignes constituent en effet une série de lignes asymptotiques.

64. *Une surface est engendrée par la rotation d'une parabole autour de la tangente à son sommet. Déter-*

miner la projection sur un plan perpendiculaire à l'axe de révolution d'une ligne tracée sur la surface, et telle que le rayon de courbure de la section normale qui correspond à l'une quelconque de ses tangentes soit infini.

(Paris, août 1874.)

Recherchons plus généralement les lignes asymptotiques d'une surface de révolution autour de Oz,

$$z = f(\rho);$$

on a

$$\rho p = x f'(\rho), \quad \rho q = y f'(\rho),$$

d'où, en différentiant,

$$\rho\, dp + p\, d\rho = f'(\rho)\, dx + x f''(\rho)\, d\rho,$$
$$\rho\, dq + q\, d\rho = f'(\rho)\, dy + y f''(\rho)\, d\rho.$$

Multiplions ces équations respectivement par dx et dy et ajoutons-les, on a, en tenant compte de l'équation différentielle des lignes asymptotiques,

$$d\rho(p\, dx + q\, dy) = f'(\rho)(dx^2 + dy^2) + f''(\rho)\, d\rho(x\, dx + y\, dy),$$

qui, en remarquant que

$$p\, dx + q\, dy = dz = f'(\rho)\, d\rho,$$

devient

$$f'(\rho)(d\rho^2 - dx^2 - dy^2) - f''(\rho)\, \rho\, d\rho^2 = 0$$

ou

$$f'(\rho)\rho^2\, d\omega^2 + f''(\rho)\rho\, d\rho^2 = 0.$$

L'équation différentielle des lignes asymptotiques, en coordonnées polaires, est donc

$$(1) \qquad \pm\, d\omega = d\rho \sqrt{\frac{-f''(\rho)}{\rho f'(\rho)}}.$$

Appliquant cette formule à la surface proposée

$$(2) \qquad z = \sqrt{2m\rho},$$

on a la famille de courbes

$$\pm(\omega - \omega_0) = \frac{1}{\sqrt{2}} \log \rho ;$$

elles s'obtiennent toutes par rotation autour de l'origine des spirales logarithmiques

$$(3) \qquad \rho = e^{\pm \omega \sqrt{2}} ;$$

ces courbes sont indépendantes du paramètre de la parabole.

65. *Déterminer les lignes asymptotiques du tore engendré par un cercle tournant autour d'une de ses tangentes.*

(Paris, novembre 1882, 2ᵉ question.)

Prenons plus généralement le tore

$$z = \pm\sqrt{r^2 - (\rho - a)^2},$$

on a

$$f'(\rho) = -\frac{\rho - a}{z}, \quad f''(\rho) = -\frac{r^2}{z^3},$$

d'où

$$\pm d\omega = \frac{r\, d\rho}{\sqrt{\rho(\rho - a)(\rho - a + r)(\rho - a - r)}} ;$$

ω est donné, en général, par une intégrale elliptique de première espèce. Pour le cas particulier donné, $a = r$, et l'on a, en faisant la constante nulle,

$$\pm \omega = r \int \frac{d\rho}{\rho\sqrt{(\rho - r)(\rho - 2r)}},$$

expression qui s'intègre immédiatement en posant $u = \frac{1}{\rho}$,

$$\pm \omega = \int \frac{du}{\sqrt{\left(u - \frac{1}{r}\right)\left(2u - \frac{1}{r}\right)}} = \frac{1}{\sqrt{2}} \int \frac{du}{\sqrt{u^2 - \frac{3u}{2r} + \frac{1}{2r^2}}},$$

$$\pm \omega\sqrt{2} = \log\left(4ru - 3 + 2\sqrt{4r^2u^2 - 6ru + 2}\right),$$

d'où

$$\rho = \frac{8\, r e^{\pm\omega\sqrt{2}}}{e^{\pm 2\omega\sqrt{2}} + 6 e^{\pm\omega\sqrt{2}} + 1}.$$

Ces deux spirales, asymptotiques à l'origine et tangentes au cercle de rayon r, se confondent; les deux séries de lignes asymptotiques ont donc même projection sur le plan équatorial. Le maximum de ρ est r : c'est qu'en effet la surface n'est à courbures opposées qu'entre les parallèles $\rho = 0$ et $\rho = r$.

66. *On considère le conoïde défini par l'équation*

$$(1) \qquad z = \varphi\left(\frac{y}{x}\right).$$

1° *Former l'équation différentielle des lignes asymptotiques du conoïde;*

2° *Intégrer cette équation;*

3° *Chercher quelle doit être la fonction φ pour que la projection de l'une des lignes asymptotiques, sur le plan des xy, soit le cercle représenté par l'équation*

$$x^2 + y^2 = ay.$$

Quelles seront, dans ce dernier cas, les projections des autres lignes asymptotiques.

(Paris, novembre 1880.)

L'équation de la surface donne

$$r = \frac{2y}{x^3}\varphi'\left(\frac{y}{x}\right) + \frac{y^2}{x^4}\varphi''\left(\frac{y}{x}\right),$$

$$s = -\frac{1}{x^2}\varphi'\left(\frac{y}{x}\right) - \frac{y}{x^3}\varphi''\left(\frac{y}{x}\right),$$

$$t = \frac{1}{x^2}\varphi''\left(\frac{y}{x}\right).$$

L'équation différentielle des lignes asymptotiques est

donc

$$2\varphi'\left(\frac{y}{x}\right)\left(\frac{y}{x^3}\,dx^2 - \frac{dx\,dy}{x^2}\right)$$
$$+\frac{1}{x^4}\,\varphi''\left(\frac{y}{x}\right)(y^2\,dx^2 - 2xy\,dx\,dy + x^2\,dy^2) = 0,$$

ou bien

$$2\,x\,dx\,\varphi'\left(\frac{y}{x}\right)(y\,dx - x\,dy) + \varphi''\left(\frac{y}{x}\right)(y\,dx - x\,dy)^2 = 0.$$

Supprimant la solution

$$(2)\qquad y\,dx - x\,dy = 0 \quad \text{ou} \quad \frac{y}{x} = \text{const.},$$

qui donne les génératrices, nous aurons

$$2x\,\varphi'\left(\frac{y}{x}\right)dx + \varphi''\left(\frac{y}{x}\right)(y\,dx - x\,dy) = 0$$

ou

$$2\,\frac{dx}{x} = \frac{\varphi''\left(\frac{y}{x}\right)d\frac{y}{x}}{\varphi'\left(\frac{y}{x}\right)};$$

l'équation du second système de lignes asymptotiques est donc

$$(3)\qquad x^2 = c\,\varphi'\left(\frac{y}{x}\right).$$

Pour identifier cette équation avec celle du cercle

$$(4)\qquad x^2 + y^2 = ay,$$

il faut prendre pour variables

$$u = \frac{y}{x}, \quad v = x^2,$$

d'où

$$x = \sqrt{v}, \quad y = u\sqrt{v};$$

l'équation du cercle devient alors

$$(4\ bis)\qquad v = \frac{a^2 u^2}{(1+u^2)^2},$$

d'où, en identifiant,

$$\varphi'(u) = \frac{a^2 u^2}{c(1+u^2)^2},$$

qui, intégrée, nous donne

$$\varphi\left(\frac{y}{x}\right) = \frac{a^2}{2c}\left(\text{arc tang}\,\frac{y}{x} - \frac{xy}{x^2+y^2}\right).$$

Les autres lignes asymptotiques du même système que le cercle donné sont les cercles

$$x^2+y^2 = \mathrm{K}y,$$

équation dans laquelle K est une constante arbitraire.

La famille de conoïdes satisfaisant aux conditions de l'énoncé a pour équation générale, en coordonnées cylindriques,

$$(5)\qquad z = \mathrm{C}(2\omega - \sin 2\omega);$$

l'ordonnée z est la différence de celles de deux conoïdes dont l'un est l'hélicoïde gauche.

67. *Soient* Ox, Oy *et* Oz *trois axes de coordonnées rectangulaires et dans le plan* zOx *une courbe donnée* C. *Une surface est engendrée par une circonférence de cercle dont le plan est parallèle au plan* xOy, *dont le centre est sur la courbe* C *et qui rencontre constamment* Oz.

On demande de former l'équation différentielle des lignes asymptotiques de la surface en prenant pour variables la coordonnée z *d'un point quelconque* M *et l'angle* θ *du rayon du cercle qui passe en ce point avec la trace du plan du cercle sur le plan* zOx.

Appliquer au cas où la courbe C est une parabole ayant le point O pour sommet et la droite Ox pour axe.

(Paris, juillet 1880, 2ᵉ question.)

Soit $X = f(z)$ l'équation de la courbe donnée, l'équation du cercle générateur sera

$$x^2 + y^2 - 2Xx = 0$$

et celle de la surface

$$(1) \qquad \frac{x^2 + y^2}{2x} = f(z).$$

On en déduit

$$p f'(z) = \frac{1}{2} - \frac{y^2}{2x^2},$$

$$q f'(z) = \frac{y}{x};$$

multipliant les différentielles totales de ces équations respectivement par dx et dy et les ajoutant, on a, en tenant compte de l'équation $dp\,dx + dq\,dy = 0$,

$$f''(z)\,dz(p\,dx + q\,dy)$$
$$= -\frac{xy\,dy - y^2\,dx}{x^3}dx + \frac{x\,dy - y\,dx}{x^2}dy$$

ou

$$f''(z)\,dz^2 = \frac{(x\,dy - y\,dx)^2}{x^3}.$$

Si l'on transforme cette équation en coordonnées cylindriques, elle devient

$$f''(z)\,dz^2 = \frac{\rho^4\,d\omega^2}{\rho^3\cos^3\omega} = 2X\cos\omega\frac{d\omega^2}{\cos^3\omega} = 2f(z)\left(\frac{\frac{1}{2}d\theta}{\cos\frac{1}{2}\theta}\right)^2,$$

que l'on peut écrire

$$(2) \qquad \pm\frac{\frac{1}{2}d\theta}{\cos\frac{1}{2}d\theta} = \frac{dz}{\sqrt{2}}\sqrt{\frac{f''(z)}{f(z)}},$$

dont l'intégrale est

$$(3) \qquad \operatorname{tang}\left(\frac{\pi}{4} \pm \frac{\theta}{4}\right) = C e^{\int \frac{dz}{\sqrt{2}} \sqrt{\frac{f''(z)}{f(z)}}}.$$

Cette formule cesserait d'être applicable, au moins sans changement de constante, si la fonction $\frac{1}{\cos\frac{1}{2}\theta}$ devenait discontinue : elle suppose donc que l'on fait varier θ de $-\pi$ à $+\pi$. On voit de plus que l'une des séries de lignes asymptotiques se déduit de l'autre par le changement de θ en $-\theta$, c'est-à-dire que les lignes de l'un des systèmes sont symétriques de celles de l'autre par rapport au plan zOx.

Appliquant au cas où la courbe C est la parabole

$$(4) \qquad z^2 = 2mX,$$

on trouve

$$(5) \qquad z = C \operatorname{tang}\left(\frac{\pi}{4} \pm \frac{\theta}{4}\right),$$

équation indépendante du paramètre de la parabole. Ces courbes passent à l'origine pour $\theta = 0$ et sont asymptotiques à la droite Oz qui fait partie de la surface, pour $\theta = \pi$.

68. *Trouver l'équation, en coordonnées polaires, des projections sur le plan xOy des lignes asymptotiques de la surface réglée, définie au n° 9.*

(École Normale, juillet 1882, 2° question.)

L'équation de la surface en coordonnées cylindriques étant

$$z = \lambda a\theta - \frac{\rho}{\lambda},$$

nous avons obtenu

$$p = -\frac{\lambda a \sin\theta}{\rho} - \frac{\cos\theta}{\lambda},$$

$$q = \frac{\lambda a \cos\theta}{\rho} - \frac{\sin\theta}{\lambda},$$

d'où

$$dp = \frac{\sin\theta\, d\theta}{\lambda} + \frac{\lambda a}{\rho^2}(\sin\theta\, d\rho - \rho\cos\theta\, d\theta),$$

$$dq = -\frac{\cos\theta\, d\theta}{\lambda} - \frac{\lambda a}{\rho^2}(\rho\sin\theta\, d\theta + \cos\theta\, d\rho);$$

d'ailleurs,

$$dx = \cos\theta\, d\rho - \rho\sin\theta\, d\theta, \quad dy = \sin\theta\, d\rho + \rho\cos\theta\, d\theta;$$

l'équation différentielle des lignes asymptotiques est donc

$$dp\, dx + dq\, dy = -\frac{\rho}{\lambda}d\theta^2 - \frac{2\lambda a}{\rho}d\rho\, d\theta = 0.$$

La première solution, $d\theta = 0$, $\theta = \text{const.}$, nous donne les génératrices rectilignes, et la seconde,

$$\rho = \frac{2\lambda^2 a}{\theta - \theta_0},$$

des spirales hyperboliques.

69. *Une surface de révolution autour de l'axe des z est définie en coordonnées rectangulaires par l'équation $z = f(\rho)$, dans laquelle ρ désigne la distance d'un point de la surface à l'axe :*

1° *Trouver l'équation différentielle en coordonnées polaires, le pôle étant l'origine des coordonnées rectangulaires, des projections sur le plan des xy, des courbes tracées sur la surface qui jouissent de la propriété que le plan osculateur en chaque point de l'une d'elles comprenne la normale à la surface en ce même point;*

2° *Intégrer l'équation différentielle obtenue.*

(Paris, novembre 1878.)

La normale à la surface, qui fait avec les axes des angles dont les cosinus sont proportionnels à p, q et -1, doit coïncider avec la normale à la courbe dont les cosinus directeurs sont proportionnels à $d\frac{dx}{ds}$, $d\frac{dy}{ds}$, $d\frac{dz}{ds}$; on devra donc avoir

$$(1) \qquad \frac{d\frac{dx}{ds}}{p} = \frac{d\frac{dy}{ds}}{q} = -d\frac{dz}{ds},$$

équations dont la dernière est une conséquence de la première. Or

$$p = \frac{x f'(\rho)}{\sqrt{x^2+y^2}}, \quad q = \frac{y f'(\rho)}{\sqrt{x^2+y^2}};$$

l'équation différentielle des courbes proposées est donc

$$x\,d\frac{dy}{ds} - y\,d\frac{dx}{ds} = 0$$

ou, en intégrant,

$$x\frac{dy}{ds} - y\frac{dx}{ds} = C,$$

équation que l'on peut écrire

$$(2) \qquad x\,dy - y\,dx = \rho^2\,d\omega = C\,ds;$$

or

$$ds^2 = d\rho^2 + \rho^2\,d\omega^2 + dz^2:$$

l'équation différentielle des projections des lignes géodésiques de la surface sur le plan des xy est donc

$$\rho^2\,d\omega = C\sqrt{\rho^2\,d\omega^2 + d\rho^2[1+f'^2(\rho)]},$$

$$(3) \qquad \omega - \omega_0 = C\int \frac{[1+f'^2(\rho)]^{\frac{1}{2}}\,d\rho}{\rho\sqrt{\rho^2 - C^2}}.$$

L'équation (2) montre que l'aire de la courbe projetée sur le plan des xy est proportionnelle à l'arc s de la courbe gauche dans l'espace.

70. *Étant donné un cône de révolution, on considère sur sa surface une courbe telle que le plan osculateur à la courbe en l'un quelconque de ses points contienne la normale à la surface en ce même point. Déterminer la projection de cette courbe sur un plan perpendiculaire à l'axe du cône.*

(École Normale, juillet 1869.)

Si l'on appelle α l'angle des génératrices avec l'axe, l'équation du cône est

$$z = \frac{\rho}{\tang \alpha};$$

appliquant la formule du numéro précédent, on a

$$\omega - \omega_0 = \frac{C}{\sin\alpha}\int \frac{d\rho}{\rho\sqrt{\rho^2 - C^2}} = \frac{1}{\sin\alpha} \operatorname{arc\,cos} \frac{C}{\rho},$$

$$(4) \qquad \rho = \frac{C}{\cos[(\omega - \omega_0)\sin\alpha]}.$$

Toutes ces courbes sont semblables et asymptotiques aux génératrices du cône pour

$$\omega = \omega_0 \pm \frac{(2k+1)\pi}{2\sin\alpha}.$$

Pour trouver les transformées (R, Ω) de ces courbes dans le développement du cône, nous remarquerons que l'on a la relation

$$\rho\omega = R\Omega$$

ou

$$\omega \sin\alpha = \Omega;$$

les transformées sont donc les droites quelconques

$$(5) \qquad R = \frac{C}{\cos(\Omega - \Omega_0)},$$

ainsi que cela doit être pour toute surface développable.

71. *On donne un hélicoïde gauche dont l'équation,*

en coordonnées rectangulaires, est

$$z = k \operatorname{arc\,tang} \frac{y}{x}.$$

On demande de déterminer les projections sur le plan des xy des courbes tracées sur cette surface, de façon que le plan osculateur, en un point quelconque de l'une d'elles, comprenne la normale à la surface en ce même point.

(École Normale, juillet 1876.)

L'équation différentielle de ces lignes est

$$(1)\quad \left\{ \begin{aligned} & dx\, d^2y - dy\, d^2x \\ & \quad = p(dy\, d^2z - dz\, d^2y) + q(dz\, d^2x - dx\, d^2z); \end{aligned} \right.$$

d'ailleurs, pour l'hélicoïde gauche, on a

$$x = \rho \cos\omega, \quad y = \rho \sin\omega, \quad z = k\omega,$$
$$p = -\frac{k \sin\omega}{\rho}, \quad q = \frac{k \cos\omega}{\rho};$$

si l'on substitue, dans l'équation (1), en prenant ω comme variable indépendante, on arrive à l'équation différentielle du second ordre

$$(2)\qquad \frac{d^2\rho}{d\omega^2}\left(\rho + \frac{k^2}{\rho}\right) - 2\left(\frac{d\rho}{d\omega}\right)^2 - (\rho^2 + k^2) = 0.$$

Elle s'abaisse au premier ordre en posant

$$(3)\qquad \left(\frac{d\rho}{d\omega}\right)^2 = u;$$

d'où l'équation linéaire du premier ordre

$$\frac{1}{2}\,\frac{\rho^2 + k^2}{\rho}\,\frac{du}{d\rho} - 2u - (\rho^2 + k^2) = 0,$$

dont l'intégrale est

$$u = (\rho^2 + k^2)^2\left(\frac{1}{C^2} - \frac{1}{\rho^2 + k^2}\right)$$

et, en revenant à l'équation (3),

$$(4) \qquad d\omega = \frac{C\,d\rho}{\sqrt{(\rho^2+k^2)(\rho^2+k^2-C^2)}}.$$

On est donc conduit à une intégrale elliptique. On arrive à cette solution en employant l'équation (1) du n° 69; on a

$$p = -\frac{ky}{x^2+y^2}, \quad q = \frac{kx}{x^2+y^2};$$

d'où

$$d\frac{dz}{ds} = \frac{d\frac{dx}{ds}}{\frac{ky}{x^2+y^2}} = \frac{-d\frac{dy}{ds}}{\frac{kx}{x^2+y^2}}$$

$$= \frac{y\,d\frac{dx}{ds} - x\,d\frac{dy}{ds}}{k} = \frac{1}{k}d\left(y\frac{dx}{ds} - x\frac{dy}{ds}\right)$$

et, en intégrant,

$$y\frac{dx}{ds} - x\frac{dy}{ds} = k\frac{dz}{ds} - C,$$

équation que l'on peut écrire

$$-\rho^2\,d\omega = k^2\,d\omega - C\,ds$$

ou

$$(k^2+\rho^2)\,d\omega = C\,ds = C\sqrt{(k^2+\rho^2)\,d\omega^2 + d\rho^2},$$

qui conduit à l'équation (4).

La forme de la courbe dépend de la grandeur de la constante C :

1° $C < k$. Le radical de la formule (4) est toujours réel; ρ peut prendre toutes les valeurs possibles. Nous prendrons $\omega_0 = 0$ pour $\rho = 0$; la courbe passe à l'origine, où elle est tangente à Ox. Pour $\rho = \infty$, ω est fini, car l'intégrale $\int_0^\infty \frac{C\,d\rho}{\sqrt{(\rho^2+k^2)(\rho^2+k^2-C^2)}}$ est finie. Pour rechercher s'il y a une asymptote, il faut calculer la sous-tangente

$$\rho^2 \frac{d\omega}{d\rho} = \frac{C}{\sqrt{\left(1+\frac{k^2}{\rho^2}\right)\left(1+\frac{k^2-C^2}{\rho^2}\right)}},$$

pour $\rho = \infty$; elle est égale à C. Il y a donc une asymptote distante de l'origine de la quantité C.

2° $C > k$. Le rayon vecteur ρ varie de $\sqrt{C^2-k^2}$ à ∞ ; il y a encore une asymptote.

3° $C = k$. On a

$$\omega - \omega_0 = \int \frac{k\,d\rho}{\rho\sqrt{\rho^2+k^2}} = -\log \frac{k+\sqrt{\rho^2+k^2}}{\rho},$$

d'où

$$e^{\omega_0-\omega} = \frac{k}{\rho} + \frac{\sqrt{\rho^2+k^2}}{\rho},$$

$$e^{\omega-\omega_0} = -\frac{k}{\rho} + \frac{\sqrt{\rho^2+k^2}}{\rho},$$

$$\rho = \frac{2k}{e^{\omega_0-\omega} - e^{\omega-\omega_0}}.$$

La courbe admet l'origine comme point asymptotique et la droite $\rho = \frac{k}{\sin(\omega-\omega_0)}$ pour asymptote.

CHAPITRE VII.

QUESTIONS DIVERSES.

---

72. *L'angle* α *étant supposé compris entre zéro et* $\frac{\pi}{2}$, *soit*

$$\rho^2 = a^2 \log \frac{\operatorname{tang}\omega}{\operatorname{tang}\alpha}$$

l'équation d'une courbe en coordonnées polaires; on demande si l'aire du secteur limité par cette courbe et par les rayons vecteurs correspondant à $\omega = \alpha$ *et* $\omega = \frac{\pi}{2}$ *a une valeur finie ou infinie.*

(Paris, juillet 1877, 2ᵉ question.)

L'aire cherchée A a pour expression

$$A = \frac{1}{2}\int_\alpha^{\frac{\pi}{2}} \rho^2\, d\omega = \frac{a^2}{2}\left[\int_\alpha^{\frac{\pi}{2}} \log \operatorname{tang}\omega\, d\omega - \left(\frac{\pi}{2} - \alpha\right)\log\operatorname{tang}\alpha\right];$$

l'intégrale à étudier est donc

$$\int_\alpha^{\frac{\pi}{2}} \log\operatorname{tang}\omega\, d\omega = \int_\alpha^{\frac{\pi}{2}} \log\sin\omega\, d\omega - \int_\alpha^{\frac{\pi}{2}} \log\cos\omega\, d\omega.$$

La première est finie; pour voir s'il en est de même de la seconde, posons $\cos\omega = z$; elle devient

$$\int_{\cos\alpha}^{0} \frac{\log z\, dz}{\sqrt{1 - z^2}};$$

formons donc la fonction $z^n \frac{\log z}{\sqrt{1-z^2}}$ et cherchons sa limite pour $z=0$. On a

$$\lim \frac{z^n \log z}{\sqrt{1-z^2}} = \lim \frac{\log z}{z^{-n}} = \lim -\frac{z^n}{n} = 0,$$

si $n > 0$; l'intégrale est donc finie. On aurait pu le voir directement en remarquant que

$$-\int_0^{\frac{\pi}{2}} \log \cos x \, dx = \frac{\pi}{2} \log 2.$$

73. *On demande de démontrer qu'en posant*

$$y = \int_{x_0}^{x} f(x)\, dx,$$

puis successivement

$$y_1 = \int_{x_0}^{x} xy\, dx, \quad y_2 = \int_{x_0}^{x} xy_1\, dx, \quad \ldots, \quad y_n = \int_{x_0}^{x} xy_{n-1}\, dx,$$

l'expression de y_n sera donnée par la formule

$$(1) \qquad y_n = \frac{1}{2.4.6\ldots 2n} \int_{x_0}^{x} (x^2 - z^2)^n f(z)\, dz.$$

(École Normale, juillet 1878, 2e question.)

La formule sera démontrée si l'on prouve que de (1) on peut déduire

$$\frac{dy_n}{dx} = xy_{n-1};$$

or, si l'on dérive l'expression (1) de y^n par rapport au paramètre x qui figure sous le signe $\int$, on a, en tenant compte de ce que l'une des limites est fonction de ce paramètre,

$$2.4.6\ldots 2n \frac{dy_n}{dx}$$
$$= [(x^2 - z^2)^n f(z)]_{z=x} + \int_{x_0}^{x} 2nx(x^2 - z^2)^{n-1} f(z)\, dz;$$

d'où

$$\frac{dy_n}{dx} = \frac{x}{2.4.6\ldots2(n-1)}\int_{x_0}^{x}(x^2-z^2)^{n-1}f(z)\,dz = xy_{n-1}.$$

C. Q. F. D.

74. *Transformer l'intégrale double $\int\int dx\,dy$, qui se rapporte aux aires planes, en substituant aux coordonnées rectangulaires x, y les paramètres des deux familles de coniques homofocales représentées par les équations*

$$(1)\qquad \frac{x^2}{\mu^2}+\frac{y^2}{\mu^2-b^2}=1,\quad \frac{x^2}{\nu^2}-\frac{y^2}{b^2-\nu^2}=1.$$

Application à l'aire du cercle de rayon r.

(École Normale, juillet 1873, 1re question.)

L'expression à former est

$$(2)\qquad \mathrm{U}=\pm\int\int\left(\frac{dx}{d\mu}\frac{dy}{d\nu}-\frac{dx}{d\nu}\frac{dy}{d\mu}\right)d\mu\,d\nu;$$

si l'on dérive successivement par rapport à μ et à ν les deux équations

$$b^2x^2=\mu^2\nu^2,\quad b^2y^2=(\mu^2-b^2)(b^2-\nu^2),$$

déduites des équations (1), on arrive à

$$(3)\qquad \begin{cases}\mathrm{U}=\pm\displaystyle\int\int\frac{\mu\nu(\mu^2-\nu^2)}{b^2xy}\,d\mu\,d\nu\\[2ex] \quad=\pm\displaystyle\int\int\frac{\mu^2-\nu^2}{\sqrt{(\mu^2-b^2)(b^2-\nu^2)}}\,d\mu\,d\nu;\end{cases}$$

c'est la formule demandée.

Dans le cas du cercle $\mu=r$, $b=0$. Les hyperboles se réduisent des groupes de droites passant à l'origine et, comme il faut faire $\nu=0$, on doit, à la place de l'axe transverse ν, introduire le rapport des axes d'une même hyperbole

$$\frac{b^2 - \nu^2}{\nu^2} = \operatorname{tang}^2 \omega ;$$

d'où

$$\nu = b \cos \omega, \quad \frac{d\nu}{\sqrt{b^2 - \nu^2}} = - d\omega ;$$

faisant alors $b = 0$, $\nu = 0$, il vient

$$U = \pm \int\int r \, dr \, d\omega = \frac{r^2}{2} \int d\omega.$$

75. *On propose de trouver une courbe telle que, si en un point* M *quelconque de l'une d'elles on mène la normale* MN, *prolongée jusqu'à l'axe* Ox, *la tangente* MT

Fig. 5.

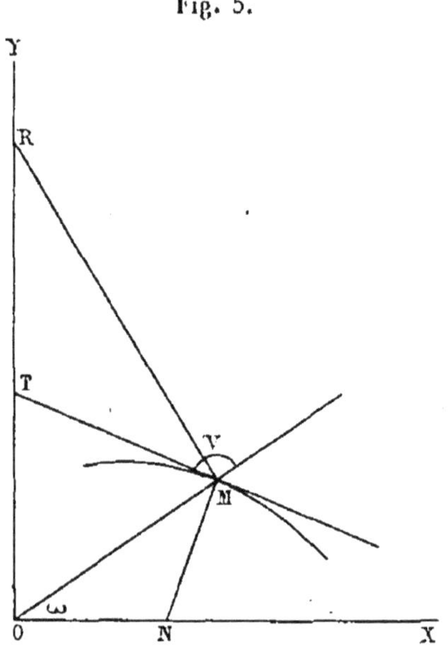

et la perpendiculaire MR *au rayon vecteur* OM *prolongées jusqu'à* Oy, *la quatrième proportionnelle à* OT, ON *et* OR *soit une ligne constante et donnée* k.

(Lille, juillet 1872.)

On doit avoir (*fig.* 5)

$$\frac{\mathrm{OT}}{\mathrm{ON}} = \frac{\mathrm{OR}}{k};$$

or

$$\mathrm{OT} = y - x\frac{dy}{dx}, \quad \mathrm{ON} = x + y\frac{dy}{dx}, \quad \mathrm{OR} = \frac{x^2+y^2}{y};$$

l'équation différentielle du lieu est donc

$$(1) \qquad ky(y\,dx - x\,dy) = (x\,dx + y\,dy)(x^2+y^2);$$

on peut l'écrire, en coordonnées polaires,

$$-k\rho\sin\omega\,\rho^2\,d\omega = \rho^3\,d\rho,$$

d'où

$$(2) \qquad \rho = k\cos\omega + C;$$

c'est la courbe connue sous le nom de *limaçon de Pascal*.

L'emploi des coordonnées polaires conduit immédiatement à la solution; on a

$$\mathrm{OR} = \frac{\rho}{\sin\omega}, \quad \mathrm{OT} = \frac{\rho\sin V}{\sin T}, \quad \mathrm{ON} = \frac{\rho\sin \mathrm{OMN}}{\sin N},$$

d'où

$$\frac{\mathrm{OT}}{\mathrm{ON}} = \frac{\sin V}{\sin \mathrm{OMN}} = -\operatorname{tang} V = -\frac{\rho\,d\omega}{d\rho}$$

et enfin

$$d\rho = -k\sin\omega\,d\omega.$$

76. *Chercher les surfaces telles que les rayons lumineux émanés d'un point fixe aillent, après réflexion, converger en un second point fixe. Étudier le cas où l'un de ces points est à l'infini.*

(Paris, novembre 1863.)

Les normales à la surface cherchée rencontrant la droite qui passe par les deux points fixes A et A′, cette surface est de révolution autour de AA′. Pour trouver sa méridienne, nous exprimerons que la normale MN (*fig.* 6) est

Fig. 6.

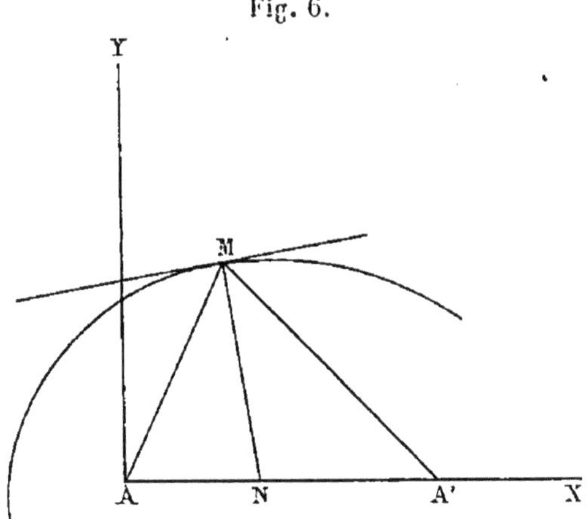

bissectrice de l'angle AMA', ce qui fournit la relation

$$\frac{AN}{AM} = \frac{2c - AN}{A'M},$$

en posant $AA' = 2c$.

Or

$$AN = x + y\frac{dy}{dx},$$

d'où la relation

$$(1) \qquad \frac{x\,dx + y\,dy}{\sqrt{x^2+y^2}} = \frac{(2c-x)\,dx - y\,dy}{\sqrt{(x-2c)^2+y^2}},$$

qui s'intègre immédiatement et donne les ellipses

$$(2) \qquad \sqrt{x^2+y^2} + \sqrt{(x-2c)^2+y^2} = 2a.$$

Si $c = \infty$, l'équation (1) devient

$$(3) \qquad \frac{x\,dx + y\,dy}{\sqrt{x^2+y^2}} = dx,$$

d'où la famille des paraboles

$$(4) \qquad \sqrt{x^2+y^2} = x + a.$$

77. *Trouver les courbes planes dans lesquelles la différence entre le carré de l'arc et le carré de l'ordonnée est constante.*

(Lille, juillet 1877.)

De l'équation

$$s^2 - y^2 = k$$

on déduit

$$ds = \frac{y\,dy}{\sqrt{y^2 + k}} = \sqrt{dx^2 + dy^2},$$

d'où

$$k(dx^2 + dy^2) + y^2\,dx^2 = 0,$$

ce qui exige $k = -a^2$ et donne

$$dx = \pm \frac{a\,dy}{\sqrt{y^2 - a^2}};$$

c'est l'équation différentielle des chaînettes

$$y = \pm \frac{a}{2}\left(e^{\frac{x+C}{a}} + e^{-\frac{x+C}{a}}\right).$$

78. *Trouver une courbe plane telle que la projection du rayon de courbure en un point quelconque sur une droite fixe soit constante et égale à une longueur donnée.*

(Lille, juillet 1868.)

Si l'on prend la droite proposée pour axe des y, l'équation différentielle du lieu est

$$\frac{\left[1 + \left(\frac{dy}{dx}\right)^2\right]^{\frac{3}{2}}}{\frac{d^2y}{dx^2}} \frac{1}{\sqrt{1 + \left(\frac{dy}{dx}\right)^2}} = a,$$

la constante a étant positive ou négative.

Cette équation peut s'écrire

$$1 + p^2 = a\frac{dp}{dx},$$

d'où

$$x + C_1 = a \operatorname{arc\,tang} p,$$

$$y + C_2 = -a \log\cos\frac{x + C_1}{a},$$

ou, en rétablissant le double signe de a et faisant les constantes nulles,

$$y = \pm a \log\cos\frac{x}{a}.$$

Cette courbe, symétrique par rapport aux axes coordonnés, est composée d'une infinité de branches égales; l'une quelconque d'entre elles est comprise entre les droites

$$x = ka\pi \quad \text{et} \quad x = (k + \tfrac{1}{2})a\pi,$$

et asymptotique à la première.

79. *Trouver une courbe plane telle que la projection de sa normale* MN, *limitée à l'axe polaire, sur le rayon vecteur, soit constante.*

(Toulouse, novembre 1878.)

On a

$$\text{MN}\cos\text{OMN} = a;$$

or

$$\text{MN} = \frac{\rho\sin\omega}{\sin(\omega + \text{OMN})}, \quad \text{OMN} = \text{V} - \frac{\pi}{2},$$

d'où l'équation

$$a = \frac{\rho\sin\omega\sin\text{V}}{-\cos(\omega + \text{V})},$$

que l'on peut écrire

$$a + (\rho - a)\operatorname{tang}\omega\operatorname{tang}\text{V} = 0,$$

$$\frac{a\,d\rho}{\rho(\rho - a)} + \operatorname{tang}\omega\,d\omega = 0,$$

dont l'intégrale est

$$\frac{\rho - a}{\rho} = C \cos\omega$$

ou

$$\rho = \frac{a}{1 - C\cos\omega};$$

ce sont des courbes de second degré de même paramètre a.

80. *Déterminer une courbe telle que, menant par un point quelconque la tangente* MT *et la normale* MN, *les diagonales du quadrilatère formé par ces deux droites et les deux axes* Ox *et* Oy *fassent un angle donné* θ.

(Besançon, juillet 1880.)

Le coefficient angulaire de la droite TN est

$$\frac{y + x\dfrac{dx}{dy}}{y\dfrac{dx}{dy} - x} = \frac{\rho\, d\rho}{-\rho^2\, d\omega} = -\frac{d\rho}{\rho\, d\omega};$$

d'où l'équation

$$\pm\frac{\tang\omega + \dfrac{d\rho}{\rho\, d\omega}}{1 - \tang\omega\dfrac{d\rho}{\rho\, d\omega}} = \tang\theta = k$$

ou

$$\frac{d\rho}{\rho} = \frac{(\pm k - \tang\omega)\, d\omega}{1 \pm k\tang\omega}$$

et, en intégrant,

$$\rho = C(\cos\omega \pm k\sin\omega)$$

ou, en coordonnées rectangulaires,

$$x^2 + y^2 = C(x \pm ky),$$

équation qui représente deux familles de cercles passant à

l'origine et dont les centres sont sur les droites

$$\frac{y}{x} = \pm k = \pm \tang \theta.$$

81. *Trouver une courbe telle que l'angle* MOT *sous lequel on voit d'un point donné* O *la portion* MT *de tangente à cette courbe, comprise entre le point de contact* M *et une droite fixe* DD', *soit constant.*

(Rennes, juillet 1880.)

Si l'on prend le point O pour origine et Oy parallèle à DD', les coordonnées du point T seront

$$X = a, \quad Y = y + (a - x)\frac{dy}{dx};$$

l'équation différentielle du lieu est donc

$$(1) \qquad \frac{\dfrac{y + (a-x)\dfrac{dy}{dx}}{a} - \dfrac{y}{x}}{1 + \dfrac{y}{x}\,\dfrac{y + (a-x)\dfrac{dy}{dx}}{a}} = \pm k;$$

elle peut s'écrire

$$\begin{aligned}&(a - x)(x\,dy - y\,dx)\\ &\quad = \pm k[(a - x)(x\,dx + y\,dy) + (x^2 + y^2)\,dx]\end{aligned}$$

ou

$$\pm \frac{x\,dy - y\,dx}{k(x^2 + y^2)} = \frac{x\,dx + y\,dy}{x^2 + y^2} + \frac{dx}{a - x},$$

qui s'intègre immédiatement et donne les courbes

$$0 = \pm \frac{\omega}{k} + \log C + \log \rho - \log(a - \rho \cos \omega)$$

ou

$$(2) \qquad \rho = \frac{a}{\cos \omega + C e^{\pm \frac{\omega}{k}}}.$$

Cette courbe a une infinité de branches asymptotiques aux directions données par la formule

$$(3) \qquad \cos\omega + C e^{\frac{\omega}{k}} = 0,$$

et qui vont en se rapprochant de plus en plus de l'axe Oy; elle comprend en outre deux spirales symétriques par rapport à l'origine, asymptotiques au pôle et à la direction donnée par la plus grande racine de l'équation (3).

Si l'angle donné est droit, on a les courbes du second degré rapportées à leur foyer et à leur axe focal

$$\rho = \frac{a}{C + \cos\omega}.$$

82. *Trouver une courbe telle que le triangle ayant pour sommet un point quelconque M de la courbe, le centre de courbure correspondant et le pied de l'ordonnée du point M ait une surface constante. On fera voir que l'une des coordonnées s'exprime en fonction de l'autre par une quadrature et que l'on peut se faire une idée de la forme de la courbe, sans en avoir l'équation en termes finis.*

(École Normale, juillet 1877.)

Soient k^2 la surface donnée, a l'abscisse du centre de courbure du point M du lieu; on devra avoir

$$y(x - a) = 2k^2,$$

en négligeant le double signe qui répond à des courbes symétriques de celle-là par rapport à une parallèle quelconque à Oy. Or

$$x - a = \frac{dy}{dx} \frac{1 + \left(\frac{dy}{dx}\right)^2}{\frac{d^2y}{dx^2}};$$

d'où l'équation différentielle, dans laquelle x manque,

$$y\frac{dy}{dx}\left[1+\left(\frac{dy}{dx}\right)^2\right]-2k^2\frac{d^2y}{dx^2}=0;$$

posant $\frac{dy}{dx}=p$, elle devient

$$y\,dy-2k^2\frac{dp}{1+p^2}=0,$$

$$=\tan\alpha=\tan\frac{y^2+C}{4k^2},$$

$$x+C_1=\int\frac{dy}{\tan\frac{y^2+C}{4k^2}}.$$

Ces courbes sont symétriques par rapport à Ox; pour les construire, nous nous servirons des équations

$$y=2k\sqrt{\alpha-\alpha_0},\quad dy=\frac{k\,d\alpha}{\sqrt{\alpha-\alpha_0}},\quad dx=\frac{k\,d\alpha}{\tan\alpha\sqrt{\alpha-\alpha_0}}.$$

Prenons, par exemple, la constante α_0 positive et inférieure à $\frac{\pi}{2}$: la variable α ne peut recevoir de valeur inférieure à α_0; pour $\alpha=\alpha_0$, $y=0$, nous ferons également $x=0$; la courbe présente à l'origine, qui est centre, un point d'inflexion. Quand α croît, y va constamment en croissant (*fig.* 7); x commence par croître jusqu'à $\alpha=\frac{\pi}{2}$, pour décroître de $\frac{\pi}{2}$ à π et croître ensuite jusqu'à $\frac{3\pi}{2}$: la courbe présente donc au point $\alpha=\pi$ un rebroussement de première espèce. La branche de courbe que nous étudions a des rebroussements pour $\alpha=n\pi$ et des tangentes parallèles à Oy pour $\alpha=(2n+1)\frac{\pi}{2}$; chaque partie de la courbe comprise entre deux tangentes parallèles à Ox va d'ailleurs en se rétrécissant dans les deux sens, car les valeurs de dx qui correspondent à la même valeur absolue de $\tang\alpha$ décroissent quand α croît.

Le rayon de courbure de la courbe est infini au point O

Fig. 7.

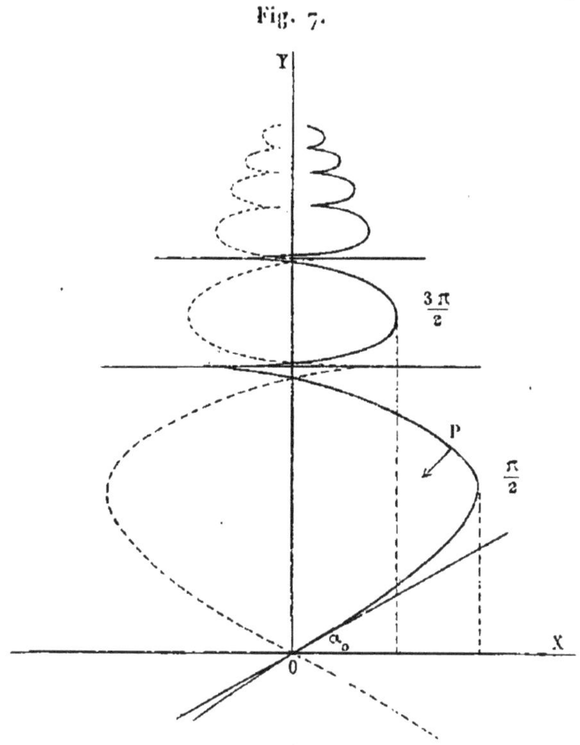

et en tous les points de rebroussement; son expression en fonction de α est en effet

$$\rho = \frac{ds}{d\alpha} = \frac{k}{\sin\alpha\sqrt{\alpha - \alpha_0}}.$$

ρ est minimum pour

$$\tang\alpha + 2(\alpha - \alpha_0) = 0;$$

il y a sur chaque partie de la courbe un seul point pour lequel ρ est minimum et ce point, P, est situé sur la portion de courbe pour laquelle dx est négatif.

83. *Déterminer la courbe* C *telle que le triangle* TMN, *dont les côtés sont la tangente* MT *en un point quelconque, la normale* MN *au même point et la perpendiculaire* NT *élevée au pôle* O *sur le rayon vecteur* OM, *ait une aire constante donnée* a^2.

On indiquera la figure de chacune des branches de la courbe.

(École Normale, juillet 1880.)

L'équation différentielle du lieu est

$$(1)\qquad \rho\left(\rho^2 \frac{d\omega}{d\rho} + \frac{d\rho}{d\omega}\right) = \pm 2a^2,$$

puisque la sous-tangente $\rho^2 \dfrac{d\omega}{d\rho}$ et la sous-normale $\dfrac{d\rho}{d\omega}$ ont même signe; on en déduit

$$d\omega = \frac{\pm a^2 \pm \sqrt{a^4 - \rho^4}}{\rho^3} d\rho,$$

les doubles signes étant indépendants.

L'intégration donne

$$(2)\qquad 2(\omega - \omega_0) = \mp \frac{a^2}{\rho^2} \mp \left(\frac{\sqrt{a^4 - \rho^4}}{\rho^2} + \arcsin \frac{\rho^2}{a^2}\right),$$

l'ordre des signes étant respecté. Ces courbes s'obtiennent par rotation d'un angle quelconque de la courbe obtenue en faisant $\omega_0 = 0$. Pour construire cette dernière, prenons la branche

$$(3)\qquad 2\omega = \frac{-a^2 + \sqrt{a^4 - \rho^4}}{\rho^2} + \arcsin \frac{\rho^2}{a^2},$$

qui répond au signe supérieur de l'équation (1). Faisant $\rho = 0$, on a $\omega = 0$, $\dfrac{d\omega}{d\rho}$ étant positif, si l'on ne prend d'abord que les valeurs positives de ρ, ω croît avec ρ et atteint son maximum ω_1 pour $\rho = a$,

$$\omega_1 = \frac{1}{2}\left(\frac{\pi}{2} - 1\right),$$

angle un peu supérieur à 16°; en ce point, la branche présente un point d'arrêt et vient couper le rayon vecteur sous un angle de 45° (*fig.* 8). Cet angle a d'ailleurs été

Fig. 8.

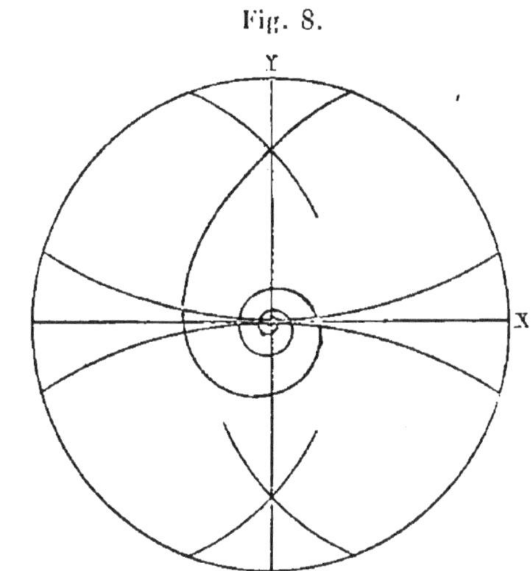

constamment en croissant avec ρ, depuis zéro jusqu'à 45°, car

$$\tang V = \frac{a^2 - \sqrt{a^4 - \rho^4}}{\rho^2};$$

d'où

$$\frac{d \tang V}{d\rho} = \frac{2a^2(a^2 - \sqrt{a^4 - \rho^4})}{\rho^3 \sqrt{a^4 - \rho^4}} > 0.$$

Les valeurs négatives de ρ donnent une branche symétrique de la première par rapport à l'origine; enfin, si l'on prend des signes contraires pour 2ω, on obtient une courbe symétrique de la première relativement à l'axe polaire.

Construisons maintenant la branche

$$(4) \qquad 2\omega = \frac{a^2 + \sqrt{a^4 - \rho^4}}{\rho^2} + \arc \sin \frac{\rho^2}{a^2};$$

pour $\rho = 0$, $\omega = \infty$, et, comme l'équation (4) se rapporte au signe inférieur de (1), ω va en décroissant quand ρ croît et atteint son minimum

$$\omega_2 = \frac{1}{2}\left(\frac{\pi}{2} + 1\right),$$

pour $\rho = a$; en ce point, la courbe coupe le rayon vecteur sous un angle de 135°.

Prenant les valeurs négatives de ρ et celles de ω, on obtient trois autres spirales symétriques par rapport au pôle ou à l'axe polaire de celle que nous venons de construire; ces spirales se raccordent tangentiellement aux branches précédemment obtenues, si on les fait tourner de 90°.

84. *Étant donné le paraboloïde défini en coordonnées rectangulaires par l'équation*

$$z = \frac{mx^2 + y^2}{2a},$$

on considère sur cette surface les courbes dont les tangentes font un angle constant donné γ avec l'axe Oz:

1° *Trouver l'équation différentielle des projections de ces courbes sur le plan xOy et montrer que l'intégration de cette équation se ramène à une quadrature;*

2° *Effectuer la quadrature et construire la projection dans le cas particulier où m est égal à l'unité.*

(Paris, juillet 1879.)

On a les équations

$$\frac{dx}{\cos\alpha} = \frac{dy}{\cos\beta} = \frac{dz}{\cos\gamma} = \pm\frac{\sqrt{dx^2 + dy^2}}{\sqrt{\cos^2\alpha + \cos^2\beta}},$$

ou

$$\text{(1)} \qquad \frac{mx\,dx + y\,dy}{a\cos\gamma} = \pm\frac{\sqrt{dx^2 + dy^2}}{\sin\gamma};$$

on en tire

$$(2) \qquad y = -\frac{m}{p}x \pm a\cot\gamma\,\frac{\sqrt{1+p^2}}{p}.$$

Cette équation étant linéaire en x et y s'intègre en la différentiant; on a

$$(3) \qquad p(m+p^2)\frac{dx}{dp} - mx \pm \frac{a\cot\gamma}{\sqrt{1+p^2}} = 0,$$

d'où

$$(4) \quad x = \frac{p}{\sqrt{m+p^2}}\left[C \mp a\cot\gamma\int\frac{dp}{p^2\sqrt{(1+p^2)(m+p^2)}}\right],$$

le problème est ramené à une quadrature elliptique. Les équations (2) et (4) déterminent les courbes cherchées.

La quadrature peut s'effectuer dans les cas suivants :

1° $m = 0$: le paraboloïde se réduit au cylindre parabolique $y^2 = 2az$; on a

$$x = C \pm a\cot\gamma\int\frac{\left(\frac{1}{p}\right)^2 d\frac{1}{p}}{\sqrt{1+\left(\frac{1}{p}\right)^2}},$$

$$x = C \pm \frac{a\cot\gamma}{2}\left(\frac{\sqrt{1+p^2}}{p^2} - \log\frac{1+\sqrt{1+p^2}}{p}\right).$$

2° $m = 1$: le paraboloïde est de révolution.

$$x = \frac{p}{\sqrt{1+p^2}}\left[C \pm a\cot\gamma\left(\frac{1}{p} + \operatorname{arc\,tang} p\right)\right].$$

Si l'on introduit l'angle α que fait avec Ox la tangente à la courbe projetée, on a

$$(5) \qquad \begin{cases} x = C\sin\alpha \pm a\cot\gamma(\cos\alpha + \alpha\sin\alpha), \\ y = -C\cos\alpha \pm a\cot\gamma(\sin\alpha - \alpha\cos\alpha). \end{cases}$$

Ces courbes s'obtiennent en portant sur la normale à la courbe $C = 0$ une longueur constante C; or cette dernière se compose de deux développantes du cercle de rayon $a\cot\gamma$. Toutes ces courbes sont donc des développantes du même cercle ne différant que par leur origine.

On arrive plus rapidement à ce résultat en remontant à l'équation (1); elle devient, en coordonnées polaires,

$$\rho\, d\rho = \pm a \cot\gamma\, ds = \pm a \cot\gamma \sqrt{d\rho^2 + \rho^2\, d\omega^2},$$

d'où

$$d\omega = \pm \frac{\sqrt{\rho^2 - a^2 \cot^2\gamma}}{a\rho \cot\gamma}\, d\rho$$

et enfin

$$\omega - \omega_0 = \pm \frac{\sqrt{\rho^2 - a^2\cot^2\gamma}}{a\cot\gamma} \mp \arccos \frac{a\cot\gamma}{\rho},$$

équation qui représente toutes les développantes du cercle de rayon $a\cot\gamma$.

85. *La tangente* MT, *menée d'un point quelconque* M *d'une surface à une sphère donnée de rayon a, est dans un rapport constant $\frac{1}{\lambda}$ avec la moyenne proportionnelle entre la distance* OP *du centre* O *de cette sphère au plan tangent à la surface au point* M *et la longueur* MN *de la normale à la surface en ce point, cette normale étant terminée par sa trace* N *sur un plan diamétral fixe de la sphère. On demande :*

1° *De trouver l'équation générale de la surface;*

2° *De trouver l'équation de la surface : 1° lorsque le rayon a de la sphère est nul; 2° lorsque le rapport $\frac{1}{\lambda}$ est égal à l'unité.*

(Marseille, juillet 1880.)

Prenant pour origine le centre O de la sphère et le plan diamétral fixe pour plan des xy, on a

$$\overline{\mathrm{MT}}^2 = x^2 + y^2 + z^2 - a^2,$$

$$\mathrm{OP} = \pm \frac{z - px - qy}{\sqrt{1+p^2+q^2}}, \quad \mathrm{MN} = \pm z\sqrt{1+p^2+q^2};$$

d'où l'équation aux dérivées partielles

$$(1)\qquad \lambda^2(x^2+y^2+z^2-a^2)=\pm z(z-px-qy),$$

que l'on intègre en posant

$$(2)\qquad \frac{dx}{xz}=\frac{dy}{yz}=\frac{dz}{z^2\pm\lambda^2(x^2+y^2+z^2-a^2)};$$

la première donne

$$y=\mathrm{C}x.$$

Soient

$$x^2=u,\quad z^2=v,\quad \pm\lambda^2=k;$$

la seconde peut s'écrire

$$\frac{du}{u}=\frac{dv}{k(1+\mathrm{C}^2)u+(1+k)v-ka^2},$$

d'où l'équation linéaire

$$\frac{dv}{du}-\frac{1+k}{u}v+\frac{ka^2}{u}-k(1+\mathrm{C}^2)=0.$$

En l'intégrant, on arrive à

$$v=\mathrm{C}_1u^{1+k}-(1+\mathrm{C}^2)u+\frac{ka^2}{1+k}:$$

ce qui donne, pour l'équation générale des surfaces considérées,

$$(3)\qquad z^2=\frac{ka^2}{1+k}-(x^2+y^2)+x^{2(1+k)}\varphi\left(\frac{y}{x}\right).$$

On y arrive plus vite en mettant les équations (2) sous la forme immédiatement intégrable

$$(2\,bis)\qquad \frac{dx}{x}=\frac{dy}{y}=\frac{x\,dx+y\,dy+z\,dz}{(k+1)\left(x^2+y^2+z^2-\dfrac{ka^2}{k+1}\right)}.$$

1° $a=0$. L'équation (3) devient

$$x^2+y^2+z^2=x^{2(1+k)}\varphi\left(\frac{y}{x}\right),$$

ou, en coordonnées sphériques,

$$\rho^2 = (\rho \sin\theta \cos\omega)^{2(1+k)} \varphi_1(\omega),$$

(4) $$\rho = \frac{\psi(\omega)}{\sin^{1+\frac{1}{k}}\theta}.$$

Les sections de l'une quelconque de ces surfaces par des plans passant par Oz sont des courbes semblables; il en est de même des sections de toutes les surfaces par l'un de ces plans.

2° $\frac{1}{\lambda} = 1$. On a deux séries de surfaces, suivant que l'on prend $k = \pm 1$; les premières ne présentent aucune particularité; pour les secondes, la formule (3) est illusoire; mais l'équation en u et v devient

$$\frac{dv}{du} - \frac{a^2}{u} + 1 + C^2 = 0,$$

$$v = C_1 + a^2 \log u - (1 + C^2) u$$

et l'équation des surfaces cherchées est

(5) $$x^2 + y^2 + z^2 = a^2 \log x^2 + \varphi\left(\frac{y}{x}\right),$$

ce que les équations (2 *bis*) donnent de suite.

3° Si l'on fait à la fois $k = -1$ et $a = 0$, l'équation (5) devient

(6) $$\rho = \psi(\omega):$$

ce sont des surfaces engendrées par des cercles dont le centre est en O, et le plan passe par Oz, leur rayon étant une fonction arbitraire de l'azimut ω; elles comprennent les sphères ayant l'origine pour centre.

86. *On donne un cylindre parabolique dont l'équation en coordonnées rectangulaires est* $x^2 - z = 0$; *trouver sur ce cylindre une courbe C, telle que T étant* *la trace sur le plan des xy de la tangente en un point quelconque* M, A *et* B *étant les intersections du plan osculateur avec* Ox, Oy, *le point* T *soit situé au milieu de* AB. *On demande la projection de la courbe sur le plan des xy.*

(Besançon, juillet 1883.)

Le plan osculateur d'une courbe a pour équation

$$\begin{aligned}(X - x)(dy\, d^2z - dz\, d^2y)\\ + (Y - y)(dz\, d^2x - dx\, d^2z) + (Z - z)(dx\, d^2y - dy\, d^2x) = 0;\end{aligned}$$

si l'on prend x comme variable indépendante, on a, pour le point A,

$$X_1 = x + \frac{z\, dx\, d^2y - y\, dx\, d^2z}{dy\, d^2z - dz\, d^2y};$$

d'ailleurs, pour le point T,

$$X_2 = x - z\frac{dx}{dz},$$

la condition $X_1 = 2X_2$ de l'énoncé donne donc l'équation

$$(1) \qquad x - 2z\frac{dx}{dz} = \frac{z\, dx\, d^2y - y\, dx\, d^2z}{dy\, d^2z - dz\, d^2y}.$$

De l'équation de la surface on déduit

$$2x\, dx = dz, \quad x - 2z\frac{dx}{dz} = 0, \quad d^2z = 2\, dx^2,$$

et, par suite, l'équation (1) devient

$$(2) \qquad 0 = z\, dx\, d^2y - y\, dx\, d^2z = dx^3\left(x^2\frac{d^2y}{dx^2} - 2y\right),$$

dont l'intégrale

$$(3) \qquad y = \frac{C_1}{x} + C_2 x^2$$

est l'équation de la projection des courbes cherchées sur le plan des xy; ces courbes sont asymptotiques à la génératrice Oy du cylindre, sauf celles pour lesquelles $C_1 = 0$.

87. *On donne une surface du second degré et une tangente* MT *en un point* M *de cette surface. On mène un plan passant par* MT. *On construit dans ce plan le centre* O *du cercle osculateur de la section en* M, *puis le centre* O′ *du cercle osculateur de la développée de la section en* O.

Lieu des points O′ *lorsque le plan tourne autour de* MT.

(Clermont, juillet 1883.)

Soient M l'origine des coordonnées et MT l'axe des x; nous prendrons pour axe des z la normale à la surface en M. Considérons un plan sécant passant par MT

$$y = z \tang \alpha;$$

d'après le théorème de Meunier, le rayon de courbure de la section est

$$\rho_\alpha = \rho_0 \cos \alpha :$$

le lieu des points O est donc le cercle

$$y^2 + z^2 - \rho_0 z = 0,$$

décrit sur le rayon de courbure ρ_0 de la section normale comme diamètre, et le lieu des points O′ est, quelle que soit la surface donnée, sur le cylindre circulaire représenté par cette équation; la coordonnée x du point O′ est d'ailleurs égale au rayon de courbure r de la développée.

Or on a, ε étant l'angle de contingence de la section plane de rayon de courbure ρ,

$$r = -\frac{d\rho}{\varepsilon} = -\frac{\rho\, d\rho}{ds};$$

il reste donc à chercher la valeur de $\frac{d\rho}{ds}$ pour l'origine des coordonnées.

De l'équation

$$\rho = \frac{\left(1 + \frac{dY^2}{dx^2}\right)^{\frac{3}{2}}}{\frac{d^2Y}{dx^2}},$$

dans laquelle la coordonnée Y est comptée sur la normale à la section plane, on tire

$$d\rho = \frac{3\frac{dY}{dx}\left(\frac{d^2Y}{dx^2}\right)^2\left(1 + \frac{dY^2}{dx^2}\right)^{\frac{1}{2}} - \frac{d^3Y}{dx^3}\left(1 + \frac{dY^2}{dx^2}\right)^{\frac{3}{2}}}{\left(\frac{d^2Y}{dx^2}\right)^2}dx,$$

et, comme on a $\left(\frac{dY}{dx}\right)_M = 0$, on en conclut

$$x = r = \rho\,\frac{\frac{d^3Y}{dx^3}}{\left(\frac{d^2Y}{dx^2}\right)^2}.$$

Appliquons à la surface proposée, dont l'équation est de la forme

$$Ax^2 + A'y^2 + A''z^2 + 2Byz + 2B'xz + 2B''xy + 2Cz = 0;$$

d'où, pour l'équation de la section plane,

$$\begin{gathered} Ax^2 + (A'\sin^2\alpha + 2B\sin\alpha\cos\alpha + A''\cos^2\alpha)Y^2 \\ + 2(B'\cos\alpha + B''\sin\alpha)xY + 2CY\cos\alpha = 0; \end{gathered}$$

en dérivant trois fois cette dernière, on arrive à

$$\left(\frac{dY}{dx}\right)_M = 0, \quad \left(\frac{d^2Y}{dx^2}\right)_M = -\frac{A}{C\cos\alpha},$$
$$\left(\frac{d^3Y}{dx^3}\right)_M = \frac{3A(B'\cos\alpha + B''\sin\alpha)}{C^2\cos^2\alpha},$$

ce qui conduit finalement à l'équation

$$x = 3\rho_0\cos\alpha\,\frac{B'\cos\alpha + B''\sin\alpha}{A} = \frac{3(B'z^2 + B''yz)}{Az}.$$

La courbe lieu des points O′ est donc l'ellipse intersection du plan

$$Ax - 3(B'z + B''y) = 0$$

et du cylindre circulaire

$$A(y^2 + z^2) + Cz = 0,$$

dont les équations sont indépendantes des coefficients A′, A″ et B de la surface.

88. *Arête de rebroussement de la surface enveloppe d'une sphère qui se meut en conservant un contact du second ordre avec une courbe donnée.*

(Grenoble, juillet 1883.)

Le lieu des centres de cette sphère est sur la surface polaire P de la courbe proposée. De plus, si l'on développe cette surface, ce lieu aura pour transformée un cercle décrit avec le rayon R de la sphère et ayant pour centre le point de rencontre de toutes les droites transformées des développées de la courbe proposée; la courbe C_1, lieu des centres de la sphère, est donc ainsi déterminée.

L'enveloppe de la sphère est une surface canal dont les caractéristiques sont des cercles de rayon R situés dans des plans normaux à la courbe C_1 et dont les centres sont sur cette courbe. L'arête de rebroussement de cette enveloppe, qui est le lieu des intersections de ses caractéristiques, est donc sur la surface polaire P_1 de la courbe C_1; de plus, si l'on développe P_1, la transformée du lieu cherché est une circonférence de rayon R et ayant pour centre le point de rencontre des développées de C_1, ce qui définit complètement cette courbe.

89. *Former l'équation aux dérivées partielles des surfaces jouissant de la propriété que les tangentes aux deux lignes de courbure, en un quelconque de leurs*

points, se projettent sur le plan des xy suivant deux droites dont les bissectrices soient parallèles à Ox et Oy.

Déterminer celles de ces surfaces dont l'équation est de la forme

$$z = \varphi(x) + \varphi(y)$$

et intégrer l'équation différentielle de leurs lignes de courbure.

On suppose les axes rectangulaires.

(Paris, juillet 1884, 2e question.)

L'équation différentielle de la projection des lignes de courbure sur le plan des xy est

$$(1) \qquad \frac{dx + p(p\,dx + q\,dy)}{r\,dx + s\,dy} = \frac{dy + q(p\,dx + q\,dy)}{s\,dx + t\,dy};$$

exprimant qu'elle a ses racines en $\frac{dy}{dx}$ égales et de signes contraires, on a l'équation aux dérivées partielles du second ordre

$$(2) \qquad r(1 + q^2) - t(1 + p^2) = 0.$$

Les équations des ombilics

$$\frac{r}{1 + p^2} = \frac{t}{1 + q^2} = \frac{s}{pq}$$

se réduisant à une seule, sauf dans le cas de s identiquement nul, ces surfaces ont en général une infinité d'ombilics, dont le lieu est une ligne tracée sur la surface.

Dans le cas particulier de l'énoncé, l'équation (2) devient

$$(3) \qquad \frac{\varphi''(x)}{1 + \varphi'^2(x)} = \frac{\varphi''(y)}{1 + \varphi'^2(y)} = a \quad (\text{n}^\circ\ 62),$$

d'où

$$(4) \qquad a(z + c) = -\log[\cos(ax + b)\cos(ay + b)];$$

ces surfaces n'ont pas d'ombilic. Suivant que a est positif ou négatif, elles sont semblables à l'une ou l'autre des deux surfaces

$$e^{\mp z} = \cos x \cos y, \tag{5}$$

dont nous avons trouvé (n° 57) les lignes de courbure.

CHAPITRE VIII.

VARIABLES IMAGINAIRES. — FONCTIONS ELLIPTIQUES.

90. *Étude de la fonction* $u = \frac{1}{(z-a)^\alpha}\sqrt[p]{\frac{(z-b)^\beta}{(z-c)^\gamma}}$, α, β, γ *et* p *étant des nombres entiers.*

Les points critiques de la fonction sont $z = a$, $z = b$, $z = c$. Le point a est un pôle, car, pour $z = a$, $u = \infty$ et son inverse reste finie et continue; il n'y a pas permutation de valeurs de la fonction quand la variable tourne autour de a. Il n'en est pas de même pour les branchements b et c (*fig.* 9). Supposons que z décrive un cercle

Fig. 9.

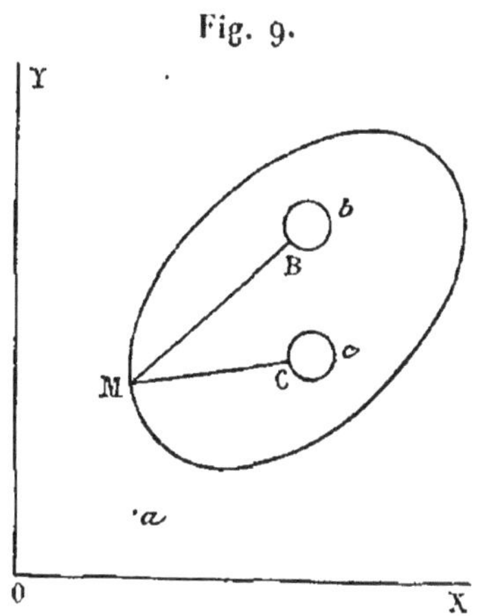

infiniment petit autour de b et soit u_k la valeur de u quand z part d'un point B de cercle, cherchons quelle sera sa valeur quand z reviendra en B après avoir tourné une fois dans le sens direct autour de b. Les racines $p^{\text{ièmes}}$ de l'unité sont

$$\cos\frac{2k\pi}{p} + i\sin\frac{2k\pi}{p} = e^{\frac{2ik\pi}{p}},$$

k étant successivement égal à 0, 1, 2, ..., $p-1$; on aura donc, pour l'expression de l'une quelconque des valeurs de u, quand z sera en B, $u_k = u_0 e^{\frac{2ik\pi}{p}}$. Cela étant, posons

$$z = b + \rho e^{i\omega};$$

quand on tourne autour de b, les facteurs $\frac{1}{(z-a)^\alpha}$ et $\frac{1}{\sqrt[p]{(z-c)^\gamma}}$ ne changent pas; nous n'aurons donc à nous occuper que du facteur

$$\sqrt[p]{(z-b)^\beta} = (\rho e^{i\omega})^{\frac{\beta}{p}} = \sqrt[p]{\rho^\beta}\, e^{\frac{i\beta\omega}{p}},$$

qui, après un tour complet autour de b, deviendra

$$\sqrt[p]{\rho^\beta}\, e^{\frac{i\beta\omega}{p}}\, e^{\frac{2i\beta\pi}{p}},$$

c'est-à-dire que u_k est devenu $u_{k+\beta}$; les diverses valeurs de u se permutent circulairement.

On ferait sur le point $z = c$ une discussion entièrement analogue.

Supposons que l'on parte d'un point quelconque M du plan et que l'on parcoure un contour fermé à l'intérieur duquel se trouvent les deux points b et c; la fonction reprend en M la même valeur que si l'on parcourt les deux contours élémentaires issus de M et entourant a et b, puisqu'il n'y a aucun branchement entre l'ensemble de ces contours élémentaires et le cycle considéré; après un parcours complet de ce cycle, la détermination u_k est donc devenue $u_{k+\beta-\gamma}$.

91. *Résidus de quelques fonctions.*

1° $u = \frac{2z+1}{1-\cos(z-a)}$, pour le pôle $z=a$. Posant $z = a+h$, la fonction devient

$$\frac{2a+2h+1}{1-\cos h} = \frac{2a+1+2h}{\frac{h^2}{1.2} - \frac{h^4}{1.2.3.4} + \ldots} = \frac{2}{h^2}(2a+1+2h+\ldots);$$

le résidu cherché est donc égal à 4; il est d'ailleurs le même pour tous les pôles $z = a + 2k\pi$ de la fonction.

2° $u = \frac{1}{\sin^2 z}$. Cette fonction a pour pôles les points $z = k\pi$; or on a

$$\frac{1}{\sin^2(k\pi+h)} = \frac{1}{\sin^2 h} = \frac{1}{\left(h - \frac{h^3}{1.2.3} + \ldots\right)^2} = \left(\frac{1}{h} + \frac{h}{6} + \ldots\right)^2.$$

La parenthèse ne renfermant que des puissances impaires de h, son carré n'a que des puissances paires, ce qui démontre que les résidus sont nuls.

L'intégrale $\int_{z_0}^{z_1} \frac{dz}{\sin^2 z}$ est donc indépendante du chemin parcouru entre les deux points z_0 et z_1.

3° $u = \frac{1}{[a+(az+b)\operatorname{tang} z]^2}$. Soit $z = \alpha$ un pôle de la fonction u, c'est-à-dire une racine de l'équation

$$f(z) = a + (az+b)\operatorname{tang} z = 0;$$

on a

$$f(\alpha+h) = hf'(\alpha) + \frac{h^2}{2}f''(\alpha) + \ldots,$$

d'où

$$\frac{1}{f^2(\alpha+h)} = \frac{1}{h^2}\left[f'(\alpha) + \frac{h}{2}f''(\alpha) + \ldots\right]^{-2} = \frac{1}{h^2}\left[\frac{1}{f'^2(\alpha)} - h\frac{f''(\alpha)}{f'^3(\alpha)} + \ldots\right].$$

Pour calculer le résidu $-\frac{f''(\alpha)}{f'^3(\alpha)}$, formons

$$f'(z) = (az+b)(1+\tang^2 z) + a \tang z,$$
$$f''(z) = 2[a+(az+b)\tang z](1+\tang^2 z),$$

d'où $f''(\alpha) = 0$; les résidus sont nuls. L'intégrale

$$\int_{z_0}^{z_1} \frac{dz}{[a+(az+b)\tang z]^2}$$

est donc uniforme. On aurait d'ailleurs pu le voir autrement, en remarquant que

$$\int u\, dz = \frac{1}{a} \frac{\tang z}{a+(az+b)\tang z}.$$

92. *Déterminer l'intégrale définie*

$$\int_0^{2\pi} \cot \tfrac{1}{2}(x - a - b\sqrt{-1})\, dx.$$

(École Normale, juillet 1872.)

Posant

$$2z = x - a - b\sqrt{-1}, \quad z_0 = -\frac{a+b\sqrt{-1}}{2}, \quad z_1 = \pi + z_0,$$

l'intégrale considérée I devient

$$I = 2\int_{z_0}^{z_1} \cot z\, dz = 2(\log \sin z_1 - \log \sin z_0).$$

Étudions la fonction

$$u = \log \sin z;$$

si l'on fait

$$\sin z = \rho(\cos\omega + i \sin\omega),$$

on aura, pour l'une quelconque des branches de la fonction u,

$$u = \log\rho + i(\omega + 2k\pi);$$

or, en suivant la parallèle à Ox qui va de z_0 à z_1, comme le comporte l'énoncé de la question, on ne passe par aucun point pour lequel la fonction u cesse d'être continue : donc

$$u_1 - u_0 = \log \rho_1 - \log \rho_0 + i(\omega_1 - \omega_0);$$

d'ailleurs, en allant de z_0 à z_1 suivant le chemin rectiligne considéré, on a $\rho_1 = \rho_0$ et $\omega_1 = \omega_0 + \pi$, puisque les deux points $\sin z_0$ et $\sin z_1$ sont symétriques par rapport à l'origine. On en conclut, pour la valeur de l'intégrale cherchée,

$$I = 2i\pi.$$

93. *Expliquer comment il faut mener les différentes lignes que doit suivre la variable z pour que l'intégrale*

$$\int_{-\frac{\pi}{2}}^{+\frac{\pi}{2}} \frac{dz}{\sin z}$$

obtienne ses différentes valeurs.

(Nancy, juillet 1883.)

La fonction monodrome à intégrer a une infinité de pôles donnés par la formule $\sin z = 0$, $z = n\pi$, et les résidus correspondants sont $(-1)^n$.

L'intégrale générale est $\log \operatorname{tang} \frac{z}{2}$; posons $Z = \operatorname{tang} \frac{z}{2}$ et imaginons que z décrive au-dessus de Ox, par exemple, une courbe ne coupant pas cet axe et dont les extrémités seront $z_0 = -\frac{\pi}{2}$, $z_1 = +\frac{\pi}{2}$; le point Z décrira une courbe correspondante dont les extrémités seront $Z_0 = -1$, $Z_1 = +1$ et qui ne coupera pas Ox, $\operatorname{tang} z$ n'étant réel que pour z réel; posant donc

$$Z = \rho[\cos(\varphi + 2k\pi) + i \sin(\varphi + 2k\pi)],$$

on aura $\rho_0 = \rho_1 = 1$ et φ variera de π à zéro.

Or prenons une quelconque des branches de $\log Z$,

$$u = \log\rho + i(\varphi + 2k_0\pi),$$

on aura

$$u_0 = i(\pi + 2k_0\pi), \quad u_1 = 2k_0\pi i;$$

l'intégrale cherchée a donc pour valenr $u_1 - u_0 = -i\pi$.

Cela étant établi, si l'on considère une ligne quelconque d'intégration ayant les mêmes extrémités que la précédente, on pourra la fermer à l'aide de la partie de Ox comprise entre $+\frac{\pi}{2}$ et $-\frac{\pi}{2}$, à l'exception de la portion avoisinant le pôle O, à laquelle on substituera un demi-cercle décrit de O comme centre, au-dessus de Ox, et avec un rayon infiniment petit; l'intégrale prise le long de cette dernière ligne étant $i\pi$, le théorème du résidu intégral donnera la valeur de l'intégrale cherchée. On reconnaît ainsi qu'elle rentre dans la formule générale $(2m+1)i\pi$.

94. *Déterminer les intégrales définies*

$$\int_0^\infty \sin x^2\,dx, \quad \int_0^\infty \cos x^2\,dx.$$

Considérons un contour fermé comprenant l'axe des x (A) depuis l'origine jusqu'à la distance R, un arc de cercle (B) de rayon R avec un angle au centre égal à $\frac{\pi}{4}$, enfin le rayon (C) partant de la seconde extrémité de l'arc B; si l'on intègre la fonction e^{-z^2}, qui est continue et monodrome dans toute l'étendue du plan, on aura, quel que soit R,

$$\int_A + \int_B + \int_C = 0;$$

nous calculerons ces diverses intégrales en faisant $R = \infty$.

On a d'abord

$$\int_A = \int_0^\infty e^{-x^2}\,dx = \frac{\sqrt{\pi}}{2}.$$

Pour obtenir $\int_B$, il faut poser $z = \mathrm{R}e^{i\theta}$,

$$\int_B = \int_0^{\frac{\pi}{4}} e^{-\mathrm{R}^2(\cos 2\theta + i\sin 2\theta)}\,\mathrm{R}e^{i\theta}\,i\,d\theta\,;$$

soit φ un angle tel que $e^{-\mathrm{R}^2\cos 2\varphi} = \frac{1}{\mathrm{R}^2}$; nous décomposerons $\int_0^{\frac{\pi}{4}}$ en deux autres $\int_0^\varphi + \int_\varphi^{\frac{\pi}{4}}$, dont nous chercherons les modules. On a

$$\operatorname{mod} e^{i\theta}e^{-i\mathrm{R}^2\sin 2\theta} = \operatorname{mod} e^{ix} = 1\,;$$

le module d'un élément d'intégrale est donc $\frac{\mathrm{R}}{e^{\mathrm{R}^2\cos 2\theta}}\,d\theta$, quantité inférieure à $\frac{d\theta}{\mathrm{R}}$ pour tous les éléments de la première intégrale; or $\frac{d\theta}{\mathrm{R}}$ est un infiniment petit du second ordre; donc le module de $\int_0^\varphi$ est un infiniment petit du premier ordre, c'est-à-dire que cette intégrale est nulle pour $\mathrm{R} = \infty$. La valeur maximum du module des éléments de la seconde intégrale est $\mathrm{R}\,d\theta$: donc

$$\operatorname{mod}\int_\varphi^{\frac{\pi}{4}} \leqq \int_\varphi^{\frac{\pi}{4}} \mathrm{R}\,d\theta \leqq \mathrm{R}\left(\frac{\pi}{4} - \varphi\right);$$

or l'angle φ est donné par l'équation

$$\cos 2\varphi = \sin\left(\frac{\pi}{2} - 2\varphi\right) = \frac{\log \mathrm{R}^2}{\mathrm{R}^2},$$

et, comme l'angle $\frac{\pi}{2} - 2\varphi$ est très voisin de zéro, on peut écrire

$$\frac{\pi}{2} - 2\varphi = \frac{2\log R}{R^2},$$

d'où

$$R\left(\frac{\pi}{4} - \varphi\right) = \frac{\log R}{R},$$

quantité qui tend vers zéro quand R croît indéfiniment. Donc, en résumé, $\int_B = 0$.

Pour obtenir la troisième partie, il faut poser

$$z = x\left(\cos\frac{\pi}{4} + i\sin\frac{\pi}{4}\right);$$

alors

$$\int_C e^{-z^2}dz = \int_\infty^0 e^{-ix^2}\left(\cos\frac{\pi}{4} + i\sin\frac{\pi}{4}\right)dx;$$

or

$$\int_A = -\int_C:$$

donc

$$\frac{\sqrt{\pi}}{2} = \int_0^\infty (\cos x^2 - i\sin x^2)\frac{1+i}{\sqrt{2}}dx;$$

d'où l'on déduit, en égalant séparément les parties réelles et les parties imaginaires,

$$\int_0^\infty \cos x^2\,dx + \int_0^\infty \sin x^2\,dx = \sqrt{\frac{\pi}{2}},$$

$$\int_0^\infty \cos x^2\,dx - \int_0^\infty \sin x^2\,dx = 0$$

et enfin

$$\int_0^\infty \sin x^2\,dx = \int_0^\infty \cos x^2\,dx = \frac{\sqrt{\pi}}{2\sqrt{2}}.$$

95. *Calculer l'intégrale*

$$\int_{-\infty}^{+\infty} \frac{Ax^m + Bx^{m-1} + \dots}{A'x^{m'} + B'x^{m'-1} + \dots}dx = \int_{-\infty}^{+\infty}\frac{f(x)}{\varphi(x)}dx.$$

La fonction $\frac{f(x)}{\varphi(x)}$ étant supposée irréductible, on voit tout d'abord qu'il est nécessaire, pour que l'intégrale soit finie et déterminée :

1° Que $\varphi(x)$ n'ait aucune racine réelle;

2° Que son degré surpasse de deux unités au moins celui de $f(x)$.

Supposons, en effet, que $\varphi(x) = 0$ admette la racine réelle $x = a$, avec le degré k de multiplicité, on aurait

$$\int_{-\infty}^{+\infty} \frac{f(x)}{\varphi(x)}\,dx = \int_{-\infty}^{+\infty} \frac{f(x)}{(x-a)^k\,\psi(x)}\,dx.$$

Soient α et α' deux valeurs de x comprenant entre elles le point a et assez voisines l'une de l'autre pour que $\frac{f(x)}{\psi(x)}$ ne diffère pas sensiblement de $\frac{f(a)}{\psi(a)}$; considérons la portion de l'intégrale comprise entre α et α', on aura, par définition,

$$\int_\alpha^{\alpha'} = \lim \int_\alpha^{a-\varepsilon} + \lim \int_{a+\varepsilon'}^{\alpha'},$$

lorsque ε et ε' tendent vers zéro; cette intégrale est infinie ou indéterminée, car les deux termes qui la composent tendent tous deux vers ∞, indépendamment l'un de l'autre. En effet, considérons, par exemple, le terme

$$\int_\alpha^{a-\varepsilon} \frac{f(x)\,dx}{(x-a)^k\,\psi(x)};$$

le facteur $\frac{dx}{(x-a)^k}$ ne changeant pas de signe dans le cours de l'intégration, l'intégrale sera égale à

$$\mathrm{M}\int_\alpha^{a-\varepsilon} \frac{dx}{(x-a)^k},$$

M étant une quantité intermédiaire entre les valeurs extrêmes du facteur $\frac{f(x)}{\psi(x)}$ et, par suite, sensiblement égale à la constante $\frac{f(a)}{\psi(a)}$. D'ailleurs on a

$$\int_{\alpha}^{a-\varepsilon} \frac{dx}{(x-a)^k} = \frac{1}{k-1}\left[\frac{1}{(\alpha-a)^{k-1}} - \frac{1}{(-\varepsilon)^{k-1}}\right], \quad \text{si} \quad k>1,$$
$$= \log \frac{\varepsilon}{a-\alpha}, \quad \text{si} \quad k=1;$$

dans l'un et l'autre cas, l'intégrale tendra vers ∞ pour $\varepsilon = 0$.

En second lieu, la fonction $\frac{f(x)}{\varphi(x)}$ peut être mise sous la forme

$$\frac{Ax^m + Bx^{m-1} + \ldots}{x^{m'-m}(A'x^m + B'x^{m-1} + \ldots)} = \frac{1}{x^{m'-m}} F(x),$$

$F(x)$ tendant vers la constante $\frac{A}{A'}$, lorsque x tend vers ∞; soit ξ une valeur finie, mais suffisamment grande de x pour que $F(x)$ diffère peu de $\frac{A}{A'}$; on aura

$$\int_{\xi}^{\infty} \frac{dx}{x^{m'-m}} F(x) = \lim \int_{\xi}^{\eta} \frac{dx\, F(x)}{x^{m'-m}}, \quad \text{pour} \quad \eta = \infty;$$

mais cette intégrale est égale à

$$M \int_{\xi}^{\eta} \frac{dx}{x^{m'-m}},$$

M étant une quantité intermédiaire entre les valeurs extrêmes de $F(x)$ et, par suite, différant peu de $\frac{A}{A'}$. On a, d'autre part,

$$\int_{\xi}^{\eta} \frac{dx}{x^{m'-m}} = \frac{1}{-m'+m+1}\left(\frac{1}{\eta^{m'-m-1}} - \frac{1}{\xi^{m'-m-1}}\right), \quad \text{si} \quad m'-m \gtrless 1,$$
$$= \log\frac{\eta}{\xi}, \quad \text{si} \quad m'-m = 1;$$

cette intégrale tendra donc vers ∞, en même temps que η, si $m' - m \gtreqless 1$.

Les deux conditions ci-dessus étant supposées satisfaites, considérons la fonction $\frac{f(z)}{\varphi(z)}$ et intégrons-la sur un contour formé d'un demi-cercle C de rayon R tendant vers l'infini et du diamètre MN mené suivant l'axe des x; on aura

$$\int_C + \int_{MN} = 2\pi i(\mu_1 + \mu_2 + \ldots),$$

$\mu_1, \mu_2, \ldots$ étant les résidus de $\frac{f(z)}{\varphi(z)}$ relatifs aux pôles contenus dans le contour. Mais l'intégrale prise suivant le cercle tend vers zéro quand R tend vers ∞, puisque

$$\lim z \frac{f(z)}{\varphi(z)} = 0, \quad \text{pour} \quad z = \infty;$$

d'ailleurs

$$\int_{MN} = \int_{-\infty}^{+\infty};$$

d'où l'on conclut que l'intégrale cherchée est égale au produit de $2\pi i$ par la somme des résidus relatifs aux pôles de $\frac{f(z)}{\varphi(z)}$ situés au-dessus de l'axe des x.

Appliquons à la fonction $\frac{1}{(z^2+1)^2}$; elle a pour pôles $z = i$, $z = -i$; le premier seul est au-dessus de l'axe des x. Pour calculer le résidu correspondant, on posera

$$z = i + h,$$

d'où

$$\frac{1}{(z^2+1)^2} = \frac{1}{(2ih+h^2)^2} = (2ih)^{-2} - 2(2ih)^{-3}h^2 + \ldots;$$

le résidu sera $-2(2i)^{-3}$ et l'intégrale

$$\int_{-\infty}^{\infty} \frac{dx}{(1+x^2)^2} = -2\pi i . 2(2i)^{-3} = \frac{\pi}{2}.$$

96. *Calculer l'intégrale*

$$I = \int_{-\infty}^{+\infty} \frac{dx}{[(x-\alpha)^2+\beta^2]^{n+1}},$$

où α *et* β *sont des constantes réelles et* n *un nombre entier.*

(Paris, juillet 1884, 1re question.)

Cette intégrale est égale au produit par $2\pi i$ du résidu relatif au seul pôle $z=\alpha+i\beta$, situé au-dessus de Ox; pour calculer ce résidu, on posera $z=\alpha+i\beta+h$, d'où

$$\begin{aligned}
&\frac{1}{[(z-\alpha)^2+\beta^2]^{n+1}}\\
&\quad = (2i\beta+h^2)^{-n-1}\\
&\quad = h^{-n-1}\Big[(2i\beta)^{-n-1}-(n+1)(2i\beta)^{-n-2}h\\
&\qquad + \frac{(n+1)(n+2)}{1.2}(2i\beta)^{-n-3}h^2-\ldots\\
&\qquad + (-1)^n\frac{(n+1)(n+2)\ldots 2n}{1.2\ldots n}(2i\beta)^{-2n-1}h^n+\ldots\Big];
\end{aligned}$$

le résidu est

$$(-1)^n\frac{(n+1)(n+2)\ldots 2n}{1.2\ldots n}(2i\beta)^{-2n-1}$$

et l'intégrale

$$I = \frac{(n+1)(n+2)\ldots 2n}{1.2\ldots n}\,\frac{\pi}{2^{2n}\beta^{2n+1}}.$$

On peut encore obtenir cette intégrale à l'aide d'une formule de réduction; si l'on pose $\frac{x-\alpha}{\beta}=y$, on a

$$\begin{aligned}
&\int\frac{dx}{[(x-\alpha)^2+\beta^2]^{n+1}}\\
&\quad = \frac{1}{\beta^{2n+1}}\int\frac{dy}{(1+y^2)^{n+1}}\\
&\quad = \frac{1}{\beta^{2n+1}}\left[\frac{y}{2n(1+y^2)^n}+\frac{2n-1}{2n}\int\frac{dy}{(1+y^2)^n}\right].
\end{aligned}$$

Le premier terme s'annulant aux deux limites de l'intégration, on a

$$\begin{aligned} I &= \frac{(2n-1)(2n-3)\ldots 3.1}{2n(2n-2)\ldots 4.2}\,\frac{1}{\beta^{2n+1}}\int_{-\infty}^{+\infty}\frac{dy}{1+y^2} \\ &= \frac{1.3.5\ldots(2n-1)}{1.2.3\ldots n}\,\frac{\pi}{2^n\beta^{2n+1}}, \end{aligned}$$

formule qui se ramène aisément à la précédente.

97. *Calculer l'intégrale*

$$\int_{-1}^{+1}\frac{dx}{(x-a)\sqrt{1-x^2}}.$$

Étudions la fonction $f(z) = \dfrac{1}{(z-a)\sqrt{1-z^2}}$; elle a un pôle $z = a$ et deux branchements $z = 1$, $z = -1$. Con-

Fig. 10.

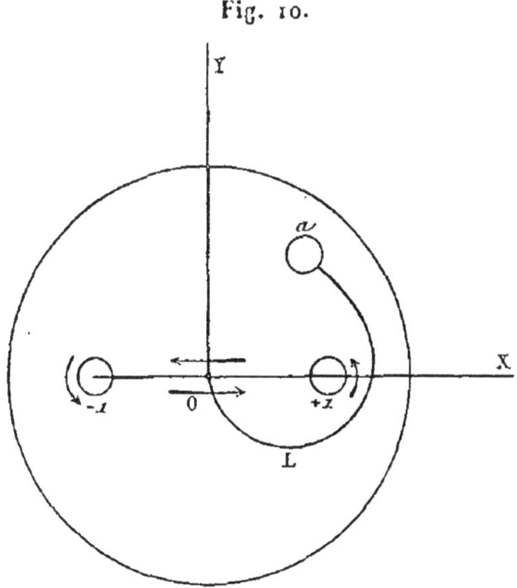

sidérons la région limitée : 1° par un cercle A de rayon infini R ayant pour centre l'origine; 2° par un petit cercle B entourant le point a; 3° par un contour C formé de la réunion des deux contours élémentaires des points $+1$ et -1 (*fig.* 10). Dans la région comprise entre ces trois contours, $f(z)$ est finie et continue; elle est d'ailleurs monodrome. Supposons en effet que z, partant d'un point z_0 situé dans cette région, y revienne après avoir parcouru un certain contour; pour rester dans la région, ce contour n'aura enveloppé aucun des branchements ou les aura contournés tous les deux; le radical $\sqrt{1-z^2}$ n'aura donc pas changé de signe. On aura, en conséquence, l'équation

$$\int_A + \int_B + \int_C = 0.$$

Mais $\int_A = 0$, puisque $\lim z f(z) = 0$, pour $z = \infty$; en second lieu, la formule connue

$$\int_B \frac{\varphi(z)}{z-a}\, dz = 2\pi i\, \varphi(a)$$

donnera

$$\int_B = \frac{2\pi i}{\sqrt{1-a^2}}.$$

Calculons enfin l'intégrale $\int_C$; elle se compose :

1° De l'intégrale

$$\int_{-1}^{+1} \frac{dx}{(x-a)\sqrt{1-x^2}}$$

suivant l'axe des x;

2° De l'intégrale prise au retour suivant le même axe et qui est égale à la précédente, car, d'une part, elle est prise en sens opposé et, d'autre part, le radical a changé de signe, puisqu'on a tourné autour d'un branchement;

3° Des intégrales prises suivant les petits cercles $+1$ et -1 et qui sont nulles, puisque

$$\lim (z \mp 1) f(z) = 0, \quad \text{pour} \quad z = \pm 1.$$

On a donc finalement l'équation

$$2\int_{-1}^{+1}\frac{dx}{(x-a)\sqrt{1-x^2}}+\frac{2\pi i}{\sqrt{1-a^2}}=0,$$

qui fournit l'intégrale cherchée.

Toutefois il reste à lever l'ambiguïté résultant des doubles signes des radicaux. A cet effet, fixons arbitrairement celle des deux valeurs du radical que nous prendrons en un point déterminé; admettons, par exemple, qu'au moment où z passe pour la première fois à l'origine en suivant le bord inférieur du contour C, le radical prenne la valeur $+1$: pour avoir celle des deux valeurs du radical $\sqrt{1-a^2}$ qui convient à cette détermination, nous traçerons une ligne L qui, partant de l'origine au-dessous de l'axe des x, aboutisse en a sans traverser le contour C, et nous calculerons de proche en proche les valeurs du radical sur cette ligne avec assez d'approximation pour pouvoir décider quelle est celle des deux valeurs de $\sqrt{1-a^2}$ qui doit être adoptée.

On remarquera que, si a est réel, cette discussion est inutile, car l'intégrale

$$\int_{-1}^{+1}\frac{dx}{(x-a)\sqrt{1-x^2}}$$

sera réelle et aura un signe parfaitement déterminé d'avance, suivant le signe adopté pour $\sqrt{1-x^2}$ et suivant que a sera supérieur à $+1$ ou inférieur à -1; a ne peut d'ailleurs être compris entre -1 et $+1$, car l'intégrale serait indéterminée.

98. *Calculer la valeur de l'intégrale imaginaire*

$$\int\frac{dz}{(z-1)^2(z^2+1)},$$

prise suivant la circonférence du cercle défini en coordonnées rectangulaires par l'équation

$$x^2+y^2-2x-2y=0.$$

(Caen, juillet 1883.)

On a

$$\frac{1}{(z-1)^2(z^2+1)}=-\frac{1}{2}\frac{1}{z-1}+\frac{1}{2}\frac{1}{(z-1)^2}+\frac{1}{4}\left(\frac{1}{z+i}+\frac{1}{z-i}\right).$$

La fonction monodrome à intégrer a trois pôles, dont deux

$$z=1, \quad z=i$$

sont situés à l'intérieur de la circonférence d'intégration; le théorème du résidu intégral donne, pour la valeur de l'intégrale,

$$2\pi i\left(\tfrac{1}{4}-\tfrac{1}{2}\right)=-\frac{\pi i}{2}.$$

99. *On demande de calculer l'intégrale curviligne*

$$\int\frac{dz}{\sqrt{z^2+z+1}}$$

prise le long du contour OABCDAO (*fig.* 11), *formé de l'axe des x depuis l'origine jusqu'en* A, *du cercle* ABCDA *et de la droite* AO, *les différentes parties du contour étant parcourues successivement dans l'ordre indiqué par les lettres qui les désignent. On suppose que* OA $=2$ *et que la valeur initiale du radical est prise égale à* 1.

(Paris, novembre 1883, 1re question.

La fonction à intégrer présente deux branchements

$$z_0=\frac{-1+i\sqrt{3}}{2}, \quad z_1=\frac{-1-i\sqrt{3}}{2},$$

tous les deux situés à la distance 1 de l'origine et, par

conséquent, intérieurs au cercle considéré; il en résulte qu'elle reprend la même valeur quand, partant de A, on y revient après avoir parcouru le cercle ABCDA; donc les intégrales suivant OA et AO se détruisent et il reste l'in-

Fig. 11.

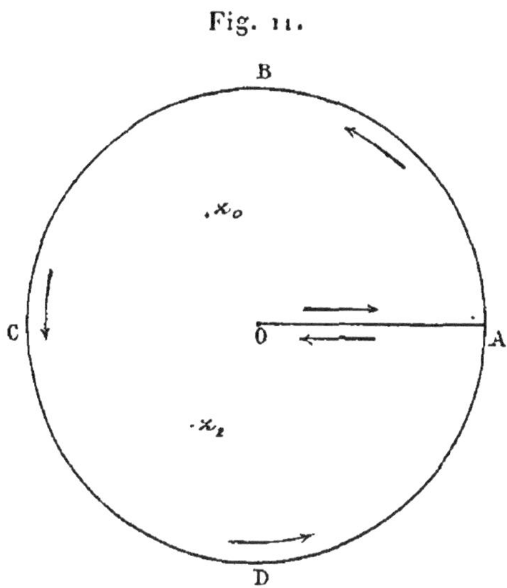

tégrale prise suivant le cercle de rayon 2 ou suivant un cercle de rayon plus grand, puisque, entre ces deux cercles, la fonction ne présente aucun point critique et qu'il y a un nombre pair de points critiques à l'intérieur du plus petit. Faisons donc $z = Re^{i\theta}$ et considérons l'intégrale

$$\int_0^{2\pi} \frac{Re^{i\theta} i \, d\theta}{\sqrt{R^2 e^{2i\theta} + Re^{i\theta} + 1}};$$

si nous faisons tendre le rayon R vers l'infini, elle devient

$$\int_0^{2\pi} i \, d\theta = 2\pi i:$$

c'est la valeur de l'intégrale proposée.

100. *On considère les intégrales*

$$\int_S \frac{dz}{\sqrt{z^3+1}} \quad \text{et} \quad \int_{S_1} \frac{dz}{\sqrt{z^3+1}},$$

dans lesquelles S *et* S_1 *désignent deux contours formés de la manière suivante :*

Le contour S *se compose de la droite* OA (*que l'on fait grandir indéfiniment*), *du cercle de centre* O *et de rayon* OA, *enfin de la droite* AO (*fig.* 12). *Le con-*

Fig. 12.

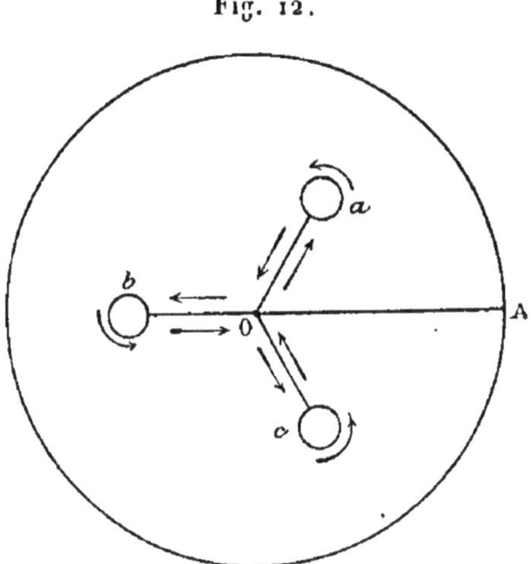

tour S_1 *est la limite des trois lacets qui enveloppent les points* a, b, c, *dont les affixes sont les racines de l'équation* $z^3+1=0$.

Établir la relation entre les deux intégrales

$$\int_0^\infty \frac{dx}{\sqrt{1+x^3}} \quad \text{et} \quad \int_0^1 \frac{dr}{\sqrt{1-r^3}},$$

à laquelle on est conduit par cette comparaison.

(École Normale, juillet 1883, 2e question.)

La fonction $f(z) = \frac{1}{\sqrt{z^3+1}}$ présente trois branchements

$$a = \frac{1+i\sqrt{3}}{2}, \quad b = -1, \quad c = \frac{1-i\sqrt{3}}{2},$$

et il n'y a aucun point critique entre les deux contours S et S_1; d'ailleurs ces deux contours ont leur point de départ commun; il en résulte que les intégrales $\int_S$ et $\int_{S_1}$ sont égales, bien que ces contours renferment un nombre impair de branchements, si l'on prend la même valeur initiale pour $f(z)$, $+1$ par exemple.

L'intégrale prise suivant le cercle de rayon infini est nulle, puisque

$$\lim \frac{z}{\sqrt{z^3+1}} = 0, \quad \text{pour} \quad z = \infty;$$

d'ailleurs

$$\int_{OA} = \int_{AO},$$

car la seconde intégrale est prise en sens opposé de la première et le radical a changé de signe, puisqu'on a tourné une fois autour d'un nombre impair de branchements; on a donc

$$\int_S \frac{dz}{\sqrt{z^3+1}} = 2\int_0^\infty \frac{dx}{\sqrt{1+x^3}}.$$

Pour calculer $\int_{S_1}$, nous remarquerons d'abord que les intégrales prises suivant chacun des petits cercles tendent vers zéro en même temps que leur rayon, car on a, par exemple,

$$\lim(z-a)f(z) = \lim\sqrt{\frac{z-a}{(z-b)(z-c)}} = 0, \quad \text{pour} \quad z = a;$$

il en résulte que l'on a

$$\int_{S_1} \frac{dz}{\sqrt{z^3+1}} = 2\left(\int_0^a - \int_0^b + \int_0^c\right).$$

On obtient la première intégrale en posant,

$$z = r\,\frac{1+i\sqrt{3}}{2},$$

d'où

$$\int_0^a = \frac{1+i\sqrt{3}}{2}\int_0^1 \frac{dr}{\sqrt{1-r^3}};$$

on a de même

$$\int_0^c = \frac{1-i\sqrt{3}}{2}\int_0^1 \frac{dr}{\sqrt{1-r^3}};$$

enfin

$$\int_0^b = \int_0^{-1} \frac{dx}{\sqrt{1+x^3}} = -\int_0^1 \frac{dr}{\sqrt{1-r^3}},$$

d'où

$$\int_{S_1} \frac{dz}{\sqrt{z^3+1}} = 4\int_0^1 \frac{dr}{\sqrt{1-r^3}}.$$

On en déduit, pour la relation cherchée,

$$\int_0^\infty \frac{dx}{\sqrt{1+x^3}} = 2\int_0^1 \frac{dr}{\sqrt{1-r^3}}.$$

101. *Intégrer suivant le cercle* C, *décrit de l'origine comme centre, et à partir du point* z_0, *l'expression*

$$\log z\, G'(z)\, dz,$$

G(z) *étant une fonction monodrome et holomorphe.*

(École Normale, juillet 1884.)

On a identiquement

$$\int \log z\, G'(z)\, dz = \log z\, G(z) - \int \frac{G(z)}{z}\, dz;$$

la fonction $\frac{G(z)}{z}$ n'a qu'un pôle, l'origine, à l'intérieur du cercle, et, comme elle est monodrome, le théorème du résidu intégral lui est applicable et donne

$$\int_C \frac{G(z)}{z} dz = 2\pi i G(0);$$

on a donc

$$\int_C \log z\, G'(z)\, dz = 2\pi i [G(z_0) - G(0)].$$

102. *Trouver les périodes de la fonction u définie par l'intégrale*

$$z = \int_{u_0}^{u} \sqrt[3]{(u-a)(u-b)}\, du.$$

Soient A et B les intégrales prises le long des contours élémentaires des points a et b, relatifs au point u_0 ; quelle que soit celle des trois valeurs initiales que l'on choisisse pour le radical, celui-ci reprendra la même valeur si l'on parcourt trois contours élémentaires. Les périodes de la fonction u s'obtiendront donc en formant toutes les combinaisons multiples des contours élémentaires pris trois à trois. Or un seul contour a décrit trois fois donne les intégrales

$$A, \quad A e^{\frac{2\pi i}{3}} = A\alpha, \quad A e^{\frac{4\pi i}{3}} = A\alpha^2,$$

dont la somme est nulle et ne fournit, par suite, aucune période. Il reste donc les six combinaisons

$$A^2B, \quad ABA, \quad AB^2,$$
$$B^2A, \quad BAB, \quad BA^2;$$

l'intégrale suivant A^2B est

$$A + \alpha A + \alpha^2 B = (A - B)(1 + \alpha),$$

celle suivant ABA est $-\alpha(A - B)$; enfin AB^2 donne $A - B$.

Les trois autres intégrales, se déduisant des premières par permutation des lettres A et B, sont respectivement égales et de signes contraires.

Enfin, comme l'on a

$$A^2B + ABA - AB^2 = 0,$$

la fonction u n'a donc que deux périodes distinctes A — B et $\alpha(A - B)$. Il est clair d'ailleurs que, si l'on partait de l'une des deux autres déterminations du radical, A et B seraient simultanément multipliés, soit par α, soit par α^2, et que l'on retomberait sur les mêmes périodes.

Remarquons, en terminant, que l'intégrale A, par exemple, est égale au produit par $1 - \alpha$ de l'intégrale rectiligne prise de u_0 à a.

103. *Exprimer, à l'aide des fonctions elliptiques, la fonction z qui satisfait à l'équation différentielle*

$$l^2\left(\frac{dz}{dt}\right)^2 = 2g(z-a)(z-b)(z-c),$$

les constantes étant réelles.

Cette équation est celle qui lie au temps t l'ordonnée verticale z du pendule conique.

Soit $a < b < c$; posons

$$z - a = (b-a)u^2,$$

d'où

$$dz = 2(b-a)u\,du,$$

$$z - b = -(b-a)(1-u^2), \quad z - c = -(c-a)\left(1 - \frac{b-a}{c-a}u^2\right);$$

posons encore $\frac{b-a}{c-a} = k^2$; k sera réel et plus petit que 1, et il viendra

$$dt = \frac{l\sqrt{2}}{\sqrt{g(c-a)}}\frac{du}{\sqrt{(1-u^2)(1-k^2u^2)}},$$

ou, si l'on représente par n la constante $\frac{\sqrt{g(c-a)}}{l\sqrt{2}}$ et si l'on choisit convenablement l'origine du temps,

$$u = \operatorname{sn} nt;$$

d'où enfin

$$z = a + (b-a)\operatorname{sn}^2 nt = a\operatorname{cn}^2 nt + b\operatorname{sn}^2 nt.$$

104. *Développement de la fonction elliptique* sn u *en série double.*

Formons $\int \frac{\operatorname{sn}(z)\,dz}{z-u}$, u étant une constante, suivant un rectangle ayant l'origine pour centre et dont les côtés, parallèles aux axes, ne passent ni par les zéros, ni par les infinis de $\operatorname{sn}(z)$; nous ferons d'ailleurs les dimensions de ce rectangle infiniment grandes. L'intégrale considérée peut s'écrire

$$\int \operatorname{sn}(z)\left[\frac{1}{z} + \frac{u}{z(z-u)}\right]dz = \int \operatorname{sn}(z)\left[\frac{1}{z} + \frac{u}{z^2}(1+\varepsilon)\right]dz;$$

or on a

$$\int \frac{\operatorname{sn}(z)}{z}\,dz = 0;$$

en effet, la fonction $\operatorname{sn}(z)$ est impaire : donc la fonction $\frac{\operatorname{sn}(z)}{z}$ est paire et, en des points symétriques de l'origine, les éléments de l'intégrale sont égaux et de signes contraires.

Pour calculer la seconde intégrale, nous poserons

$$z = re^{i\theta};$$

on aura

$$\int \frac{u\operatorname{sn} z}{z^2}(1+\varepsilon)\,dz = \int u(1+\varepsilon)\operatorname{sn} z\left(\frac{dr\,e^{i\theta}}{r^2 e^{2i\theta}} + \frac{rie^{i\theta}\,d\theta}{r^2 e^{2i\theta}}\right);$$

or, soit μ le maximum du module de $u(1+\varepsilon)\operatorname{sn} z$ et ρ le minimum de r, le module de la seconde partie de l'intégrale est inférieur à

$$\frac{\mu}{\rho}\int_0^{2\pi} d\theta = \frac{\mu}{\rho}2\pi,$$

et, comme ρ est infiniment grand, cette portion d'intégrale est nulle. Quant à la première partie, nous la décomposerons en huit autres, telles que dans chacune d'elles le rayon vecteur aille toujours en croissant ou toujours en décroissant; l'une quelconque de ces parties est nulle, car son module est inférieur à

$$\mu\int_\rho^{\rho_1}\frac{dr}{r^2} = \mu\left(\frac{1}{\rho} - \frac{1}{\rho_1}\right).$$

En résumé, l'on a

$$\int_R \frac{\operatorname{sn} z\, dz}{z - u} = 0;$$

donc la somme des résidus de la fonction $\frac{\operatorname{sn} z}{z - u}$ à l'intérieur du rectangle d'intégration est nulle. Or cette fonction est infinie d'abord pour $z = u$, et le résidu correspondant est la fonction cherchée $\operatorname{sn} u$. Voyons maintenant les résidus qui répondent aux valeurs infinies de $\operatorname{sn} z$; on a

$$z = 2m\mathrm{K} + (2n+1)i\mathrm{K}';$$

or

$$\operatorname{sn}[2m\mathrm{K} + (2n+1)i\mathrm{K}' + h]$$
$$= (-1)^m \operatorname{sn}(i\mathrm{K}' + h) = \frac{(-1)^m}{k}\frac{1}{\operatorname{sn} h},$$

le résidu de $\operatorname{sn} z$ est donc $\frac{(-1)^m}{k}$; par suite, le résidu relatif à l'un des infinis de la fonction $\frac{\operatorname{sn} z}{z - u}$ sera égal à

$$\frac{(-1)^m}{k[2m\mathrm{K} + (2n+1)i\mathrm{K}' - u]}.$$

Faisant la somme de tous ces résidus, on a

$$o = \operatorname{sn} u + \sum_{-M}^{+M} \sum_{-N}^{+N} \frac{(-1)^m}{k[2mK + (2n+1)iK' - u]},$$

formule qui donne $\operatorname{sn} u$ par une série à double entrée, dans laquelle on doit faire tendre les entiers M et N vers l'infini.

La même méthode ne s'appliquerait pas aux fonctions paires $\operatorname{cn} u$ et $\Delta n u$, les intégrales

$$\int \frac{\operatorname{cn} z}{z} dz, \quad \int \frac{\Delta n z}{z} dz$$

n'étant plus nulles.

105. *Développement des fonctions circulaires et des fonctions elliptiques en un produit d'un nombre infini de facteurs.*

Soit $f(z)$ une fonction monodrome n'ayant d'autres points critiques que des pôles et u une constante; si nous considérons la fonction $\frac{f'(z)}{f(z)(z-u)}$; elle admet un premier résidu $\frac{f'(u)}{f(u)}$ pour $z = u$. Les autres résidus sont de deux sortes, ceux qui proviennent des zéros de $f(z)$ sont égaux à $\frac{p}{a-u}$, a étant un zéro et p son degré de multiplicité, et ceux qui répondent aux pôles de la même fonction ont pour valeur $\frac{-q}{b-u}$, b étant un infini et q son degré de multiplicité; nous représenterons généralement par r le résidu de la fonction $\frac{f'(z)}{f(z)}$, pour la valeur $z = a$, qui rend cette fonction infinie. On aura

$$(1) \qquad \int \frac{f'(z)\,dz}{f(z)(z-u)} = 2\pi i \left[\frac{f'(u)}{f(u)} + \sum \frac{r}{a-u}\right],$$

l'intégration étant faite suivant un contour fermé comprenant le point u et ne passant par aucun pôle de la fonction intégrée. Intégrons l'équation (1) par rapport à u, suivant une ligne quelconque allant de l'origine au point u, mais évitant les pôles de la fonction, il viendra

$$-\int \frac{f'(z)\,dz}{f(z)} \log \frac{z-u}{z} = 2\pi i\left[\log \frac{f(u)}{f(0)} + \sum r \log \frac{a}{a-u}\right];$$

d'où

$$e^{-\frac{1}{2i\pi}\int \frac{f'(z)}{f(z)} \log \frac{z-u}{z}\,dz} = \frac{f(u)}{f(0)} \frac{1}{\prod \left(\frac{a-u}{a}\right)^r},$$

$\prod$ indiquant le produit de tous les facteurs $\left(\frac{a-u}{a}\right)^r$ fournis par les pôles tels que a, compris dans le contour. Posons, pour abréger,

$$\text{(2)} \qquad \mathrm{I} = e^{-\frac{1}{2\pi i}\int \frac{f'(z)}{f(z)} \log \frac{z-u}{z}\,dz},$$

on aura la formule générale

$$\text{(3)} \qquad f(u) = \mathrm{I} f(0) \prod \left(1 - \frac{u}{a}\right)^r.$$

La valeur de I se réduit à l'unité si $f(z)$ est une fonction paire ou impaire et si le contour d'intégration est un rectangle de dimensions infiniment grandes, ayant l'origine pour centre et ses côtés parallèles aux axes; en effet, le module de $\frac{f'(z)}{f(z)}$ reste fini et cette fonction est impaire; or on a

$$-\log \frac{z-u}{z} = \frac{u}{z} + \frac{u^2}{z^2}(1+\varepsilon).$$

Considérons donc l'intégrale

$$\int \frac{f'(z)}{f(z)} \left[\frac{u}{z} + \frac{u^2}{z^2}(1+\varepsilon)\right] dz$$

la première partie

$$\int \frac{f'(z)}{f(z)} \frac{u}{z} dz$$

est nulle, car, la fonction $\frac{f'(z)}{zf(z)}$ étant paire, les éléments de l'intégrale se détruisent, à cause de la symétrie du contour par rapport à l'origine; on démontrerait d'ailleurs, comme dans l'exercice précédent, que la seconde partie est nulle : donc $I = 1$ et l'on a

$$(4) \qquad f(u) = f(0) \prod \left(1 - \frac{u}{a}\right)^r.$$

Fonctions circulaires. — L'exponentielle étant une fonction holomorphe, il en est de même de $\sin z$ et de $\cos z$; les zéros de ces fonctions, qui sont simples, fournissent donc seuls des pôles de $\frac{f'(z)}{f(z)}$. Les zéros de

$$\cos z = \frac{e^{iz} + e^{-iz}}{2}$$

sont donnés par l'équation

$$e^{iz} = -e^{-iz}$$

ou

$$iz = -iz + \log -1 = -iz + (2m+1)i\pi,$$

$$z = (2m+1)\frac{\pi}{2}:$$

ce sont ceux que donne la Géométrie élémentaire; on a donc la formule

$$(5) \qquad \cos u = \prod \left[1 - \frac{2u}{(2m+1)\pi}\right],$$

dans laquelle il faut donner à $2m+1$ autant de valeurs positives que de valeurs négatives.

Cette formule peut encore s'écrire, en associant les facteurs deux à deux,

$$(6)\qquad \cos u = \prod_{0}^{\infty}\left[1 - \frac{4u^2}{(2m+1)^2\pi^2}\right].$$

La formule (4) doit être un peu modifiée pour donner le développement de $\sin u$; $f(0)$ étant nul, il faut prendre pour limite inférieure de l'intégrale de l'équation (1) une quantité infiniment petite h, ce qui donne la formule

$$(4\ bis)\qquad f(u) = f(h)\prod\left(\frac{a-u}{a-h}\right)^r;$$

or $a = m\pi$, et, pour $m = 0$, il y a lieu de considérer le facteur $\frac{u}{h}$, dont le produit par $f(h) = \sin h$ a u pour limite. On a donc

$$(7)\qquad \sin u = u\prod_{1}^{\infty}\left(1 - \frac{u^2}{m^2\pi^2}\right).$$

On arrive plus rapidement encore, en appliquant la formule (4), à la fonction $f(u) = \frac{\sin u}{u}$, qui admet les racines $a = m\pi$ à l'exception de $m = 0$.

Fonctions elliptiques. — Les formules (4) et (4 *bis*) conduisent de la même manière au développement des fonctions elliptiques; $r = \pm 1$, suivant qu'il s'agit d'un zéro ou d'un pôle de la fonction; on arrive ainsi à

$$(8)\qquad \operatorname{sn} u = u\prod_{-\infty}^{\infty}\frac{1 - \dfrac{u}{2mK + 2niK'}}{1 - \dfrac{u}{2mK + (2n+1)iK'}},$$

m et n devant prendre toutes les valeurs entières positives et négatives, à l'exception, au numérateur, des valeurs simultanées $m = 0$, $n = 0$, et à

$$\text{(9)} \qquad \operatorname{cn} u = \prod_{-\infty}^{\infty} \frac{1 - \dfrac{u}{(2m+1)K + 2niK'}}{1 - \dfrac{u}{2mK + (2n+1)iK'}},$$

$$\text{(10)} \qquad \Delta\operatorname{n} u = \prod_{-\infty}^{\infty} \frac{1 - \dfrac{u}{(2m+1)K + (2n+1)iK'}}{1 - \dfrac{u}{2mK + (2n+1)iK'}}.$$

106. *Décomposition d'une fonction doublement périodique en fractions simples.*

Théorème de M. Hermite. — *Toute fonction monodrome* $F(z)$ *admettant les périodes* $2K$ *et* $2iK'$ *s'exprime linéairement au moyen de la fonction*

$$Z(z) = \frac{H'(z)}{H(z)}$$

et de ses dérivées.

Prenons, en effet, l'intégrale

$$I = \frac{1}{2\pi i}\int F(z)\,\frac{H'(z-u)}{H(z-u)}\,dz,$$

le long d'un rectangle ayant pour côtés $2K$ et $2K'$; on aura

$$\text{(1)} \qquad I = \Sigma r,$$

Σr désignant la somme des résidus de la fonction

$$F(z)\,Z(z-u)$$

pour tous les pôles contenus dans le rectangle. Calculons séparément chacun des membres de cette équation.

Les zéros de $H(z-u)$ ont pour formule générale

$$u + 2mK + 2niK';$$

un seul d'entre eux sera contenu dans le rectangle d'intégration, et le résidu correspondant sera

$$F(u + 2mK + 2niK') = F(u);$$

les autres infinis sont ceux de la fonction $F(z)$; soit a l'un d'eux, on aura, au voisinage du point a,

$$F(z) = \frac{A_\alpha}{(z-a)^\alpha} + \ldots + \frac{A_1}{z-a} + \varphi(z),$$

$\varphi(z)$ restant finie et continue aux environs du point a. On a, d'autre part, en appliquant la série de Taylor,

$$Z(z-u) = Z(a-u) + (z-a)Z'(a-u) + \ldots + \frac{(z-a)^{\alpha-1}}{1.2.3\ldots(\alpha-1)} Z^{(\alpha-1)}(a-u) + \ldots,$$

les dérivées étant prises par rapport à la variable $v = a - u$; multipliant ces deux expressions, on aura, pour le coefficient du terme en $\frac{1}{z-a}$,

$$A_1 Z(a-u) + A_2 Z'(a-u) + \ldots + \frac{A_\alpha}{1.2.3\ldots(\alpha-1)} Z^{(\alpha-1)}(a-u).$$

Quant à l'intégrale I, elle se réduit à une constante; en effet, deux éléments correspondants pris sur les côtés verticaux du rectangle se détruisent, en vertu des relations

$$F(z+2K) = F(z), \quad H(z+2K) = -H(z),$$

et la somme de deux éléments correspondants sur les côtés horizontaux est

$$\left[F(z)\frac{H'(z-u)}{H(z-u)} - F(z+2iK')\frac{H'(z+2iK'-u)}{H(z+2iK'-u)}\right] dz;$$

or on a, par hypothèse,

$$F(z+2iK') = F(z),$$

d'autre part, la dérivée logarithmique de

$$H(z+2iK') = -e^{-\frac{\pi i z}{K} + \frac{\pi K'}{K}} H(z)$$

donne la relation

$$\frac{H'(z+2iK')}{H(z+2iK')} = -\frac{\pi i}{K} + \frac{H'(z)}{H(z)};$$

la somme des deux éléments se réduira donc à $F(z)\frac{\pi i}{K}dz$ et l'on aura

$$I = \int_{z_0}^{z_0+2K} \frac{\pi i}{K} F(z)\, dz,$$

quantité constante.

L'équation (1) deviendra donc

$$(2) \qquad I = F(u) + \Sigma[A_1 Z(a-u) + A_2 Z'(a-u) + \ldots],$$

elle nous donnera l'expression cherchée de $F(u)$ en fonction de $Z(u)$ et de ses dérivées. La constante I se calculera en donnant à u une valeur particulière.

Cette formule est surtout utile pour l'intégration des fonctions doublement périodiques; l'équation (2) devient, en l'intégrant,

$$(3) \quad \left\{ \begin{aligned} &\int F(u)\, du \\ &\quad = \Sigma[A_1 \log H(a-u) + A_2 Z(a-u)\ldots] + I u + \text{const.} \end{aligned} \right.$$

Remarque. — Les résidus, A_1, B_1, ... satisfont à l'équation de condition

$$A_1 + B_1 + \ldots = 0,$$

car l'intégrale de $F(z)\,dz$ le long du rectangle des périodes est nulle.

Nous appliquerons ce théorème à quelques exemples :

1° $F(u) = \text{sn}^2 u$. On connaît déjà l'expression

$$\text{sn}^2 u = \frac{1}{k} \frac{H^2(u)}{\Theta^2(u)},$$

mais elle ne se prête pas à l'intégration; le théorème qui

précède en fournit une autre. Les relations

$$\operatorname{sn}(u+2K) = -\operatorname{sn} u, \quad \operatorname{sn}(u+2iK') = \operatorname{sn} u$$

montrent que $\operatorname{sn}^2 u$ admet les deux périodes $2K$ et $2iK'$.

Les infinis sont doubles et donnés par la formule

$$2mK + (2n+1)iK';$$

si nous choisissons le rectangle d'intégration tel qu'il contienne l'infini iK', il n'en contient évidemment pas d'autre; il s'agit donc de développer $\operatorname{sn}^2(iK'+h)$ suivant les puissances croissantes de h. Or on a

$$\operatorname{sn}^2(iK'+h) = \frac{1}{k^2 \operatorname{sn}^2 h} = \frac{1}{k^2(h + \alpha h^3 + \ldots)^2},$$

puisque $\operatorname{sn} h$ est une fonction impaire dont la dérivée a l'unité pour limite; on en déduit

$$A_1 = 0, \quad A_2 = \frac{1}{k^2}$$

et, par suite,

$$\operatorname{sn}^2 u = 1 - \frac{1}{k^2} Z'(iK' - u).$$

Cette expression peut se simplifier; si l'on prend, en effet, la dérivée logarithmique de la formule

$$H(z + iK') = ie^{\frac{-2\pi iz + \pi K'}{4K}} \Theta(z),$$

on a

$$\frac{H'(z+iK')}{H(z+iK')} = \frac{\Theta'(z)}{\Theta(z)} + \text{const.};$$

d'où

$$Z(iK' - u) = -\frac{\Theta'(u)}{\Theta(u)} + \text{const.},$$

et enfin

$$\operatorname{sn}^2 u = C - \frac{1}{k^2}\left[\frac{\Theta'(u)}{\Theta(u)}\right]'.$$

2° $F(u) = \operatorname{sn} u \operatorname{sn}(u+a)$. Cette fonction a les deux périodes $2K$ et $2iK'$; ses pôles à l'intérieur du rectangle précédemment défini sont iK' et $iK' - a$ et les infinis correspondants sont simples. D'ailleurs la somme des deux résidus est nulle; il suffit donc de calculer celui qui est relatif au pôle iK'; or on a

$$F(iK' + h) = \frac{1}{k \operatorname{sn} h} \frac{1}{k \operatorname{sn}(a+h)};$$

d'où

$$A_1 = \frac{1}{k^2 \operatorname{sn} a}, \quad B_1 = -\frac{1}{k^2 \operatorname{sn} a},$$

$$F(u) = 1 - A_1 Z(iK' - u) - B_1 Z(iK' - a - u),$$

ce que l'on peut écrire

$$\operatorname{sn} u \operatorname{sn}(u+a) = C + \frac{1}{k^2 \operatorname{sn} a}\left[\frac{\Theta'(u)}{\Theta(u)} - \frac{\Theta'(u+a)}{\Theta(u+a)}\right].$$

Pour déterminer la constante, je fais $u = 0$.

$$C = \frac{1}{k^2 \operatorname{sn} a}\left[\frac{\Theta'(a)}{\Theta(a)} - \frac{\Theta'(0)}{\Theta(0)}\right];$$

or $\Theta'(0) = 0$: on a donc la formule

$$\operatorname{sn} u \operatorname{sn}(u+a) = \frac{1}{k^2 \operatorname{sn} a}\left[\frac{\Theta'(a)}{\Theta(a)} + \frac{\Theta'(u)}{\Theta(u)} - \frac{\Theta'(u+a)}{\Theta(u+a)}\right].$$

3° $F(u) = \operatorname{cn} u \operatorname{cn}(u+a)$. Les pôles de cette fonction, qui a les deux périodes $2K$ et $2iK'$, correspondent aux mêmes valeurs de u que dans le cas précédent. Pour calculer le résidu relatif au pôle iK', formons $F(iK' + h)$; or on a

$$\operatorname{cn}(iK' + h) = \sqrt{\frac{k'}{k}} \frac{H_1(iK' + h)}{\Theta(iK' + h)} = \sqrt{\frac{k'}{k}} \frac{\Theta_1(h)}{iH(h)};$$

mais

$$\Delta\operatorname{n} h = \sqrt{k'} \frac{\Theta_1(h)}{\Theta(h)},$$

d'où, en divisant,

$$\frac{\operatorname{cn}(iK' + h)}{\Delta\operatorname{n} h} = \frac{1}{i\sqrt{k}} \frac{\Theta(h)}{H(h)} = \frac{1}{ik} \frac{1}{\operatorname{sn} h};$$

on en conclut

$$F(iK' + h) = \frac{\Delta n\, h\, \Delta n(a + h)}{-k^2 \operatorname{sn} h \operatorname{sn}(a + h)}$$

et, par suite,

$$A_1 = -\frac{\Delta n\, a}{k^2 \operatorname{sn} a}, \quad B_1 = \frac{\Delta n\, a}{k^2 \operatorname{sn} a}.$$

On arrive ainsi à la formule

$$\operatorname{cn} u \operatorname{cn}(u + a) = \operatorname{cn} a - \frac{\Delta n\, a}{k^2 \operatorname{sn} a}\left[\frac{\Theta'(a)}{\Theta(a)} + \frac{\Theta'(u)}{\Theta(u)} - \frac{\Theta'(u + a)}{\Theta(u + a)}\right].$$

DEUXIÈME PARTIE.

MÉCANIQUE.

CHAPITRE PREMIER.

CINÉMATIQUE.

1. *Le mouvement d'un point matériel est défini par les formules*

$$x = a + bt + ct^2,$$
$$y = a' + b't + c't^2,$$
$$z = a'' + b''t + c''t^2.$$

Indiquer la nature de la trajectoire et la grandeur de l'accélération à un instant quelconque.

(Paris, juillet 1878, 2ᵉ question.)

On a

$$\frac{d^2x}{dt^2} = 2c, \quad \frac{d^2y}{dt^2} = 2c', \quad \frac{d^2z}{dt^2} = 2c'';$$

l'accélération

$$w = 2\sqrt{c^2 + c'^2 + c''^2},$$

est constante de grandeur et de direction : donc la trajectoire est plane et par suite parabolique en général. Elle devient rectiligne si la vitesse initiale a la direction de l'accélération, c'est-à-dire si l'on a

$$\frac{b}{c} = \frac{b'}{c'} = \frac{b''}{c''}.$$

Pour trouver les équations de la trajectoire, nous remplacerons le système des équations données par le suivant :

$$x = a + bt + ct^2;$$
$$c'x - cy = ac' - ca' + (bc' - cb')t,$$
$$c''y - c'z = a'c'' - c'a'' + (b'c'' - c'b'')t;$$

d'où, en éliminant t, les équations

$$\frac{c'x - cy - ac' + ca'}{bc' - cb'} = \frac{c''y - c'z - a'c'' + c'a''}{b'c'' - c'b''},$$

$$c(c'x - cy - ac' + ca')^2$$
$$= (x - a)(bc' - cb')^2 - b(c'x - cy - ac' + ca')(bc' - cb'),$$

qui représentent la première un plan et la seconde un cylindre parabolique.

2. *Une figure plane se meut dans son plan, de manière que deux de ses points* A *et* B *restent constamment sur deux droites rectangulaires fixes* Ox *et* Oy ; *on sait que le point* A *est animé d'un mouvement uniforme sur la droite* Ox. *On propose de déterminer, pour une époque quelconque :*

1° *La vitesse angulaire* ω *autour du centre instantané;*

2° *L'accélération d'un point quelconque de la droite* AB, *en grandeur et en direction.*

(Paris, novembre 1879, 1re question.)

Soient

v la vitesse constante de A sur Ox;
$\alpha = OA$, $\beta = OB$ les coordonnées du centre instantané de rotation;
a la longueur de la droite AB.

On a

$$\omega = \frac{v}{OB} = \frac{v}{\sqrt{a^2 - v^2t^2}}.$$

Nous déterminerons un point quelconque M de AB par la distance $BM = l$; ses coordonnées seront

$$x = \frac{l}{a}\alpha, \quad y = \frac{a-l}{a}\beta;$$

on en tire

$$\frac{d^2x}{dt^2} = \frac{l}{a}\frac{d^2\alpha}{dt^2} = 0, \quad \frac{d^2y}{dt^2} = \frac{a-l}{a}\frac{d^2\beta}{dt^2};$$

l'accélération d'un point de AB est parallèle à Oy. On a d'ailleurs

$$\beta = \sqrt{a^2 - v^2t^2},$$

d'où

$$\frac{d^2\beta}{dt^2} = -\frac{a^2v^2}{(a^2 - v^2t^2)^{\frac{3}{2}}}$$

et

$$\frac{d^2y}{dt^2} = -\frac{a(a-l)v^2}{(a^2-v^2t^2)^{\frac{3}{2}}} = -\frac{a(a-l)v^2}{\beta^3}.$$

3. *Une circonférence roule sans glisser sur une circonférence fixe de même rayon et l'on considère la courbe fermée décrite pendant un tour complet par un point de la circonférence mobile. Trouver le centre de gravité de cette courbe, en supposant la densité en chaque point inversement proportionnelle au rayon de courbure de la courbe en ce point.*

(École Normale, juillet 1882, 2e question.)

Si l'on prend pour axe des x (*fig.* 13) la tangente au point A de rebroussement de l'épicycloïde, on a, pour les coordonnées d'un point M de la courbe,

$$x = 2r\cos\theta - r\cos 2\theta,$$
$$y = 2r\sin\theta - r\sin 2\theta.$$

La masse d'un élément $MM' = ds$ de la courbe est

$$dm = ds\frac{k}{\rho} = k\varepsilon,$$

ε étant l'angle de contingence, c'est-à-dire l'angle de MI avec M'I'; or, si l'on prend $I'M_1 = IM$, l'angle de ces deux droites est $d\theta$; on a aussi $M_1 I'M' = \frac{d\theta}{2}$, d'où $\varepsilon = \frac{3}{2} d\theta$. Si donc on appelle m la masse d'un arc d'épicycloïde compté

Fig. 13.

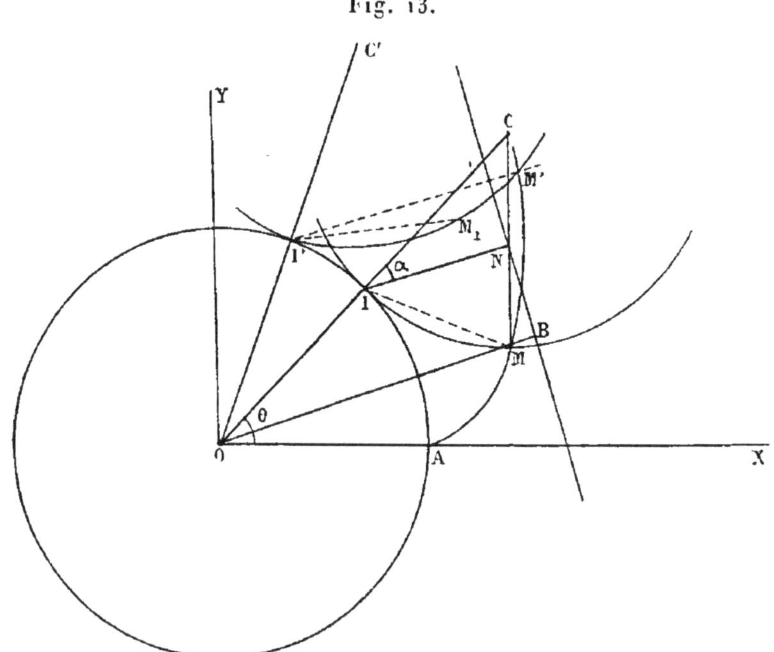

à partir de A, X et Y les coordonnées de son centre de gravité, on aura

$$m = \int_0^\theta dm = \tfrac{3}{2} k\theta;$$

d'où les équations

$$0X = \int_0^\theta x\, d\theta = r(2\sin\theta - \tfrac{1}{2}\sin 2\theta),$$

$$0Y = \int_0^\theta y\, d\theta = r(\tfrac{1}{2}\cos 2\theta - 2\cos\theta + \tfrac{3}{2}).$$

Le centre de gravité de la courbe s'obtient en faisant $\theta = 2\pi$; il est donc au centre du cercle fixe.

4. *On considère un plan lié invariablement à un cercle de rayon r qui roule sans glisser sur un cercle de même rayon. Un point quelconque du plan mobile décrit, pendant une révolution complète, une courbe fermée; quel est dans ce plan le lieu des points dont la trajectoire ait une aire donnée* A^2?

(École Normale, juillet 1883, 2e question.)

Soient N le point décrivant, a sa distance au centre C du cercle mobile; nous pouvons supposer que le centre instantané I se meut avec la vitesse angulaire constante ω sur le cercle fixe, et, si l'on appelle v la vitesse de N dans ce mouvement, on aura, pour l'aire élémentaire décrite,

$$dA^2 = \tfrac{1}{2} v\, dt.\mathrm{OB},$$

OB étant la distance au point O de la tangente à la courbe décrite. Or la vitesse angulaire instantanée autour de I est 2ω, puisque l'angle de la rotation élémentaire est la somme des angles de contingence de la base et de la roulante : donc

$$dA^2 = \omega\, dt.\mathrm{IN}.\mathrm{OB} = \mathrm{IN}.\mathrm{OB}.d\theta = d\theta\left(\overline{\mathrm{IN}}^2 + \mathrm{IN}.r\cos\alpha\right);$$

or

$$\mathrm{IN}\cos\alpha = r - a\cos\theta,$$

$$\overline{\mathrm{IN}}^2 = r^2 + a^2 - 2ar\cos\theta;$$

d'où

$$dA^2 = (2r^2 + a^2 - 3ar\cos\theta)\,d\theta,$$

$$A^2 = 2\pi(2r^2 + a^2).$$

Le lieu cherché est un cercle décrit de C comme centre avec un rayon $a = \sqrt{\dfrac{A^2}{2\pi} - 2r^2}$; si $a > r$, l'aire A^2 comprend, outre l'aire de la courbe, celle de la boucle, qui se trouve ainsi répétée deux fois.

On arrive tout aussi vite au résultat qui précède en formant

$$A^2 = \tfrac{1}{2}\int (x\,dy - y\,dx).$$

5. *Accélération dans le mouvement épicycloïdal plan.*

Soient, à un instant quelconque, α, β les coordonnées du centre instantané de rotation et ω la vitesse angulaire; les composantes de la vitesse d'un point (x, y) du système mobile sont

$$\frac{dx}{dt} = -\omega(y-\beta), \quad \frac{dy}{dt} = \omega(x-\alpha);$$

celles de l'accélération sont

$$\begin{aligned}\frac{d^2x}{dt^2} &= -\frac{d\omega}{dt}(y-\beta) - \omega^2(x-\alpha) + \omega\frac{d\beta}{dt},\\ \frac{d^2y}{dt^2} &= \frac{d\omega}{dt}(x-\alpha) - \omega^2(y-\beta) - \omega\frac{d\alpha}{dt}.\end{aligned}$$

Le lieu des points du plan ayant même accélération w est le cercle

$$(1)\left\{\begin{aligned}w^2 = {}&\left[\omega^4 + \left(\frac{d\omega}{dt}\right)^2\right]\left[(x-\alpha)^2 + (y-\beta)^2\right]\\ &+ 2(y-\beta)\left(\omega^3\frac{d\alpha}{dt} - \omega\frac{d\omega}{dt}\frac{d\beta}{dt}\right)\\ &- 2(x-\alpha)\left(\omega^3\frac{d\beta}{dt} + \omega\frac{d\omega}{dt}\frac{d\alpha}{dt}\right) + \omega^2\left[\left(\frac{d\alpha}{dt}\right)^2 + \left(\frac{d\beta}{dt}\right)^2\right].\end{aligned}\right.$$

Il y a un point et un seul pour lequel l'accélération est nulle : il est au point de rencontre des deux droites rectangulaires

$$(2)\quad\left\{\begin{aligned}&\frac{d\omega}{dt}(y-\beta) + \omega^2(x-\alpha) - \omega\frac{d\beta}{dt} = 0,\\ &\omega^2(y-\beta) - \frac{d\omega}{dt}(x-\alpha) + \omega\frac{d\alpha}{dt} = 0,\end{aligned}\right.$$

sauf dans le cas où l'on a à la fois $\omega = 0$, $\frac{d\omega}{dt} = 0$; tous les points du plan ont alors une accélération nulle.

L'accélération normale $\frac{v^2}{\rho}$ est nulle pour le centre instantané et pour les points pour lesquels $\rho = \infty$, ou

$$\frac{dx}{dt}\frac{d^2y}{dt^2} - \frac{dy}{dt}\frac{d^2x}{dt^2} = 0;$$

cette équation devient, après suppression du facteur ω^2,

$$(3) \quad \omega[(x-\alpha)^2 + (y-\beta)^2] - \frac{d\beta}{dt}(x-\alpha) + \frac{d\alpha}{dt}(y-\beta) = 0;$$

c'est celle d'un cercle passant par le centre instantané. La trajectoire de chacun des points de ce cercle présente une inflexion.

Enfin, pour trouver les points pour lesquels l'accélération tangentielle $\frac{dv}{dt}$ est nulle, il suffit de dériver l'équation

$$v^2 = \omega^2[(x-\alpha)^2 + (y-\beta)^2],$$

ce qui nous donne

$$\begin{aligned} v\frac{dv}{dt} &= \omega\frac{d\omega}{dt}[(x-\alpha)^2 + (y-\beta)^2] \\ &\quad - \omega^2\left[\frac{d\alpha}{dt}(x-\alpha) + \frac{d\beta}{dt}(y-\beta)\right]; \end{aligned}$$

le lieu des points cherchés est donc la circonférence

$$(4) \quad \left\{ \begin{aligned} &\frac{d\omega}{dt}[(x-\alpha)^2 + (y-\beta)^2] \\ &\quad - \omega\left[\frac{d\alpha}{dt}(x-\alpha) + \frac{d\beta}{dt}(y-\beta)\right] = 0, \end{aligned} \right.$$

qui coupe rectangulairement la circonférence d'inflexion et passe comme elle par le centre instantané; il convient de remarquer qu'en ce point l'accélération tangentielle n'est pas nulle; à cause de $v = 0$, elle prend une forme absolument indéterminée. La fonction $\frac{dv}{dt}$ est discontinue en ce point du plan, mais seulement le long de la circonférence (4). Le second point d'intersection des circonférences (3) et (4) est le point sans accélération fourni aussi par les équations (2). Le point sans accélération a reçu le nom de *centre des accélérations,* parce que l'accélération de tout point du système est la même que si la rotation instantanée variable ω avait lieu effectivement autour de ce point considéré comme fixe. En effet, le mouvement du système peut être considéré comme résultant de la translation du point sans accélération et de la rotation ω autour de ce point; l'accélération d'un point quelconque est la résultante de son accélération dans ce dernier mouvement, de l'accélération d'entraînement, qui est nulle, et de l'accélération centripète composée, qui l'est également, puisqu'il y a translation.

6. *On suppose qu'un plan* P *soit lié invariablement à un cercle* C′ *roulant sur un cercle fixe* C *de même rayon; de plus, le point de contact de* C *et* C′ *se meut uniformément sur* C. *Trouver, pour une position quelconque de* P, *le point de ce plan dont l'accélération est nulle.*

(Paris, juillet 1882, 2ᵉ question.)

La vitesse angulaire instantanée $\omega = 2\dfrac{d\theta}{dt}$ étant aussi constante, les coordonnées du point cherché sont données par

$$\omega(x-\alpha) - \frac{d\beta}{dt} = 0,$$

$$\omega(y-\beta) + \frac{d\alpha}{dt} = 0;$$

or

$$\alpha = r\cos\theta, \quad \beta = r\sin\theta,$$

d'où

$$x = \tfrac{3}{2}r\cos\theta, \quad y = \tfrac{3}{2}r\sin\theta.$$

Le point sans accélération est situé sur le prolongement du rayon du point de contact et à la moitié du rayon à partir de ce point.

7. *Les données étant celles du numéro précédent, on demande quelle est l'accélération d'un point du cercle C' au moment où il se trouve sur la circonférence* C.

(Paris, novembre 1882, 2e question.)

En vertu de la condition $\frac{d\omega}{dt} = 0$, l'accélération d'un point quelconque du plan P passe par le centre des accélérations et a pour expression $R\omega^2$; appliquant au point de contact des deux circonférences et représentant par v la vitesse de déplacement de ce point, on a, pour l'accélération cherchée,

$$\frac{r}{2}\omega^2 = 2\frac{v^2}{r}.$$

On arrive aussi à ce résultat en appliquant les formules qui donnent les composantes de l'accélération dans le mouvement épicycloïdal plan, au point $x = \alpha, y = \beta$,

$$\frac{d^2x}{dt^2} = \omega\frac{d\beta}{dt} = 2\left(\frac{d\theta}{dt}\right)^2 r\cos\theta,$$
$$\frac{d^2y}{dt^2} = -\omega\frac{d\alpha}{dt} = 2\left(\frac{d\theta}{dt}\right)^2 r\sin\theta;$$

ces formules ne supposent nullement $\frac{d\omega}{dt} = 0$.

Enfin il est encore plus simple de chercher la déviation du point de contact : c'est la ligne qui joint ce point à sa situation infiniment voisine, puisque le point de contact I est centre instantané de rotation. Or cette ligne, tangente à la trajectoire de I, passe par le centre de C' et a pour expression $r\,d\theta.\varepsilon = r\,d\theta^2$; l'accélération est donc

$$2r\left(\frac{d\theta}{dt}\right)^2 = 2\frac{v^2}{r}.$$

La même méthode s'applique à la recherche de l'accélération du point de contact de la base et de la roulante dans le mouvement épicycloïdal plan ; elle est tangentielle, dirigée vers le centre de courbure de la roulante et a pour grandeur

$$\frac{2}{dt^2}\,ds\,\frac{\varepsilon+\varepsilon'}{2}=\left(\frac{ds}{dt}\right)^2\left(\frac{1}{r}+\frac{1}{r'}\right),$$

r et r' représentant les rayons de courbure de la courbe fixe et de la courbe mobile et $\frac{ds}{dt}$ la vitesse avec laquelle le centre instantané se déplace sur la courbe fixe.

8. *Étant donnés un plan fixe* P, *un cercle fixe de centre* O (*fig.* 14) *et, sur la circonférence de ce cercle,*

Fig. 14.

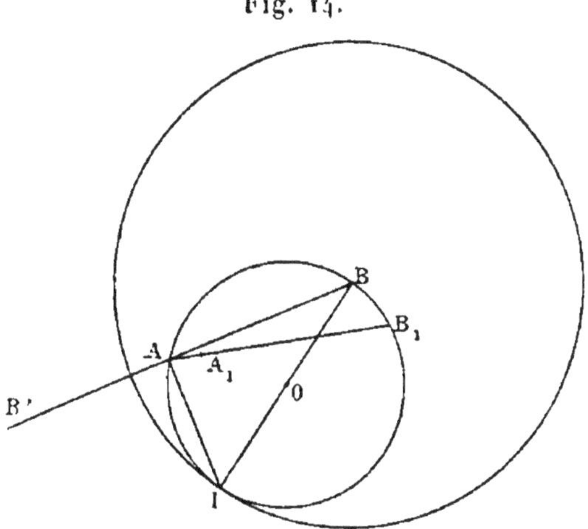

un point fixe A, *le mouvement d'un plan mobile* P' *sur le plan fixe* P *est défini de la façon suivante : une droite* BB', *fixe dans le plan* P', *passe par le point* A, *pendant qu'un point* B, *fixe sur cette droite, décrit la circonférence du cercle* O :

1° *Trouver dans ce mouvement la base et la roulante ;*

2° *En supposant que le point* B *décrive la circonférence avec une vitesse constante, trouver, pour une po-*

sition quelconque du plan mobile P′, le point de ce plan dont l'accélération est nulle.

(Paris, juillet 1883, 2ᵉ question.)

Le point B du plan P′ décrivant la circonférence O, le centre instantané est sur BO; d'ailleurs le point A, considéré comme appartenant au plan P′, vient, après un déplacement infiniment petit de ce plan, en A_1, tel que $B_1A_1 = BA$; donc la trajectoire de A est tangente à AB et I est le centre cherché. La base est donc la circonférence donnée et la roulante une circonférence de rayon double.

Soit 2ω la vitesse angulaire constante de B sur la circonférence O, ω sera la vitesse angulaire instantanée autour de I; on le voit, soit par le déplacement élémentaire de B, soit en remarquant que la rotation élémentaire autour de I est la différence des angles de contingence de la base et de la roulante. Les coordonnées du centre des accélérations sont donc données par les formules

$$\omega(x-\alpha)-\frac{d\beta}{dt}=0,$$

$$\omega(y-\beta)+\frac{d\alpha}{dt}=0;$$

or, si l'on prend le centre O pour origine,

$$\alpha = r\cos 2\omega t,\quad \beta = r\sin 2\omega t;$$

d'où

$$x = 3\alpha,\quad y = 3\beta.$$

Le point cherché est le symétrique de B par rapport au centre instantané, et le lieu de ces points, quand P′ se déplace, est un cercle concentrique au cercle O et de rayon triple.

9. *On sait qu'il existe à chaque instant dans le mouvement d'un plan mobile Q sur un plan fixe P deux*

points, dont l'un A *a une vitesse nulle et l'autre* B *une accélération nulle. On demande quel doit être le mouvement du plan* Q *sur le plan* P *pour que le point* B *soit fixe et la distance* AB *constante.*

(Paris, juillet 1879, 2ᵉ question.)

Le mouvement du plan Q sera défini quand on connaîtra la base, la roulante, la vitesse angulaire instantanée ω et la vitesse de déplacement du centre instantané sur la courbe fixe. Or la base est une circonférence décrite de B comme centre avec le rayon $BA = r$; on a d'ailleurs

$$(1) \qquad \omega = \frac{\varepsilon + \varepsilon'}{dt} = \frac{ds}{dt}\left(\frac{1}{r} + \frac{1}{\rho}\right),$$

ρ étant le rayon de courbure de la roulante compté en sens inverse de r; cette formule nous donnera ρ quand nous aurons calculé ω et $\frac{ds}{dt}$. Si l'on prend pour origine le point sans accélération, on a les équations

$$(2) \qquad \begin{cases} \omega^2\alpha + \dfrac{d(\omega\beta)}{dt} = 0, \\ \omega^2\beta - \dfrac{d(\omega\alpha)}{dt} = 0; \end{cases}$$

on en déduit

$$\beta\frac{d(\omega\beta)}{dt} + \alpha\frac{d(\omega\alpha)}{dt} = 0$$

ou

$$\omega^2(\alpha^2 + \beta^2) = C^2;$$

la vitesse angulaire ω est constante et égale à $\frac{C}{r}$. Substituant dans l'une quelconque des formules (2), on trouve

$$(3) \qquad \frac{d\theta}{dt} = -\omega = -\frac{C}{r};$$

la vitesse angulaire du centre instantané est constante :

elle est égale et de sens contraire à la vitesse angulaire instantanée.

Enfin la formule (1) devient

$$\frac{C}{r} = -C\left(\frac{1}{r} + \frac{1}{\rho}\right), \quad \rho = -\frac{r}{2};$$

la courbe mobile est donc un cercle de rayon $\frac{r}{2}$ roulant à l'intérieur de la base.

10. *On considère à un instant déterminé un système invariable en mouvement. En prenant dans ce système trois axes coordonnés rectangulaires dont l'axe des x est l'axe de la rotation instantanée, on demande d'écrire les projections sur les axes de la vitesse d'un point quelconque (x, y, z) du système.*

Démontrer ensuite, à l'aide de ces formules, qu'il existe, dans un plan quelconque non parallèle à l'axe instantané, un point et un seul dont la vitesse est perpendiculaire au plan.

(Paris, novembre 1883, 2e question.)

Soient u, v et w les composantes de la vitesse de l'origine, celles d'un point quelconque seront

$$(1) \qquad \frac{dx}{dt} = u, \quad \frac{dy}{dt} = v - \omega z, \quad \frac{dz}{dt} = w + \omega y;$$

pour que cette résultante soit perpendiculaire au plan

$$(2) \qquad Ax + By + Cz + D = 0,$$

il faut que

$$(3) \qquad \frac{u}{A} = \frac{v - \omega z}{B} = \frac{w + \omega y}{C};$$

les équations (2) et (3) ont une solution commune, puisque $A \gtrless 0$.

11. *Un point M se meut d'un mouvement uniforme sur une hélice tracée sur un cylindre circulaire droit: 1° on demande de montrer que, toutes les fois que le point M traversera un plan P, la normale à la trajectoire située dans ce plan P ira passer par un point fixe de ce plan; 2° on projette le point M sur un plan perpendiculaire à l'axe du cylindre, parallèlement à la tangente à l'hélice au point où elle coupe ce plan. Soit m la projection de M. On construit, à un instant quelconque, la grandeur géométrique mm', qui représente l'accélération du point m. On demande le lieu du point m'. Dans quel cas se réduira-t-il à une droite? Quelle est la trajectoire du point m?*

(Paris, novembre 1881, 2ᵉ question.)

1° Soient

$$x^2 + y^2 = r^2, \quad z = k \operatorname{arc\,tang} \frac{y}{x} = k\varphi$$

les équations de l'hélice,

$$AX + BY + CZ + D = 0$$

celle d'un plan. Le plan normal à l'hélice a pour équation

$$(X - x)\,dx + (Y - y)\,dy + (Z - z)\,dz = 0;$$

or

$$x\,dx + y\,dy = 0, \quad k(x\,dy - y\,dx) = dz(x^2 + y^2);$$

d'où

$$\frac{dx}{y} = -\frac{dy}{x} = -\frac{dz}{k}.$$

Les équations de la normale située dans le plan P sont donc

$$A(X - x) + B(Y - y) + C(Z - z) = 0,$$
$$y(X - x) - x(Y - y) - k(Z - z) = 0,$$

que l'on peut écrire

$$\frac{X - x}{kB - Cx} = \frac{Y - y}{-kA - Cy} = \frac{Z - z}{-D - Cz}.$$

Ces équations sont satisfaites, quelles que soient x, y et z, par

$$X = \frac{kB}{C}, \quad Y = -\frac{kA}{C}, \quad Z = -\frac{D}{C}.$$

2° La tangente à l'hélice au point où elle perce le plan des xy a pour équations

$$X = r, \quad Z = \frac{k}{r}Y;$$

celles de la projetante Mm sont, par suite,

$$X = x, \quad Z - z = \frac{k}{r}(Y - y);$$

d'où, pour les coordonnées du point m,

$$X = x = r\cos\varphi, \quad Y = y - \frac{rz}{k} = r(\sin\varphi - \varphi).$$

Le lieu des points m est une cycloïde engendrée par un point de la circonférence de rayon r roulant sur la droite $X = -r$ et qui a un sommet sur l'axe OX.

3° La vitesse angulaire $\frac{d\varphi}{dt} = \omega$ étant constante, l'accélération du point m a pour composantes

$$\frac{d^2X}{dt^2} = -r\omega^2\cos\varphi, \quad \frac{d^2Y}{dt^2} = -r\omega^2\sin\varphi;$$

les coordonnées du point m' sont donc

$$X' = r(1 - \omega^2)\cos\varphi, \quad Y' = r(1 - \omega^2)\sin\varphi - r\varphi;$$

la courbe lieu de ces points est encore une cycloïde. Le point m' est sur le même rayon du cercle décrivant que m et à la distance $a = r(1 - \omega^2)$ du centre.

Ce lieu devient l'axe des y pour $\omega = 1$.

12. *Un corps solide se meut autour d'un point fixe; trouver à chaque instant le lieu des points du corps* *pour lesquels l'accélération est perpendiculaire à l'axe instantané de rotation.*

(Paris, juillet 1880, 2e question.)

Soient x, y, z les coordonnées d'un point du corps rapporté à des axes fixes passant par le point fixe; p, q et r les composantes de la rotation instantanée; on a

$$(1) \qquad \frac{dx}{dt} = qz - ry, \quad \frac{dy}{dt} = rx - pz, \quad \frac{dz}{dt} = py - qx,$$

$$(2) \qquad p\frac{dx}{dt} + q\frac{dy}{dt} + r\frac{dz}{dt} = 0.$$

Or, pour les points cherchés,

$$(3) \qquad p\frac{d^2x}{dt^2} + q\frac{d^2y}{dt^2} + r\frac{d^2z}{dt^2} = 0;$$

si l'on dérive l'équation (2) en tenant compte de (3), il vient

$$(4) \qquad \frac{dx}{dt}\frac{dp}{dt} + \frac{dy}{dt}\frac{dq}{dt} + \frac{dz}{dt}\frac{dr}{dt} = 0$$

ou

$$(5) \qquad \frac{dp}{dt}(qz - ry) + \frac{dq}{dt}(rx - pz) + \frac{dr}{dt}(py - qx) = 0,$$

équation d'un plan passant par l'axe instantané.

Des équations (2) et (4) on déduit

$$(6) \qquad (p + dp)\frac{dx}{dt} + (q + dq)\frac{dy}{dt} + (r + dr)\frac{dz}{dt} = 0;$$

les équations (2) et (6) montrent que la vitesse de tout point du lieu est normale à l'axe instantané et à sa situation infiniment voisine. On en conclut que ce lieu est le plan tangent au cône lieu des axes instantanés, le long de l'axe qui correspond à l'instant que l'on considère.

13. *Un cône C de révolution est fixe; un second cône de révolution C' et de même sommet O roule extérieure-*

ment, sans glisser, sur le premier, de telle sorte que la génératrice de contact se déplace sur C d'un mouvement uniforme. On considère un solide lié invariablement au cône C'. Trouver à un moment quelconque les points du solide dont l'accélération est à ce moment parallèle à l'axe instantané de rotation.

(Paris, juillet 1884, 2e question.)

Soit plus généralement un solide dont un point O est fixe; les composantes de l'accélération d'un point quelconque de ce corps s'obtiennent en dérivant les équations (1) du n° 12

$$(1)\quad \left\{\begin{aligned} \frac{d^2x}{dt^2} &= -(r^2+q^2)x + \left(pq - \frac{dr}{dt}\right)y + \left(pr + \frac{dq}{dt}\right)z,\\ \frac{d^2y}{dt^2} &= -(p^2+r^2)y + \left(qr - \frac{dp}{dt}\right)z + \left(qp + \frac{dr}{dt}\right)x,\\ \frac{d^2z}{dt^2} &= -(q^2+p^2)z + \left(rp - \frac{dq}{dt}\right)x + \left(rp + \frac{dp}{dt}\right)y; \end{aligned}\right.$$

le lieu des points cherchés satisfaisant aux équations

$$(2)\qquad \frac{\frac{d^2x}{dt^2}}{p} = \frac{\frac{d^2y}{dt^2}}{q} = \frac{\frac{d^2z}{dt^2}}{r}$$

est une droite passant par le point fixe.

Pour trouver les équations de cette droite dans le cas particulier de l'énoncé, nous prendrons pour axe des x la génératrice de contact des deux cônes, à l'instant considéré et pour plan des xz celui de leurs axes; nous choisirons Oz, de telle sorte que l'axe du cône fixe soit dans l'angle xOz, enfin nous désignerons par α et α' les demi-angles au sommet des cônes C et C' et par ω la vitesse angulaire constante de rotation de la génératrice de contact. La vitesse angulaire instantanée est la résultante de deux autres faisant entre elles l'angle $\alpha+\alpha'$ et dont l'une est ω;

on a donc

$$p = \omega \frac{\sin(\alpha + \alpha')}{\sin \alpha'}, \quad q = 0, \quad r = 0;$$

sa grandeur étant constante, on a aussi

$$dp = 0, \quad dq = p \sin\alpha \times \omega\, dt, \quad dr = 0.$$

Les équations de condition

$$(3) \qquad \frac{d^2 y}{dt^2} = 0, \quad \frac{d^2 z}{dt^2} = 0$$

deviennent alors

$$\frac{d^2 y}{dt^2} = -p^2 y = 0,$$

$$\frac{d^2 z}{dt^2} = -\omega x p \sin\alpha - p^2 z = 0$$

ou

$$(4) \qquad y = 0, \quad z = -\frac{x}{\cot\alpha + \cot\alpha'}.$$

La droite cherchée est donc située dans le plan des deux axes, du même côté de l'axe instantané que l'axe du cône C'; enfin elle fait avec la génératrice de contact un angle inférieur au plus petit des deux angles α et α'.

14. *Un triangle isoscèle rectangle* AOB *de forme invariable, et dans lequel le sommet* O *de l'angle droit est fixe, est animé d'un mouvement quelconque. Soient, à un instant quelconque,* AA', BB' *les vitesses respectives des points* A *et* B. *Démontrer que la projection de* AA' *sur* OB *est égale à la projection de* BB' *sur* AO *et que, des deux angles formés, l'un par les directions* AA' *et* OB, *l'autre par les directions* BB' *et* OA, *il y en a un aigu et l'autre obtus.*

(Paris, juillet 1881, 2e question.)

Première méthode. — Prenons OA et OB pour axes des

ξ et η entraînés avec le système; les projections u, v et w de la vitesse d'un point sur ces axes sont données par les formules

$$u = q\zeta - r\eta, \quad v = r\xi - p\zeta, \quad w = p\eta - q\xi;$$

appliquant successivement aux points A et B, on trouve

$$\begin{array}{lll} u_A = 0, & v_A = ar, & w_A = -aq, \\ u_B = -ar, & v_B = 0, & w_B = ap, \end{array}$$

d'où

$$v_A = -u_B,$$

ou encore

$$(1) \qquad AA' \cos(AA', OB) = -BB' \cos(BB', OA).$$

C. Q. F. D.

Deuxième méthode. — Soient x, y, z les coordonnées de A; x_1, y_1, z_1 celles de B rapportées à des axes fixes passant par O; on a

$$(2) \qquad \begin{cases} x^2 + y^2 + z^2 = x_1^2 + y_1^2 + z_1^2, \\ xx_1 + yy_1 + zz_1 = 0; \end{cases}$$

différentiant la dernière, il vient

$$x_1 \frac{dx}{dt} + y_1 \frac{dy}{dt} + z_1 \frac{dz}{dt} = -\left(x \frac{dx_1}{dt} + y \frac{dy_1}{dt} + z \frac{dz_1}{dt}\right),$$

d'où

$$(3) \qquad \frac{x_1 \frac{dx}{dt} + y_1 \frac{dy}{dt} + z_1 \frac{dz}{dt}}{\sqrt{x_1^2 + y_1^2 + z_1^2}} = -\frac{x \frac{dx_1}{dt} + y \frac{dy_1}{dt} + z \frac{dz_1}{dt}}{\sqrt{x^2 + y^2 + z^2}},$$

qui n'est autre que l'équation (1).

CHAPITRE II.

MOUVEMENT D'UN POINT LIBRE.

15. *Un point* M *est attiré par une droite indéfinie* Ox, *en raison inverse du cube de sa distance à cette droite; on connaît sa position initiale, ainsi que la grandeur et la direction de sa vitesse initiale supposée contenue dans un même plan que la droite fixe* Ox. *Déterminer sa trajectoire en distinguant les divers cas qui peuvent se présenter.*

(Lille, novembre 1876.)

Prenons l'axe des y passant par la position initiale y_0 du mobile et pour directions positives des axes celles qui font un angle aigu avec la direction de la vitesse initiale v_0. Les équations du mouvement sont

$$(1) \qquad \frac{d^2x}{dt^2} = 0, \quad \frac{d^2y}{dt^2} = -\frac{\mu}{y^3};$$

d'où

$$(2) \qquad x = v_0 t \cos\alpha;$$

la projection de M sur Ox est animée d'un mouvement uniforme dans le sens des x positifs.

On a encore

$$\left(\frac{dy}{dt}\right)^2 = \frac{\mu}{y^2} + k, \quad k = v_0^2 \sin^2\alpha - \frac{\mu}{y_0^2},$$

$$(3) \qquad kt + c = \pm\sqrt{\mu + ky^2} = \frac{y\,dy}{dt};$$

d'où l'on déduit

$$c = y_0 \frac{dy}{dt} = y_0 v_0 \sin\alpha$$

et, en intégrant (3),

$$(4) \qquad y^2 = kt^2 + 2ct + y_0^2.$$

Éliminant le temps entre (2) et (4), on a l'équation de la trajectoire

$$(5) \qquad \frac{k^2}{\mu v_0^2 \cos^2\alpha}\left(x + \frac{y_0 v_0^2 \sin\alpha\cos\alpha}{k}\right)^2 - \frac{k}{\mu} y^2 = 1.$$

Les équations (3), (4) et (5) ne sont d'ailleurs applicables que quand y ne change pas de signe; mais, si le mobile vient à couper l'axe des x, il est sollicité par une force infinie et arrive sur cette droite avec une vitesse infinie; les lois de la Mécanique ne peuvent donc s'appliquer à un tel mouvement, qui ne se présente pas dans la nature. Si l'on veut néanmoins poursuivre l'étude théorique du mouvement, on se guide sur des considérations de symétrie et l'on convient d'appliquer les mêmes formules à la seconde période du mouvement. Mais, s'il s'agit de formules déduites de l'intégration, cette application ne peut se faire sans un changement des constantes introduites par l'intégration; quand, en effet, la quantité sous le signe $\int$ passe par l'infini, la valeur de l'intégrale est purement conventionnelle, elle n'a donc aucune raison pour être égale à la différence des valeurs que prend l'intégrale indéfinie aux limites de l'intégration.

Les divers cas qui peuvent se présenter dans le problème actuel dépendent de la nature de la courbe (5), c'est-à-dire des valeurs de k.

1° $k > 0$. — La courbe est une hyperbole ayant la droite attirante pour axe transverse; soit d'abord $y_0 > 0$, y et $\frac{dy}{dt}$

ne s'annulant jamais, les formules sont toujours applicables et le mouvement a lieu constamment dans le même sens; le mobile reste sur la partie supérieure de la branche droite d'hyperbole.

Si $y_0 < 0$, le mobile vient rencontrer Ox au bout du temps t_1, marqué par la plus petite racine de l'équation (4) dans laquelle on fait $y = 0$,

$$(6) \qquad t_1 = \frac{-c - \sqrt{c^2 - ky_0^2}}{k} = -\frac{y_0^2}{\sqrt{\mu} - y_0 v_0 \sin\alpha}.$$

A partir de cet instant, y devient positif; il faut prendre le signe supérieur du radical dans l'équation (3), et la nouvelle constante c_1, qui doit être introduite, est déterminée par l'équation

$$kt_1 + c_1 = \sqrt{\mu},$$

d'où

$$c_1 = y_0 v_0 \sin\alpha + 2\sqrt{\mu} = c + 2\sqrt{\mu}.$$

Dans la première partie du mouvement, le mobile décrit

Fig. 15.

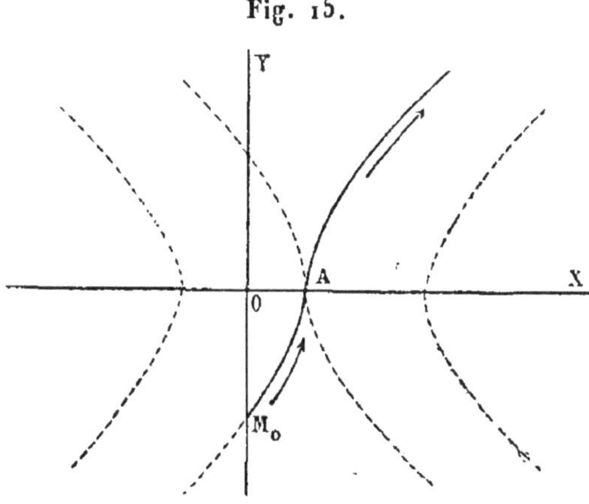

la portion M_0A (*fig.* 15) de la branche gauche de l'hyperbole

$$\left(\frac{kx}{v_0 \cos\alpha} + c\right)^2 - ky^2 = \mu;$$

à partir de l'instant t_1, il se meut sur l'hyperbole

$$\left(\frac{kx}{v_0 \cos\alpha} + c + 2\sqrt{\mu}\right)^2 - ky^2 = \mu,$$

qui s'obtient par un transport de la première vers les x négatifs de $\frac{2\sqrt{\mu}v_0 \cos\alpha}{k}$, c'est-à-dire de la longueur de l'axe transverse. Le mouvement se continue indéfiniment sur la branche droite de cette hyperbole située au-dessus de Ox.

2° $k < 0$. — Une discussion analogue à la précédente montrerait que le signe de c ou de y_0 est sans intérêt, et que la trajectoire se compose d'une branche d'ellipse et d'une série de demi-ellipses situées alternativement de part et d'autre de Ox, chacune d'elles s'obtenant par le transport de la précédente, vers les x positifs, d'une longueur égale au grand axe. Ces demi-ellipses seront d'ailleurs parcourues dans le même temps $\frac{2\sqrt{\mu}}{-k}$.

3° $k = 0$. — Dans le cas de $y_0 > 0$, la trajectoire est la branche supérieure de la parabole

$$(7) \qquad y^2 = \frac{2\sqrt{\mu}}{v_0 \cos\alpha} x + y_0^2.$$

Si $y_0 < 0$, le mobile décrit une partie de la parabole

$$(8) \qquad y^2 = -\frac{2\sqrt{\mu}}{v_0 \cos\alpha} x + y_0^2,$$

et ensuite la branche supérieure d'une parabole symétrique par rapport à la tangente à son sommet.

16. *Un point matériel, non pesant, est lancé avec une vitesse v_0, parallèlement à une droite fixe vers laquelle il est attiré avec une force proportionnelle à la distance et dont la valeur est μ^2 à l'unité de distance;*

il éprouve en outre, de la part du milieu dans lequel il se meut, une résistance proportionnelle à sa vitesse et dont la valeur est 2k pour une vitesse égale à l'unité.

Étudier les divers cas que peut présenter le mouvement de ce point suivant les grandeurs relatives de μ et de k.

(Poitiers, juillet 1880.)

Prenant la droite attirante pour axe des x et l'axe des y passant par la position initiale, on a les équations

$$(1) \qquad \frac{d^2x}{dt^2} = -2kv\frac{dx}{ds} = -2k\frac{dx}{dt},$$

$$(2) \qquad \frac{d^2y}{dt^2} = -2k\frac{dy}{dt} - \mu^2 y;$$

on en tire

$$(3) \qquad x = \frac{v_0}{2k}(1 - e^{-2kt});$$

x va constamment en croissant et atteint sa valeur maximum $\frac{v_0}{2k}$ pour t infini.

Les racines de l'équation caractéristique de (2)

$$\alpha^2 + 2k\alpha + \mu^2 = 0$$

peuvent être réelles ou imaginaires. Si $k > \mu$, elles sont réelles et négatives; en les représentant par $-\alpha_1$ et $-\alpha_2$, on a

$$\alpha_1 < \alpha_2 < 2k$$

et

$$(4) \qquad y = \frac{y_0}{\alpha_2 - \alpha_1}(\alpha_2 e^{-\alpha_1 t} - \alpha_1 e^{-\alpha_2 t}).$$

y va constamment en décroissant et devient nul pour $t = \infty$. Le coefficient angulaire de la tangente à la trajectoire est donné par la formule

$$(5)\qquad \frac{dy}{dx} = \frac{y_0 \alpha_1 \alpha_2}{v_0(\alpha_2 - \alpha_1)}(e^{-\alpha_2 t} - e^{-\alpha_1 t})e^{2kt},$$

il est constamment négatif et croît en valeur absolue avec t; la courbe arrive à angle droit sur l'axe des x.

Si $k < \mu$, les racines de l'équation caractéristique sont imaginaires et, en posant $\sqrt{\mu^2 - k^2} = \lambda$, on a

$$(6)\qquad y = \frac{y_0}{\lambda} e^{-kt}(\lambda \cos \lambda t + k \sin \lambda t),$$

$$\frac{dy}{dt} = -\frac{y_0}{\lambda} e^{-kt}(k^2 + \lambda^2) \sin \lambda t;$$

les maxima de y sont donnés par $\lambda t = 2n\pi$ et les minima par $\lambda t = (2n+1)\pi$. La trajectoire est une sorte de sinusoïde coupant l'axe des x et dont les branches vont en se rétrécissant dans les deux sens.

17. *Étudier le mouvement d'un point matériel dans un plan, en supposant qu'il soit attiré par un point fixe de ce plan, en raison inverse de la cinquième puissance de la distance.*

(Grenoble, juillet 1880.)

Prenant le point fixe pour pôle, le principe des aires est applicable et donne l'équation

$$(1)\qquad r^2 \frac{d\theta}{dt} = c^2 = r_0 v_0 \sin \varepsilon,$$

les angles étant comptés dans le sens de la vitesse initiale v_0 et ε désignant l'angle de v_0 avec r_0.

Le théorème du travail et des forces vives fournit la seconde équation du mouvement

$$(2)\quad v^2 - v_0^2 = \frac{dr^2 + r^2\, d\theta^2}{dt^2} - v_0^2 = -2\int_{r_0}^{r} \frac{\mu\, dr}{r^5} = \frac{\mu}{2}\left(\frac{1}{r^4} - \frac{1}{r_0^4}\right).$$

Éliminant dt entre les équations (1) et (2), on a l'équation différentielle de la trajectoire

$$(3) \qquad c^2 \frac{dr}{d\theta} = \pm \sqrt{\left(v_0^2 - \frac{\mu}{2 r_0^4}\right) r^4 - c^4 r^2 + \frac{\mu}{2}};$$

le problème revient à l'étude de cette courbe.

1° $v_0^2 - \frac{\mu}{2 r_0^4} = -k^2 < 0$. — Les racines en r^2 du trinôme sous le radical sont réelles et de signes contraires

$$c^2 \frac{dr}{d\theta} = \pm \sqrt{-k^2 (r^2 - r_1^2)(r^2 + r_2^2)};$$

r ne peut recevoir de valeur supérieure à r_1. Soit, par exemple, $\left(\frac{dr}{d\theta}\right)_0 > 0$: on doit prendre d'abord le signe supérieur du radical et r croît de r_0 à r_1; pour $r = r_1$ le radical s'annule, et, comme r ne peut continuer à croître, on doit prendre ensuite le signe inférieur du radical; r décroît donc de r_1 à $-r_1$ et recommence à croître. La courbe se compose d'une série de boucles égales tangentes au cercle r_1 et se coupant à l'origine; elle ne se ferme pas en général. Ces boucles sont d'ailleurs décrites dans des temps égaux représentés par l'intégrale

$$T = 2 \int_0^{r_1} \frac{r^2 \, dr}{\sqrt{-k^2 (r^2 - r_1^2)(r^2 + r_2^2)}}.$$

2° $v_0^2 - \frac{\mu}{2 r_0^4} = k^2 > 0$. — Trois cas peuvent alors se présenter :

(a) Les racines du trinôme sont imaginaires, $\frac{dr}{d\theta}$ ne s'annulant jamais conserve toujours le même signe et va constamment en croissant ou en décroissant; la courbe décrite est une spirale qui va à l'infini : elle passe à l'origine si $\left(\frac{dr}{d\theta}\right)_0 < 0$.

(*b*) Les racines sont réelles; alors elles sont positives et l'on a

$$c^2 \frac{dr}{d\theta} = \pm \sqrt{k^2(r^2 - r_1^2)(r^2 - r_2^2)},$$

soit $r_2 > r_1$; r_0 est nécessairement inférieur à r_1 ou supérieur à r_2. Dans le cas de $r_0 < r_1$, la courbe se compose d'une série de boucles égales (1°); si $r_0 > r_1$, on peut avoir soit $\left(\frac{dr}{d\theta}\right)_0 > 0$: r croît jusqu'à l'infini; soit $\left(\frac{dr}{d\theta}\right)_0 < 0$: alors r commence à décroître jusqu'à r_2 et croît ensuite indéfiniment avec θ.

(*c*) Enfin, si les racines sont égales, l'équation différentielle de la trajectoire devient

$$\pm \frac{k}{c^2} d\theta = \frac{dr}{r^2 - r_1^2};$$

elle est intégrable et donne

$$(4) \qquad r = r_1 \frac{\lambda + e^{\pm \frac{2kr_1}{c^2}\theta}}{\lambda - e^{\pm \frac{2kr_1}{c^2}\theta}},$$

λ étant une constante qui, si l'on fait passer l'axe polaire par la position initiale du mobile, est déterminée par l'équation

$$r_0 = r_1 \frac{\lambda + 1}{\lambda - 1};$$

λ est donc supérieure à l'unité en valeur absolue, elle est positive si $r_0 > r_1$ et négative dans le cas contraire.

Soit $r_0 > r_1$, le lieu représenté par l'équation (4) se compose de quatre spirales à branche parabolique (*fig.* 16) asymptotiques au cercle r_1 et symétriques deux à deux par rapport à Ox; deux d'entre elles, les seules pouvant convenir au problème dont il s'agit, se coupent au point r_0. Le mobile suit la branche infinie de l'une d'elles, ou la partie asymptotique à la circonférence r_1 de l'autre, suivant que $\left(\frac{dr}{d\theta}\right)_0 \gtrless 0$.

Si $r_0 < r_1$, la courbe est continue, symétrique par rapport à Ox et entièrement intérieure au cercle r_1 auquel

Fig. 16.

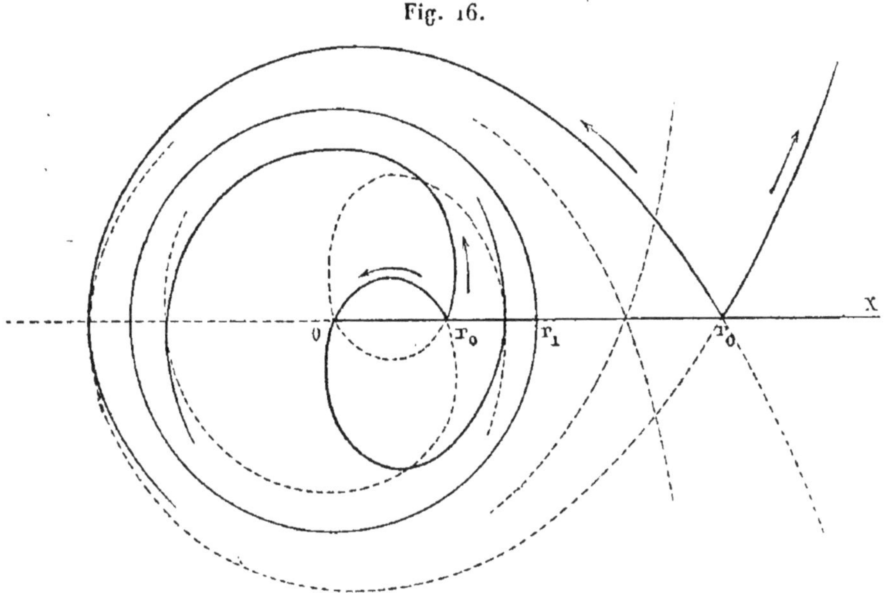

elle est asymptotique dans les deux sens; deux branches se croisent à l'origine et le mobile passe en ce point si $\left(\frac{dr}{d\theta}\right)_0 < 0$.

3° $v_0^2 - \frac{\mu}{2r_0^4} = 0$. — L'équation différentielle de la trajectoire est encore intégrable et donne

$$(5) \qquad r = \frac{\sqrt{\mu}}{c^2\sqrt{2}} \cos(\theta - \alpha)$$

qui représente une circonférence passant à l'origine; la constante α est déterminée par la condition que cette circonférence passe par la position initiale du mobile.

Nous avons supposé, dans l'étude de ce problème, que

l'équation des aires et celle des forces vives continuaient à s'appliquer dans le cas où, le mobile passant à l'origine, les fonctions étudiées deviennent discontinues ; nous agirons de même dans tous les problèmes de ce genre, mais il convient de remarquer que c'est là une convention au sujet de laquelle il conviendrait de faire les mêmes observations que dans l'exercice n° 15.

18. *Un point matériel de masse égale à 1 est attiré par un centre fixe; l'attraction à la distance r est égale à $\frac{\mu}{r^7}$, μ étant une constante. On suppose qu'à l'origine du temps ce point matériel est situé à une distance a du centre fixe et qu'il est animé, perpendiculairement au rayon vecteur, d'une vitesse égale à $\sqrt{\frac{\mu}{3a^6}}$. On demande de déterminer la trajectoire du point mobile, d'assigner sa position et sa vitesse à l'époque t et d'exprimer l'arc parcouru depuis l'origine du temps par une intégrale de la forme $\int \frac{d\varphi}{\sqrt{1-k^2\sin^2\varphi}}$.*

(Paris, novembre 1878.)

On a les deux équations

$$r^2\frac{d\theta}{dt} = r_0 v_0 = \sqrt{\frac{\mu}{3a^4}}, \tag{1}$$

$$v^2 = v_0^2 - 2\int_a^r \frac{\mu\,dr}{r^7} = \frac{\mu}{3r^6}, \tag{2}$$

qui, par l'élimination de dt, donnent

$$\frac{\mu}{3a^4r^4}\left[\left(\frac{dr}{d\theta}\right)^2 + r^2\right] = \frac{\mu}{3r^6},$$

$$\pm\, d\theta = \frac{r\,dr}{\sqrt{a^4-r^4}}$$

et, en intégrant,

$$r^2 = a^2 \cos 2\theta, \tag{3}$$

en prenant pour axe polaire le rayon vecteur initial; cette équation représente une lemniscate.

La position, à un instant donné du mobile sur sa trajectoire, sera déterminée si l'on connaît θ en fonction de t; or les équations (1) et (3) donnent

$$d\theta \cos 2\theta = \frac{1}{a^4}\sqrt{\frac{\mu}{3}}\,dt,$$

$$\theta = \tfrac{1}{2}\arcsin\left(c + \frac{2}{a^4}\sqrt{\frac{\mu}{3}}\,t\right); \tag{4}$$

pour la partie supérieure de la boucle droite, $c = 0$ et le temps employé à parcourir cet arc est

$$T = \frac{a^4}{2}\sqrt{\frac{3}{\mu}}. \tag{5}$$

Après avoir passé à l'origine avec une vitesse infinie, le mobile parcourt, dans le même temps T, la partie inférieure de la boucle gauche; donc, pour $\theta = \pi$, la formule

$$\sin 2\theta = \frac{t}{T} + c \tag{4 bis}$$

doit donner $t = 2T$, ce qui exige que $c = -2$; il y a changement de constante en même temps que θ saute brusquement de la valeur $\frac{\pi}{4}$ à $\pi + \frac{\pi}{4}$.

L'équation

$$\theta = \tfrac{1}{2}\arcsin\left(\frac{t}{T} - 2\right)$$

convient pour tout le parcours de la boucle gauche; à chaque passage du mobile par l'origine, la constante c doit être diminuée de deux unités.

On trouverait de même

$$(6) \qquad r^2 = a^2\sqrt{1-\left(\frac{t}{T}+c\right)^2},$$

$$(7) \qquad v^2 = \frac{\mu}{3a^6}\left[1-\left(\frac{t}{T}+c\right)^2\right]^{-\frac{3}{2}};$$

le mouvement est d'ailleurs révolutif. Il en est ainsi de tous les mouvements auxquels le principe des aires est applicable, pourvu que la trajectoire n'ait pas de branche infinie.

L'arc parcouru s'exprime en fonction de θ en partant de la formule (2), qui peut s'écrire

$$ds = \sqrt{\frac{\mu}{3}}\frac{dt}{r^3} = a^2\frac{d\theta}{r} = \frac{a\,d\theta}{\sqrt{1-2\sin^2\theta}};$$

toutefois, pour la réduction complète aux fonctions elliptiques, il faudrait que le module fût inférieur à l'unité.

Pour effectuer cette transformation, il suffit de poser

$$u = \sqrt{2}\sin\theta,$$

d'où

$$d\theta = \frac{1}{\sqrt{2}}\frac{du}{\sqrt{1-\frac{1}{2}u^2}}$$

et

$$(8) \qquad S = \frac{a}{\sqrt{2}}\int_0^u \frac{du}{\sqrt{(1-u^2)(1-\frac{1}{2}u^2)}},$$

ce qui est la formule demandée, permettant l'emploi des Tables des fonctions elliptiques.

19. *Trouver le mouvement d'un point matériel sollicité par deux forces dirigées vers un même centre fixe, l'une attractive et variant proportionnellement à la distance, l'autre répulsive et variant en raison inverse du cube de la distance. On supposera la vitesse initiale perpendiculaire au rayon vecteur initial.*

(Paris, juillet 1869.)

On a les équations

$$r^2\,d\theta = r_0 v_0\,dt,$$

$$v^2 - v_0^2 = 2\int_{r_0}^{r}\left(-\mu^2 r + \frac{\lambda^4}{r^3}\right)dr,$$

d'où

$$(1)\qquad \frac{r_0^2 v_0^2}{r^4}\left[\left(\frac{dr}{d\theta}\right)^2 + r^2\right] = v_0^2 - \mu^2(r^2 - r_0^2) - \lambda^4\left(\frac{1}{r^2} - \frac{1}{r_0^2}\right).$$

Posons, pour abréger, $v_0^2 + \dfrac{\lambda^4}{r_0^2} = n^2$, l'équation (1) peut s'écrire

$$\frac{r_0^2 v_0^2}{r^6}\left(\frac{dr}{d\theta}\right)^2 = -\frac{n^2 r_0^2}{r^4} + \frac{\mu^2 r_0^2 + n^2}{r^2} - \mu^2;$$

on en tire

$$\frac{2n}{v_0}\,d\theta = \pm\frac{d\dfrac{1}{r^2}}{\sqrt{\dfrac{(n^2-\mu^2 r_0^2)^2}{4n^4 r_0^4} - \left(\dfrac{1}{r^2} - \dfrac{n^2+\mu^2 r_0^2}{2n^2 r_0^2}\right)^2}}.$$

En supposant $\theta = 0$ pour $r = r_0$, on aura, sans constante d'intégration,

$$\pm\frac{2n\theta}{v_0} = \text{arc cos}\,\frac{2n^2 r_0^2}{n^2-\mu^2 r_0^2}\left(\frac{1}{r^2} - \frac{n^2+\mu^2 r_0^2}{2n^2 r_0^2}\right);$$

d'où, pour l'équation de la trajectoire,

$$(2)\qquad \frac{1}{r^2} = \frac{1}{r_0^2}\cos^2\frac{n\theta}{v_0} + \frac{\mu^2}{n^2}\sin^2\frac{n\theta}{v_0}.$$

Cette courbe est comprise entre deux cercles concentriques au pôle et ayant pour rayons r_0 et $\dfrac{n}{\mu}$; l'angle d'un rayon vecteur minimum, avec le maximum suivant, est $\dfrac{v_0}{n}\cdot\dfrac{\pi}{2}$ moindre que $\dfrac{\pi}{2}$; la courbe est fermée et algébrique si $\dfrac{v_0}{n}$ est commensurable. Il est aisé de voir que, en appliquant le plan de la figure sur un cône droit, dont le demi-angle au sommet ait pour sinus $\frac{v_0}{n}$, le pôle étant au sommet du cône, la transformée de la trajectoire se projettera sur un plan perpendiculaire à l'axe du cône suivant une ellipse dont les demi-axes seront $\frac{r_0 v_0}{n}$ et $\frac{v_0}{\mu}$.

La trajectoire se réduit à un cercle si

$$r_0^2 = \frac{n^2}{\mu^2} \quad \text{ou} \quad \frac{v_0^2}{r_0} = \mu^2 r_0 - \frac{\lambda^4}{r_0^3};$$

cette équation, dont le second membre représente l'accélération du mobile à l'instant initial, est la relation constante du mouvement circulaire uniforme.

Chaque branche de trajectoire allant d'un cercle limite à l'autre présente un point d'inflexion; d'ailleurs, si, à un certain instant, le mobile a une accélération nulle, sa trajectoire s'infléchit : donc, si la valeur $r = \frac{\lambda}{\sqrt{\mu}}$, pour laquelle l'accélération serait nulle, est comprise entre les limites r_0 et $\frac{n}{\mu}$, c'est en ce point qu'a lieu l'inflexion de la trajectoire. Toutefois, si $r = \frac{\lambda}{\sqrt{\mu}}$ coïncide avec l'une des limites, le rayon de courbure de la trajectoire est infini, sans qu'il y ait inflexion; seulement, la tangente a un contact du troisième ordre.

La loi du mouvement sur la trajectoire est donnée par le principe des aires

$$dt = \frac{\frac{1}{r_0 v_0} d\theta}{\frac{1}{r_0^2}\cos^2\frac{n\theta}{v_0} + \frac{\mu^2}{n^2}\sin^2\frac{n\theta}{v_0}},$$

$$\text{(3)} \qquad \tang\frac{n\theta}{v_0} = \frac{n}{\mu r_0}\tang \mu t.$$

Le temps employé pour décrire l'arc compris entre un

maximum et un minimum de r est $\frac{\pi}{2\mu}$ et ne dépend point de λ.

20. *Un point matériel* P *est sollicité par une force dirigée vers un centre fixe* O *et qui dépend de sa distance au point* O; *l'action de la force sur l'unité de masse s'exprime par la formule*

$$\varphi = \frac{2k^4(a^2+b^2)}{r^5} - \frac{3k^4a^2b^2}{r^7}.$$

On suppose le point P *placé d'abord en* C *à une distance* a *du centre* O; *on imprime à ce point une vitesse perpendiculaire au rayon* OC *et égale à* $\frac{k^2}{a}$: *déterminer son mouvement.*

(Paris, juillet 1870.)

Le principe des aires et l'intégrale des forces vives fournissent les deux équations

$$(1) \qquad r^2\frac{d\theta}{dt} = r_0 v_0 = k^2,$$

$$(2) \qquad v^2 = v_0^2 - 4k^4(a^2+b^2)\int_a^r \frac{dr}{r^5} + 6k^4a^2b^2\int_a^r \frac{dr}{r^7};$$

les constantes se détruisent, et l'on a, pour l'équation différentielle de la trajectoire,

$$\frac{1}{r^4}\left(\frac{dr}{d\theta}\right)^2 + \frac{1}{r^2} = \frac{a^2+b^2}{r^4} - \frac{a^2b^2}{r^6},$$

$$\pm d\theta = \frac{r\,dr}{\sqrt{-r^4+(a^2+b^2)r^2-a^2b^2}}$$

$$= \frac{r\,dr}{\sqrt{\left(\frac{a^2-b^2}{2}\right)^2 - \left(r^2-\frac{a^2+b^2}{2}\right)^2}},$$

d'où, si l'on prend pour axe polaire le rayon vecteur initial,

$$\pm 2\theta = \text{arc cos} \frac{2r^2 - (a^2 + b^2)}{a^2 - b^2},$$

$$(3) \qquad r^2 = a^2 \cos^2\theta + b^2 \sin^2\theta,$$

cette courbe est la podaire de l'ellipse

$$\frac{x^2}{a^2} + \frac{y^2}{b^2} = 1$$

relativement à son centre ; c'est aussi la transformée par rayons vecteurs réciproques de l'ellipse d'axes $\frac{2}{a}$ et $\frac{2}{b}$.

On a encore, entre les coordonnées et le temps, les relations

$$dt = \frac{1}{2k^2} [a^2 + b^2 - (a^2 - b^2) \cos 2\theta] \, d\theta,$$

$$(4) \qquad t = \frac{a^2 + b^2}{2k^2} \theta - \frac{a^2 - b^2}{4k^2} \sin 2\theta,$$

$$(5) \quad t = \frac{1}{4k^2} \left[(a^2 + b^2) \text{arc cos} \frac{2r^2 - a^2 - b^2}{a^2 - b^2} - 2\sqrt{(a^2 - r^2)(r^2 - b^2)} \right].$$

Le mouvement est circulaire et uniforme si $a = b$.

21. *Trouver le mouvement d'un point matériel* M *de masse* m, *sollicité par une force dirigée vers un point fixe* O *et égal à* $\frac{m\mu \sin^2\theta}{r^2}$, r *étant la distance* OM *et* θ *l'angle que fait ce rayon vecteur avec le rayon vecteur initial* OA $= a$. *On supposera la vitesse initiale perpendiculaire au rayon vecteur initial* OA *et égale à* $\sqrt{\frac{2\mu}{3a}}$; *on donnera une formule permettant de calculer la position du mobile à chaque instant ; on calculera la durée de la révolution et on la comparera à celle qui aurait lieu si le mobile, placé dans les mêmes conditions initiales, était sollicité par la force* $\frac{m\mu}{r^2}$.

(École Normale, juillet 1877, 1re question.)

Appliquant les formules qui conviennent au cas des forces centrales, on a les équations

$$(1) \qquad r^2 \frac{d\theta}{dt} = c^2 = a v_0 = \sqrt{\frac{2}{3} a \mu},$$

$$(2) \qquad \frac{c^4}{r^2}\left(\frac{d^2 \frac{1}{r}}{d\theta^2} + \frac{1}{r}\right) = \frac{\mu \sin^2\theta}{r^2},$$

d'où l'équation différentielle de la trajectoire

$$(3) \qquad \frac{d^2 \frac{1}{r}}{d\theta^2} + \frac{1}{r} = \frac{3 \sin^2\theta}{2a} = \frac{3}{4a}(1 - \cos 2\theta);$$

l'intégrale générale de cette équation est

$$\frac{1}{r} = A \cos\theta + B \sin\theta + \frac{1 + \cos^2\theta}{2a}.$$

Pour $\theta = 0$, $r = a$, d'où $A = 0$; d'ailleurs l'équation

$$v^2 = c^4 \left[\left(\frac{d \frac{1}{r}}{d\theta}\right)^2 + \frac{1}{r^2}\right]$$

devient, pour $\theta = 0$,

$$\frac{2\mu}{3a} = \frac{2}{3} a \mu \left(B^2 + \frac{1}{a^2}\right),$$

d'où $B = 0$. L'équation de la trajectoire est donc

$$(4) \qquad \frac{1}{r} = \frac{1 + \cos^2\theta}{2a};$$

cette courbe, dont les rayons vecteurs sont les carrés de ceux d'une ellipse rapportée à son centre, a son grand axe double du petit et dirigé normalement à l'axe polaire.

La relation entre θ et le temps se déduit des équations (1) et (4), qui donnent

$$dt \sqrt{\frac{2}{3} a \mu} = \frac{4 a^2 \, d\theta}{(1 + \cos^2\theta)^2},$$

d'où

$$(5) \qquad t\sqrt{\frac{2}{3}a\mu} = a^2\left(\frac{3}{\sqrt{2}}\,\text{arc tang}\,\frac{\text{tang}\,\theta}{\sqrt{2}} - \frac{\text{tang}\,\theta}{2+\text{tang}^2\theta}\right).$$

Faisant dans cette formule $\theta = 90°$, on a $t = \frac{1}{4}$ T, en appelant T la durée de la révolution du point matériel, d'où

$$(6) \qquad T = 3\pi a\sqrt{\frac{3a}{\mu}}.$$

Si la force centrale qui sollicite le mobile a pour expression $\frac{m\mu}{r^2}$, l'équation différentielle de la trajectoire est

$$\frac{d^2\frac{1}{r}}{d\theta^2} + \frac{1}{r} = \frac{3}{2a},$$

d'où

$$\frac{1}{r} = A\cos\theta + B\sin\theta + \frac{3}{2a},$$

et, si l'on tient compte des conditions initiales,

$$(7) \qquad \frac{1}{r} = \frac{1}{2a}(3 - \cos\theta):$$

c'est l'équation d'une ellipse rapportée à son axe focal et à son foyer de gauche; son grand axe $2\alpha = \frac{3}{2}a$ et la durée T_1 de la révolution du mobile est donnée par la formule

$$\mu = \frac{4\pi^2\alpha^3}{T_1^2} = \frac{27\pi^2 a^3}{16T_1^2},$$

d'où

$$(8) \qquad T_1 = \frac{3\pi a}{4}\sqrt{\frac{3a}{\mu}} = \frac{1}{4}T.$$

22. *Soient* O *un centre d'attraction,* OX *une droite fixe passant par ce point; un point matériel* M *est sollicité à chaque instant par une force dirigée vers le point* O *et dont l'intensité est* $\frac{\mu}{r^2\cos^3\theta}$, μ *désignant une* *constante, r et θ les coordonnées polaires du point* M, $r = \mathrm{OM}$; $\theta = \mathrm{XOM}$. *La vitesse initiale est dirigée dans le plan qui passe par la position initiale* M_0 *et la droite* OX. *On demande de déterminer la nature de la trajectoire du point matériel.*

(Paris, novembre 1879, 2e question.)

On pourrait, comme dans l'exercice précédent, se servir de la formule de Binet pour obtenir l'équation de la trajectoire, en coordonnées polaires; nous appliquerons de préférence les équations générales du mouvement d'un point qui conduisent à un résultat se prêtant mieux à la discussion.

On a les équations

$$(1) \qquad \frac{d^2x}{dt^2} = -\frac{\mu}{r^2\cos^3\theta}\,\frac{x}{r} = -\frac{\mu}{x^2}, \quad \frac{d^2y}{dt^2} = -\frac{\mu y}{x^3};$$

la première donne

$$(2) \qquad \left(\frac{dx}{dt}\right)^2 = b + \frac{2\mu}{x},$$

si l'on pose

$$b = \left(\frac{dx}{dt}\right)_0^2 - \frac{2\mu}{x_0}.$$

Le théorème des aires fournit l'équation

$$x\,dy - y\,dx = \pm\, c^2\,dt = \pm\frac{c^2\,dx}{\sqrt{b + \dfrac{2\mu}{x}}},$$

qui s'intègre immédiatement et conduit à l'équation de la trajectoire

$$(3) \qquad \mu^2(y - ax)^2 - c^4x(bx + 2\mu) = 0;$$

c'est une courbe du second degré passant à l'origine et tangente en ce point à l'axe des y. La courbe est une ellipse, une parabole ou une hyperbole, suivant que $b \lesseqgtr 0$; l'abscisse du centre $-\frac{\mu}{b}$ est positive dans le premier cas et négative dans le dernier; la trajectoire se réduit à une droite

$$y = ax = \frac{y_0}{x_0}x$$

si $c^2 = 0$, c'est-à-dire si la vitesse initiale est dirigée suivant OM_0, ou en sens opposé.

La courbe coupe l'axe des x aux points

$$x_1 = 0, \quad x_2 = \frac{2\mu c^4}{\mu^2 a^2 - bc^4}.$$

$x_2 > 0$ dans le cas de l'ellipse et de la parabole; il peut être négatif dans le cas de l'hyperbole. Si la trajectoire est elliptique, le mouvement est révolutif et, chaque fois que le mobile passe à l'origine, sa vitesse est infinie; si la trajectoire est parabolique ou hyperbolique, le mobile s'éloigne indéfiniment avec une vitesse qui tend vers zéro.

La loi du mouvement de la projection du mobile sur l'axe des x est donnée par l'équation

$$\pm dt = \frac{dx}{\sqrt{b + \frac{2\mu}{x}}},$$

d'où

$$(4) \qquad \pm b(t - t_1) = \sqrt{bx^2 + 2\mu x} - \mu \int \frac{dx}{\sqrt{bx^2 + 2\mu x}}:$$

cette dernière intégrale est un arc sinus ou un logarithme suivant que la trajectoire est une ellipse ou une hyperbole. Si la courbe est une parabole, on a

$$(5) \qquad \pm(t - t_1) = \frac{2}{3\sqrt{2\mu}} x^{\frac{3}{2}}.$$

23. *Un point matériel libre, sollicité par une force dirigée vers un centre fixe, se meut de manière à être* *à chaque instant sur une spirale logarithmique ayant ce centre pour pôle et tournant uniformément autour de lui. On demande la valeur de la force en fonction de la distance du point mobile au centre fixe. L'expression de cette force étant trouvée, on cherchera l'équation générale de la trajectoire d'un point matériel, soumis à l'action de cette force.*

(Paris, novembre 1874.)

Prenons pour axe polaire le rayon vecteur initial $OA = a$ et comptons les angles θ dans le sens de la rotation d'entraînement ω; l'équation de la trajectoire relative est

$$r = ae^{n\varphi}$$

et, comme

$$\varphi = \theta - \omega t,$$

on a la relation

$$(1) \qquad r = ae^{n(\theta - \omega t)},$$

qui, jointe au théorème des aires

$$(2) \qquad r^2 d\theta = c\,dt,$$

détermine r et θ en fonction de t.

Pour trouver l'expression de la force centrale $f(r)$, nous appliquerons la formule de Binet

$$f(r) = \frac{c^2}{r^2}\left(\frac{1}{r} + \frac{d^2\frac{1}{r}}{d\theta^2}\right);$$

or de (1) on tire

$$(1\ bis) \qquad \theta - \omega t = \frac{1}{n}\log\frac{r}{a},$$

et, si l'on élimine dt entre la différentielle de cette équation et l'équation (2), on a l'équation différentielle de la trajectoire

$$d\theta = \frac{dr}{nr\left(1 - \frac{\omega}{c} r^2\right)}, \tag{3}$$

qui permet de calculer $\frac{d^2 \frac{1}{r}}{d\theta^2}$,

$$\frac{d^2 \frac{1}{r}}{d\theta^2} = n^2 r \left(\frac{1}{r^2} - \frac{\omega^2}{c^2} r^2\right),$$

d'où l'expression de la force

$$f(r) = \frac{c^2(1 + n^2)}{r^3} - n^2 \omega^2 r. \tag{4}$$

L'action du point O se compose d'une attraction en raison inverse du cube de la distance et d'une répulsion proportionnelle à cette distance.

La loi du mouvement s'obtient en éliminant $d\theta$ entre l'équation (2) et la différentielle de (1 *bis*)

$$dt = \frac{r\,dr}{n(c - \omega r^2)},$$

d'où

$$2n\omega t = \log \frac{c - a^2 \omega}{c - r^2 \omega}. \tag{5}$$

On pourrait, en partant de l'expression de la force donnée par l'équation (4), obtenir l'équation générale de la trajectoire : il suffirait de procéder comme dans les exemples précédents; nous chercherons seulement quelle est la trajectoire absolue avec les données du problème actuel. L'élimination de t entre les équations (1 *bis*) et (5) conduit immédiatement à l'équation de la trajectoire

$$2n\theta = \log \frac{r^2}{a^2} + \log \frac{c - a^2 \omega}{c - r^2 \omega},$$

$$r^2 = \frac{a^2 c}{a^2 \omega + (c - a^2 \omega) e^{-2n\theta}}. \tag{6}$$

Quand $c > a^2\omega$, θ peut varier de $-\infty$ à $+\infty$, r variant de zéro à $\sqrt{\frac{c}{\omega}}$; l'équation (5) montre que r croît avec le temps si $n > 0$; le mobile décrit la portion de spirale asymptotique au cercle de rayon $\sqrt{\frac{c}{\omega}}$; il décrirait la partie asymptotique au pôle si $n < 0$.

Quand c est compris entre zéro et $a^2\omega$, θ ne peut varier que de la valeur qui annule le dénominateur de r^2 jusqu'à $+\infty$ ou $-\infty$ suivant le signe de n; r varie de ∞ jusqu'à $\sqrt{\frac{c}{\omega}}$; le mobile tourne extérieurement autour du même cercle, dont il s'approche si $n > 0$ et s'éloigne indéfiniment si $n < 0$.

Enfin, quand $c < 0$, θ peut varier de $\mp\infty$ suivant le signe de n, jusqu'à la valeur qui annule le dénominateur, r allant de zéro à l'infini; le mobile décrit la portion de courbe qui se rapproche du pôle si $n > 0$, et l'autre partie si $n < 0$.

Pour $c = 0$, la trajectoire est une droite, et pour $c = a^2\omega$ c'est un cercle.

CHAPITRE III.

MOUVEMENT D'UN POINT SUR UNE COURBE FIXE.

24. *Un point* M *non pesant est mobile dans un canal circulaire poli; ce point est sollicité par une force perpendiculaire à un diamètre fixe* AB *de ce cercle et proportionnelle à la distance du point* M *à ce diamètre. Trouver le mouvement du point* M.

(Marseille, novembre 1880.)

Le théorème des forces vives donne l'équation

$$v^2 - v_0^2 = -2\int_{x_0}^{x} \mu x\, dx = \mu(x_0^2 - x^2)$$

ou, en coordonnées polaires,

$$\left(\frac{d\theta}{dt}\right)^2 - \left(\frac{d\theta}{dt}\right)_0^2 = \mu(\cos^2\theta_0 - \cos^2\theta) = \frac{\mu}{2}(\cos 2\theta_0 - \cos 2\theta),$$

d'où

$$\pm\frac{d\theta}{dt} = \sqrt{\frac{\mu}{2}}\sqrt{k - \cos 2\theta},$$

en posant

$$k = \frac{2}{\mu}\left(\frac{d\theta}{dt}\right)_0^2 + \cos 2\theta_0;$$

la constante k étant au moins égale à -1, les cas suivants peuvent se présenter :

1° k est compris entre -1 et $+1$; on peut alors poser

$k = \cos 2\alpha$, $0 < \alpha < \frac{\pi}{2}$: le mobile oscille entre les points α et $\pi - \alpha$ ou $\pi + \alpha$ et $2\pi - \alpha$, suivant que sa position initiale est au-dessus ou au-dessous de l'axe polaire. Si $k = -1$, ce qui exige $\left(\frac{d\theta}{dt}\right)_0 = 0$ et $\theta_0 = \frac{\pi}{2}$ ou $\theta_0 = \frac{3\pi}{2}$, le mobile reste en équilibre.

2° $k > 1$; la vitesse angulaire ne s'annule jamais, le mouvement est résolutif. La vitesse est maximum chaque fois que le mobile passe en A ou B, et minimum quand il traverse l'axe polaire.

3° $k = 1$; l'équation du mouvement devient

$$\pm dt = \sqrt{\frac{1}{\mu}} \frac{d\theta}{\sin\theta};$$

elle est intégrable et donne

$$t = \pm \frac{1}{\sqrt{\mu}} \log \frac{\tang \frac{\theta}{2}}{\tang \frac{\theta_0}{2}};$$

on prendra le signe supérieur ou le signe inférieur suivant que $\left(\frac{d\theta}{dt}\right)_0$ sera positif ou négatif; dans le premier cas, θ ira constamment en croissant de θ_0 à π et, dans le second, en décroissant de θ_0 à 0, si l'on choisit la direction positive de l'axe polaire, telle que $0 < \theta_0 < \pi$. Il atteindra d'ailleurs sa situation limite, qui est une position d'équilibre instable, avec une vitesse nulle et au bout d'un temps infini; ce fait est général. Quand un mobile décrivant une courbe fixe arrive sans vitesse en un point où il reste, c'est évidemment une position d'équilibre, et, de plus, cet équilibre est instable, puisque la force vive du mobile est minimum. Enfin il n'arrivera généralement, dans cette situation limite, qu'au bout d'un temps infini, sans quoi la vitesse serait une fonction du temps telle que, à partir d'un certain instant, elle serait constamment nulle. De pareilles fonctions sont fort rares; le Calcul intégral en fournit peu d'exemples.

25. *Mouvement d'un point pesant sur la courbe*

$$ax + s - \frac{e^{ns} - 1}{n} = 0,$$

sachant qu'il y a une résistance proportionnelle au carré de la vitesse, cette résistance étant exprimée par la formule $R = nv^2$:

(Clermont, novembre 1880.)

L'énoncé suppose implicitement l'axe des x dirigé suivant la verticale ascendante.

La courbe se construit facilement en partant de son équation différentielle

$$(1) \qquad \frac{dx}{ds} = \cos\alpha = \frac{e^{ns} - 1}{a};$$

on reconnaît qu'elle est tangente à l'origine à l'axe des y et entièrement située du côté des x positifs; comme $\frac{dx}{ds}$ doit être inférieur, en valeur absolue, à l'unité, il faut que l'on ait du côté des s positifs $e^{ns} \leqq 1 + a$, ce qui donne un point d'arrêt à tangente verticale. Quant à la branche obtenue en donnant à s des valeurs négatives, elle sera infinie si $a > 1$; dans le cas contraire, elle présentera un point d'arrêt comme la première, qui sera fourni, si l'on pose $-s = \sigma$, par l'équation

$$e^{-n\sigma} = 1 - a \quad \text{ou} \quad e^{n\sigma} = \frac{1}{1 - a} > 1 + a;$$

cette seconde branche sera donc plus étendue que l'autre.

Le mouvement du point sur cette courbe sera donné par

le théorème des forces vives

$$(2) \qquad d\,\tfrac{1}{2}v^2 = -g\,dx \mp nv^2\,ds = \left[\frac{g}{a}(1-e^{ns}) \mp nv^2\right]ds;$$

le signe supérieur convient au cas du mouvement dirigé vers les s positifs et le signe inférieur au mouvement en sens contraire.

Nous supposerons que le mobile part sans vitesse initiale d'un point s_0 de la branche positive ; on a alors

$$(3) \qquad v^2 = \frac{ge^{2ns}}{an}\left[(1-e^{-ns_0})^2 - (1-e^{-ns})^2\right] = \left(\frac{ds}{dt}\right)^2;$$

une nouvelle intégration donne

$$(4) \qquad 1 - e^{-ns} = (1-e^{-ns_0})\cos t\sqrt{\frac{gn}{a}};$$

le mobile passe à l'origine au bout du temps $T = \frac{\pi}{2}\sqrt{\frac{a}{gn}}$, indépendant de s_0 ; la courbe est donc tautochrone. Il remonte ensuite pendant un temps égal, et l'arc négatif $-\sigma_1$ qu'il décrit est donné par la formule

$$e^{n\sigma_1} = 2 - e^{-ns_0};$$

σ_1 croît avec s_0, mais lui est toujours inférieur, puisque la relation précédente peut s'écrire

$$e^{n\sigma_1} - 1 = \frac{e^{ns_0} - 1}{e^{ns_0}}.$$

Le mouvement ultérieur s'obtient en prenant le signe supérieur dans l'équation (2), et la courbe n'est pas tautochrone du côté des arcs négatifs.

26. *Un point* M *assujetti à se mouvoir sur une sphère donnée, sans frottement, est sollicité par une force dirigée suivant la perpendiculaire abaissée du point* M *sur un diamètre fixe* AB. *Suivant quelle loi doit varier*

la force pour que la trajectoire décrite par le mobile soit une conique sphérique, dont le diamètre AB est l'un des axes?

(École Normale, juillet 1877, 2e question.)

Soient (*fig.* 17)

$$CF = CF_1 = \lambda, \quad MF \pm MF_1 = 2\alpha;$$

menons l'arc MP normal à ACB; on a

$$\begin{aligned} \cos MF &= \cos MP \cos(\lambda + PC), \\ \cos MF_1 &= \cos MP \cos(\lambda - PC), \end{aligned}$$

Fig. 17.

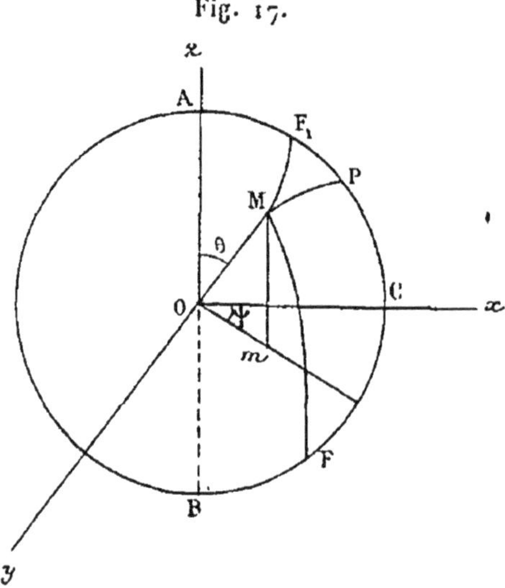

d'où les équations

$$\begin{aligned} \cos MF + \cos MF_1 &= 2 \cos MP \cos\lambda \cos PC, \\ \cos MF_1 - \cos MF &= 2 \cos MP \sin\lambda \sin PC; \end{aligned}$$

$$\cos \frac{MF \mp MF_1}{2} = \frac{\cos MP \cos\lambda \cos PC}{\cos\alpha},$$

$$\sin \frac{MF \mp MF_1}{2} = \frac{\cos MP \sin\lambda \sin PC}{\sin\alpha};$$

$$\cos^2 MP \left(\frac{\cos^2\lambda \cos^2 PC}{\cos^2\alpha} + \frac{\sin^2\lambda \sin^2 PC}{\sin^2\alpha} \right) = 1;$$

or

$$\cos \mathrm{MP} \cos \mathrm{PC} = \frac{x}{a}; \quad \cos \mathrm{MP} \sin \mathrm{PC} = \frac{z}{a},$$

l'équation de la projection de la courbe sur le plan des xz est donc

$$(1) \qquad x^2 \frac{\cos^2\lambda}{\cos^2\alpha} + z^2 \frac{\sin^2\lambda}{\sin^2\alpha} = a^2,$$

c'est une ellipse dont un axe est plus grand et l'autre plus petit que a. L'équation de la projection de cette courbe sur le plan des xy est en coordonnées polaires

$$(2) \qquad l^2 r^2 \cos^2\psi + k^2(a^2 - r^2) = a^2,$$

si l'on pose

$$\frac{\cos^2\lambda}{\cos^2\alpha} = l^2, \quad \frac{\sin^2\lambda}{\sin^2\alpha} = k^2.$$

Soit $f(r)$ la force agissant sur l'unité de masse comptée dans le sens attractif; cette force et la réaction de la sphère rencontrant l'axe des z, le théorème des aires projetées sur le plan des xy s'applique; en y joignant celui des forces vives, on a les deux équations

$$(3) \qquad r^2 \frac{d\psi}{dt} = c^2,$$

$$(4) \qquad v^2 = \mathrm{A} - 2\int f(r)\,dr;$$

or

$$v^2 = \frac{dz^2 + dr^2 + r^2 d\psi^2}{dt^2} = \frac{a^2}{a^2 - r^2}\left(\frac{dr}{dt}\right)^2 + r^2\left(\frac{d\psi}{dt}\right)^2;$$

d'où, en éliminant dt,

$$(5) \qquad c^4\left[\frac{1}{r^2} + \frac{a^2}{r^4(a^2 - r^2)}\left(\frac{dr}{d\psi}\right)^2\right] = \mathrm{A} - 2\int f(r)\,dr.$$

De l'équation (2) on tire

$$\left(\frac{dr}{d\psi}\right)^2 = r^2\left[\frac{k^2(l^2 - k^2)}{a^4(1 - k^2)^2} r^4 + \frac{l^2 - 2k^2}{a^2(1 - k^2)} r^2 - 1\right],$$

et, en substituant dans (5),

$$\frac{c^4}{(1-k^2)(a^2-r^2)}\left[\frac{k^2(l^2-k^2)}{a^2(1-k^2)}r^2+l^2-k^2-1\right]=A-2\int f(r)\,dr,$$

ce que l'on peut écrire

$$-\frac{c^4k^2(l^2-k^2)}{a^2(1-k^2)^2}+\frac{c^4(l^2-1)}{(1-k^2)^2}\,\frac{1}{a^2-r^2}=A-2\int f(r)(dr);$$

dérivant enfin par rapport à r, on a, pour l'expression de la force,

$$(6)\qquad f(r)=\frac{c^4(1-l^2)}{(1-k^2)^2}\,\frac{r}{(a^2-r^2)^2};$$

elle est attractive ou répulsive suivant que $\cos^2\lambda$ est inférieur ou supérieur à $\cos^2\alpha$, c'est-à-dire suivant que l'axe des x est le grand ou le petit axe de l'ellipse projection de la conique sur le plan des xz.

27. *Déterminer la courbe décrite sur un plan horizontal parfaitement poli, par un point matériel* M *lié par une tige rigide inextensible et sans masse, à un autre point* A *sans masse qui est animé d'un mouvement uniforme et rectiligne dans ce plan.*

(Lille, novembre 1872.)

Imaginons un système de comparaison en translation avec A, les forces d'inertie d'entraînement et centrifuge composée étant nulles ; le mouvement relatif de M est celui d'un point soumis seulement à la réaction de la tige : le principe des aires s'y applique donc; et, comme la trajectoire relative est une circonférence par le centre de laquelle passe constamment la force centrale, le mobile la décrit avec une vitesse angulaire constante.

Le mouvement absolu est celui d'un point qui parcourt, avec une vitesse angulaire constante ω, une circonférence dont le centre se meut uniformément, avec la vitesse V, sur une droite fixe Ox. La trajectoire de M est donc une cycloïde rallongée ou raccourcie; la droite sur laquelle roule la circonférence est parallèle à Ox et à la distance $\frac{V}{\omega}$ de cette droite, V et ω étant pris chacun avec son signe.

28. *Trouver, dans un plan vertical, la courbe sur laquelle un point pesant doit être assujetti à se mouvoir, pour que le rapport de la pression exercée par ce point sur la courbe à la composante normale de son poids soit égal à un nombre donné n.*

On examinera en particulier le cas de $n = 2$.

(École Normale, novembre 1872.)

Je prends pour origine le point de départ, l'axe des x étant horizontal et l'axe des y dans le sens de la pesanteur; je désigne par $\sqrt{2gh}$ la vitesse initiale et par N la réaction de la courbe comptée dans la direction de la normale, qui fait un angle aigu α avec celle de la pesanteur. Si l'on projette les forces N et g et l'accélération qu'elles produisent sur la direction positive de N, on a

$$N + g\cos\alpha = (n+1)g\cos\alpha = \pm\frac{v^2}{\rho} = \pm 2g\frac{h+y}{\rho},$$

le rayon de courbure étant pris en valeur absolue; on mettra le signe + ou le signe — selon que la courbe aura sa concavité vers les y positifs ou les y négatifs. Or on a aussi

$$\rho = \pm\frac{\left[1+\left(\frac{dy}{dx}\right)^2\right]^{\frac{3}{2}}}{\frac{d^2y}{dx^2}} = \pm\frac{(1+p^2)^{\frac{3}{2}}}{p\frac{dp}{dy}},$$

les signes étant pris dans le même ordre que précédemment, et

$$\cos\alpha = \frac{1}{\sqrt{1+p^2}};$$

l'équation de la courbe est donc

$$2(h+y) = \frac{(n+1)\,dy}{p\,dp}(1+p^2).$$

Intégrant et désignant par k la constante $h(1+p_0^2)^{-\frac{1}{n+1}}$, il vient

$$(1)\qquad k^{n+1}(1+p^2) = (h+y)^{n+1},\quad dx = \pm \frac{dy}{\sqrt{\left(\frac{h+y}{k}\right)^{n+1} - 1}}.$$

On ne sait intégrer cette différentielle binôme que lorsque $\frac{1}{n+1}$ ou $\frac{1}{n+1} - \frac{1}{2}$ sera entier; l'ensemble de ces deux cas est compris dans la formule $n+1 = \frac{2}{\mu}$, μ étant entier. Voyons quelques valeurs simples de μ.

1° Soit $\mu = 2$, alors $n = 0$; l'équation (1) devient

$$dx = \pm \frac{\sqrt{k}\,dy}{\sqrt{h+y-k}},$$

$$(2)\qquad 4k(h+y-k) = \left[x - 2\sqrt{k(h-k)}\right]^2.$$

C'est une parabole à axe vertical que le mobile suivra librement, en sorte que la courbe, ne réagissant pas, n'éprouvera aucune pression.

2° $\mu = 1$, $n = 1$. — La pression sur la courbe est égale à la composante normale du poids; l'équation (1) devient

$$dx = \pm \frac{k\,dy}{\sqrt{(h+y)^2 - k^2}},$$

$$x = \pm c \log \frac{h+y+\sqrt{(h+y)^2-k^2}}{h+\sqrt{h^2-k^2}},$$

C'est une chaînette, car on déduit de l'équation précédente

$$y + h = \frac{k}{2}\left(e^{\frac{x-x_0}{k}} + e^{-\frac{x-x_0}{k}}\right),\quad x_0 = \mp k \log \frac{k}{h+\sqrt{h^2-k^2}}.$$

La loi du mouvement sur la chaînette se déduit de l'équation des forces vives; on a

$$2g(h+y) = v^2 = \frac{(h+y)^2}{(h+y)^2 - k^2}\frac{dy^2}{dt^2},$$

$$dt\sqrt{2g} = \frac{dy\sqrt{h+y}}{\sqrt{(h+y)^2 - k^2}}.$$

On est conduit à une intégrale elliptique de deuxième espèce.

3° $\mu = -1$, $n = -3$. — La pression est triple de la composante normale du poids et dirigée en sens contraire de cette composante; l'équation (1) nous donne

$$dx = \frac{\pm(h+y)\,dy}{\sqrt{k^2 - (h+y)^2}},$$

$$(x - hp_0)^2 + (y+h)^2 = h^2(1+p_0^2);$$

c'est un cercle dont le rayon $k = h\sqrt{1+p_0^2}$ est fonction de la direction et de la grandeur de la vitesse initiale. Le mouvement de ce pendule est donné par la formule

$$dt = \pm\sqrt{\frac{k}{2g}}\frac{d\alpha}{\sqrt{\cos\alpha}};$$

le mobile ne parcourt que la moitié inférieure de la circonférence.

4° $\mu = -2$, $n = -2$. — La pression double de la composante du poids est dirigée en sens inverse

$$dx = \pm\, dy\sqrt{\frac{h+y}{k-h-y}}.$$

La courbe est une cycloïde tournant sa convexité vers le bas; la base est sur l'horizontale $y = -h$, et le diamètre du cercle générateur est k. Le mouvement sur cette courbe à la fois tautochrone et brachistochrone est bien connu.

5° Enfin, si l'on fait μ infini, $n = -1$, le mobile doit rester sur une droite, et son mouvement est uniformément varié.

CHAPITRE IV.

MOUVEMENT D'UN POINT SUR UNE SURFACE.

29. *Un point matériel pesant, assujetti à rester sur une sphère de rayon a, est attiré proportionnellement à la distance par un point fixe* B *situé sur la verticale* Oz *du centre de la sphère, à une distance* $OB = b$ *de ce centre. On donne la valeur* μ *de l'attraction à l'unité de distance, l'intensité* g *de la pesanteur, la vitesse initiale* k *du point mobile, laquelle est supposée horizontale, et enfin la distance initiale* h *de ce point au plan* Oxy *qui passe par le centre de la sphère.*

On demande de trouver les limites entre lesquelles variera, pendant le mouvement, l'ordonnée z *du point mobile; de déterminer complètement ce mouvement, dans le cas particulier où l'attraction du point fixe* B *sur le centre de la sphère est égale et contraire à la pesanteur.*

(Paris, novembre 1875.)

Le point mobile est soumis à l'action de trois forces, dont deux, l'attraction du point fixe et la réaction de la sphère, rencontrent Oz et la troisième, la pesanteur, lui est parallèle; le principe des aires projetées sur le plan Oxy est donc applicable, en y joignant le théorème des forces vives; on a, en coordonnées cylindriques, les équations

$$(1)\qquad r^2\frac{d\theta}{dt}=c^2=k\sqrt{a^2-h^2},$$

$$(2)\qquad \left\{\begin{aligned} v^2-k^2&=-2\int\{\mu x\,dx+\mu y\,dy+[\mu(z-b)+g]\,dz\}\\ &=2(\mu b-g)(z-h);\end{aligned}\right.$$

or

$$v^2=\frac{dr^2+dz^2}{dt^2}+r^2\frac{d\theta^2}{dt^2}=\frac{a^2}{r^2}\frac{dz^2}{dt^2}+\frac{c^4}{r^2},$$

d'où l'équation entre z et t

$$(3)\qquad a\frac{dz}{dt}=\pm\sqrt{[2(\mu b-g)(z-h)+k^2](a^2-z^2)-k^2(a^2-h^2)}.$$

Les valeurs limites de z s'obtiendront en exprimant que la vitesse est horizontale, $\frac{dz}{dt}=0$, ce qui donne l'équation

$$(4)\qquad 2(\mu b-g)(z-h)(a^2-z^2)-k^2(z^2-h^2)=0,$$

qui admet, ainsi que cela devait être, la racine $z=h$; en la supprimant il reste

$$(5)\qquad 2(g-\mu b)z^2-k^2z-k^2h-2(g-\mu b)a^2=0,$$

$$z=\frac{k^2\pm\sqrt{k^4+8(g-\mu b)[2(g-\mu b)a^2+k^2h]}}{4(g-\mu b)}.$$

Soient z_1 la plus petite de ces racines en valeur absolue et z_2 l'autre, il ne saurait y en avoir qu'une répondant à la question :

1° $g-\mu b>0$; substituant successivement pour z, dans le premier membre de (5), les valeurs

$$-\infty,\ -a,\ -h,\ +a \text{ et } +\infty,$$

on trouve que z_1 est compris entre $-a$ et $-h$ et $z_2>a$: cette dernière valeur doit donc être rejetée. Soit $h>0$, le parallèle limite inférieur est situé au-dessous du parallèle symétrique de celui du point de départ.

2° $g - \mu b < 0$. Les mêmes substitutions montrent que z_2 est inférieur à $-a$ et que z_1 est compris entre $-h$ et $+a$; c'est donc la racine z_1 qui convient. Pour trouver les situations respectives des parallèles limites h et z_1, toujours dans l'hypothèse $h > 0$, cherchons la condition pour que $z_1 = -h$; on a immédiatement, en substituant dans (5), $\mu b - g = 0$; donc, quand la valeur absolue de $g - \mu b$ est très petite, le parallèle z_1 est très peu au-dessus du parallèle $-h$. Pour étudier ce qui arrive quand b croît, il faut former la dérivée $\frac{dz_1}{db}$; on trouve facilement

$$4\frac{dz_1}{d\mu b}(\mu b - g)^2\sqrt{k^4 + 16(\mu b - g)^2 a^2 - 8k^2 h(\mu b - g)}$$
$$= k^2\left[4h(\mu b - g) - k^2 + \sqrt{k^4 + 16(\mu b - g)^2 a^2 - 8k^2 h(\mu b - g)}\right];$$

le second membre est positif si

$$4h(\mu b - g) \geqq k^2;$$

s'il en est autrement, comme le radical est toujours supérieur à

$$\sqrt{k^4 + 16(\mu b - g)^2 h^2 - 8k^2 h(\mu b - g)} = k^2 - 4h(\mu b - g),$$

la dérivée $\frac{dz_1}{db}$ est encore positive. Donc, quand b croît, le parallèle z_1 s'élève; on a $z_1 = h$ quand

$$(6) \qquad \mu b - g = \frac{k^2 h}{a^2 - h^2} = \frac{k^2 h}{r_0^2};$$

alors le mobile décrit un parallèle et son mouvement angulaire est uniforme en vertu du théorème des aires.

Enfin, si le centre d'attraction B continue à s'élever, z_1 devient supérieur à h; on a $z_1 = a$ pour $b = \infty$.

3° $g - \mu b = 0$; les composantes des trois forces agissant sur le mobile sont respectivement, en appelant N la réaction comptée à l'intérieur de la sphère,

$$\frac{d^2x}{dt^2} = -\mu x - N\frac{x}{a}, \quad \frac{d^2y}{dt^2} = -\mu y - N\frac{y}{a}, \quad \frac{d^2z}{dt^2} = -\mu z - N\frac{z}{a};$$

leur résultante passe constamment par le centre de la sphère : donc la trajectoire est plane. Le mobile décrit un grand cercle de la sphère d'un mouvement uniforme; faisant passer le plan des xz par la situation initiale du mobile, on trouve aisément, pour l'expression de ses coordonnées en fonction du temps,

$$(7) \qquad z = h\cos\frac{kt}{a}, \quad x = \sqrt{a^2 - h^2}\cos\frac{kt}{a}, \quad y = a\sin\frac{kt}{a};$$

enfin la réaction de la sphère est constante et égale à $\frac{k^2 - \mu a^2}{a}$.

Nous avons supposé $h > 0$ dans la discussion précédente; si à l'instant initial le mobile se trouvait dans l'hémisphère inférieur, ce cas se ramènerait à celui que nous avons étudié en prenant pour axe des z la verticale descendante et changeant b et g de signe. La discussion serait la même; elle se présenterait seulement en ordre inverse.

Recherchons, en terminant, la condition générale pour qu'un mobile assujetti à rester sur une surface de révolution y décrive un parallèle d'un mouvement uniforme.

La vitesse initiale v_0 doit être tangente au parallèle de rayon r décrit par le mobile, et de grandeur telle que la force centrifuge correspondante soit en équilibre avec la réaction de la surface et la résultante des forces f réellement agissantes, ce qui exige d'abord que cette résultante soit constamment dans un plan méridien, et de plus, si l'on projette sur la tangente au méridien, pour éliminer la réaction, que l'on ait l'équation

$$\frac{v_0^2}{r}\cos\alpha + \Sigma f \cos\lambda = 0; \tag{8}$$

on vérifie aisément que cette relation conduit à l'équation (6).

30. *Un point matériel est assujetti à rester sur une sphère dont un point fixe* P *est considéré comme pôle, et il est sollicité par une force dirigée, à chaque instant, suivant la tangente au méridien* MP *et inversement proportionnelle au carré du cosinus de la latitude. Déterminer le mouvement du point* M *et trouver l'équation du cône qui a pour sommet le centre de la sphère et pour directrice la trajectoire décrite.*

La vitesse initiale du point M *sera supposée tangente au parallèle passant par la situation initiale.*

(École Normale, juillet 1875.)

Le principe des aires projetées sur le plan de l'équateur est applicable et donne, en désignant par a le rayon de la sphère et par λ la latitude de M,

$$r^2\frac{d\theta}{dt} = r_0 v_0, \quad a\cos^2\lambda\frac{d\theta}{dt} = v_0\cos\lambda_0; \tag{1}$$

le théorème des forces vives conduit à l'équation

$$v^2 - v_0^2 = 2\int_{\lambda_0}\frac{\mu}{\cos^2\lambda}a\,d\lambda = 2\mu a(\operatorname{tang}\lambda - \operatorname{tang}\lambda_0); \tag{2}$$

or

$$v^2 = a^2\cos^2\lambda\left(\frac{d\theta}{dt}\right)^2 + a^2\left(\frac{d\lambda}{dt}\right)^2;$$

d'où, en éliminant dt,

$$\frac{v_0^2\cos^2\lambda_0}{\cos^2\lambda} + \frac{v_0^2\cos^2\lambda_0}{\cos^4\lambda}\left(\frac{d\lambda}{d\theta}\right)^2 = v_0^2 - 2\mu a\operatorname{tang}\lambda_0 + 2\mu a\operatorname{tang}\lambda,$$

la relation différentielle entre θ et λ est donc

$$(3)\quad \pm d\theta = \frac{v_0 \cos\lambda_0\, d\,\mathrm{tang}\,\lambda}{\sqrt{-v_0^2\cos^2\lambda_0\,\mathrm{tang}^2\lambda + 2\mu a\,\mathrm{tang}\,\lambda - 2\mu a\,\mathrm{tang}\,\lambda_0 + v_0^2\sin^2\lambda_0}};$$

le mobile reste entre le parallèle λ_0 et le parallèle λ_1 défini par la seconde racine de la quantité sous le radical égalée à zéro

$$(4)\qquad \mathrm{tang}\,\lambda_1 = \frac{2\mu a}{v_0^2\cos^2\lambda_0} - \mathrm{tang}\,\lambda_0.$$

Le mobile décrit le parallèle λ_0 si $\lambda_1 = \lambda_0$, c'est-à-dire si l'on a

$$v_0^2 = \frac{2\mu a}{\sin 2\lambda_0}.$$

L'équation (3) peut s'écrire

$$\pm d\theta = \frac{v_0\cos\lambda_0\, d\,\mathrm{tang}\,\lambda}{\sqrt{\left(v_0\sin\lambda_0 - \dfrac{\mu a}{v_0\cos\lambda_0}\right)^2 - \left(v_0\cos\lambda_0\,\mathrm{tang}\,\lambda - \dfrac{\mu a}{v_0\cos\lambda_0}\right)^2}};$$

son intégrale est, en faisant $\theta_0 = 0$,

$$(5)\qquad \cos\theta = \frac{v_0^2\cos^2\lambda_0\,\mathrm{tang}\,\lambda - \mu a}{v_0^2\sin\lambda_0\cos\lambda_0 - \mu a},$$

équation qui définit la trajectoire du mobile.

On obtient aisément l'équation du cône ayant cette courbe comme directrice, à l'aide des relations

$$\cos\theta = \frac{x}{\sqrt{x^2+y^2}},\quad \mathrm{tang}\,\lambda = \frac{z}{\sqrt{x^2+y^2}},$$

$$(6)\quad [z v_0^2\cos^2\lambda_0 + x(\mu a - \tfrac{1}{2}v_0^2\sin 2\lambda_0)]^2 - \mu^2 a^2(x^2+y^2) = 0;$$

c'est un cône du second degré ayant le plan des xz pour plan de symétrie. La trajectoire et la courbe symétrique relativement à l'origine se projettent sur ce plan suivant deux arcs de l'ellipse

$$[z_0 v_0^2 \cos^2\lambda_0 + x(\mu a - \tfrac{1}{2} v_0^2 \sin 2\lambda_0)]^2 + \mu^2 a^2 z^2 = \mu^2 a^4,$$

limités par le méridien de ce plan.

La relation entre la latitude et le temps est

$$\pm dt = \frac{a \cos^2\lambda \, d \operatorname{tang}\lambda}{\sqrt{-v_0^2 \cos^2\lambda_0 \operatorname{tang}^2\lambda + 2\mu a \operatorname{tang}\lambda - 2\mu a \operatorname{tang}\lambda_0 + v_0^2 \sin^2\lambda_0}}$$

ou, en posant $\operatorname{tang}\lambda = u$,

$$\pm dt = \frac{a}{v_0 \cos\lambda_0} \frac{du}{(1+u^2)\sqrt{(u-u_0)(u_1-u)}},$$

expression que l'on sait intégrer.

31. *Un point matériel non pesant, de masse m, est assujetti à se mouvoir sur la surface d'une sphère de rayon l; dans chacune de ses positions il est soumis à l'action d'une force perpendiculaire à un plan fixe* P *mené par le centre de la sphère, dirigée vers ce plan, et dont l'intensité est $\frac{mk^2}{z^3}$, z désignant la distance du mobile au plan. On suppose la vitesse initiale parallèle au plan :*

1° *Trouver la projection de la trajectoire sur le plan* P;

2° *Exprimer les coordonnées polaires du mouvement projeté en fonction du temps, dans le cas où l'on a*

$$v_0^2 z_0^2 - k^2 > 0,$$

v_0 désignant la vitesse initiale et z_0 la valeur initiale de z.

(École Normale, juillet 1879.)

En procédant comme dans les exemples précédents,

on a

$$(1) \qquad r^2 \frac{d\theta}{dt} = c = r_0 v_0,$$

$$v^2 - v_0^2 = -2\int_{z_0}^{z} \frac{k^2}{z^3}\,dz = k^2\left(\frac{1}{z^2} - \frac{1}{z_0^2}\right)$$

ou

$$(2) \qquad \frac{l^2}{z^2}\left(\frac{dr}{dt}\right)^2 + r^2\left(\frac{d\theta}{dt}\right)^2 = v_0^2 - \frac{k^2}{z_0^2} + \frac{k^2}{z^2};$$

éliminant dt,

$$\frac{l^2}{z^2}\frac{c^2}{r^4}\left(\frac{dr}{d\theta}\right)^2 = v_0^2 - \frac{k^2}{z_0^2} + \frac{k^2}{z^2} - \frac{c^2}{r^2},$$

$$(3) \qquad \pm d\theta = \frac{lc\,\dfrac{dr}{r^3}}{\sqrt{-\dfrac{l^2c^2}{r^4} + \dfrac{1}{r^2}\left[v_0^2(l^2+r_0^2) - \dfrac{r_0^2k^2}{z_0^2}\right] - \left(v_0^2 - \dfrac{k^2}{z_0^2}\right)}};$$

$\frac{1}{r^2}$ ne peut varier qu'entre les deux racines de la quantité sous le radical, et, comme l'une d'elles est $\frac{1}{r_0^2}$, l'autre est

$$\frac{1}{r_1^2} = r_0^2\,\frac{v_0^2 - \dfrac{k^2}{z_0^2}}{l^2c^2} = \frac{v_0^2 - \dfrac{k^2}{z_0^2}}{l^2v_0^2};$$

si $r_1^2 > 0$, il est supérieur à l^2; r varie donc en tous cas entre r_0 et l.

L'équation (3) peut s'écrire

$$\pm 2\,d\theta = \frac{d\,\dfrac{1}{r^2}}{\sqrt{-\left[\dfrac{1}{r^2} - \dfrac{1}{2}\left(\dfrac{1}{r_0^2} + \dfrac{1}{r_1^2}\right)\right]^2 + \dfrac{1}{4}\left(\dfrac{1}{r_0^2} - \dfrac{1}{r_1^2}\right)^2}};$$

intégrant et faisant $\theta_0 = 0$, il vient

$$\cos 2\theta = \frac{\dfrac{2}{r^2} - \left(\dfrac{1}{r_0^2} + \dfrac{1}{r_1^2}\right)}{\dfrac{1}{r_0^2} - \dfrac{1}{r_1^2}},$$

ou

$$\frac{1}{r^2} = \frac{\cos^2\theta}{r_0^2} + \frac{\sin^2\theta}{r_1^2}; \tag{4}$$

suivant que $r_1^2 \gtrless 0$, cette équation représente une ellipse ou une hyperbole; si c'est une ellipse, son grand axe est dirigé suivant Oy.

Recherchons r et θ en fonction du temps dans le cas où, en vertu de l'énoncé, la courbe est une ellipse; on a

$$r_0 v_0\, dt = \frac{d\theta}{\frac{1}{r_0^2}\cos^2\theta + \frac{1}{r_1^2}\sin^2\theta} = r_0 r_1 \frac{\frac{r_0}{r_1}\, d\tan\theta}{1 + \left(\frac{r_0}{r_1}\tan\theta\right)^2},$$

d'où

$$\tan\theta = \frac{r_1}{r_0}\tan\frac{v_0}{r_1}t. \tag{5}$$

On en déduit, à l'aide de l'équation (4),

$$r^2 = r_0^2\cos^2\frac{v_0}{r_1}t + r_1^2\sin^2\frac{v_0}{r_1}t. \tag{6}$$

La trajectoire du mobile est une courbe fermée qui a pour projection l'arc AB d'ellipse (*fig.* 18), et les formules qui précèdent ne sont applicables que quand le mobile va de M_0 en B; à partir de ce point la vitesse angulaire $\frac{d\theta}{dt}$ change brusquement de signe sans passer par zéro, et la vitesse v devient infinie au point B, $z = 0$, à cause de sa composante $\frac{dz}{dt}$. La valeur limite ω de θ est donnée par la formule

$$\frac{1}{l^2} = \frac{1}{r_0^2}\cos^2\omega + \frac{1}{r_1^2}\sin^2\omega,$$

$$\tan\omega = \frac{v_0 z_0^2}{k r_0}, \tag{7}$$

et la durée T d'un quart de révolution est

$$T = \frac{r_1}{v_0} \text{ arc tang } \frac{v_0 z_0^2}{k r_1}. \tag{8}$$

A partir du moment où le mobile vient rencontrer en B le plan des xy, son mouvement ne peut plus être déterminé qu'en invoquant des raisons de symétrie. Il faudra en conséquence, pour obtenir le mouvement dans la seconde période qui comprend le parcours du mobile de B en A

Fig. 18.

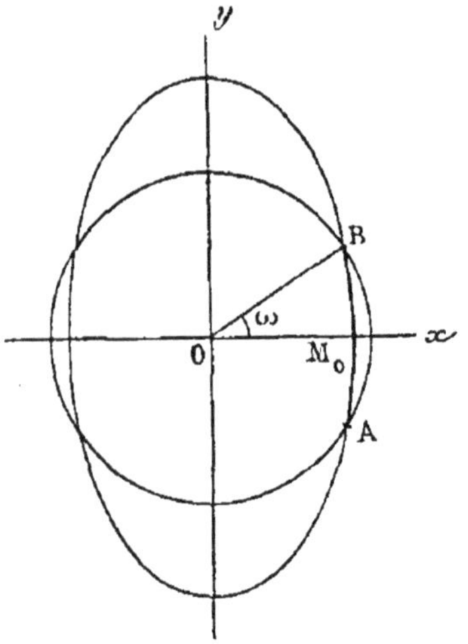

au-dessous du plan des xy, remplacer, dans les formules (5) et (6), t par $2T - t$; de cette façon, en effet, pour deux instants également éloignés de l'époque T, θ et r reprendront les mêmes valeurs. Pour la période suivante dans laquelle, z étant positif, θ varie de $-\omega$ à $+\omega$, on remplacera t par $t - 4T$, et ainsi de suite.

32. *Un point pesant m est assujetti à se mouvoir sans frottement sur un cylindre circulaire droit dont l'axe est vertical, et, en outre, il est soumis à l'attrac-*

tion d'un point fixe A, attraction proportionnelle à la distance. Déterminer le mouvement du point m.

(Paris, août 1874.)

Prenons pour axe des z l'axe du cylindre et pour axe des x l'horizontale passant par A; on a, en appelant R le rayon du cylindre, a la distance OA, μ^2 l'attraction à l'unité de distance et N la réaction prise positivement à l'extérieur du cylindre,

$$(1)\qquad \left\{\begin{aligned} \frac{d^2x}{dt^2} &= -\mu^2(x-a)+\mathrm{N}\frac{x}{\mathrm{R}},\\ \frac{d^2y}{dt^2} &= -\mu^2 y+\mathrm{N}\frac{y}{\mathrm{R}},\\ \frac{d^2z}{dt^2} &= -g-\mu^2 z; \end{aligned}\right.$$

d'où l'on déduit, en tenant compte de l'équation différentielle du cylindre,

$$2\,dx\frac{d^2x}{dt^2}+2\,dy\frac{d^2y}{dt^2}=2\mu^2 a\,dx,\qquad \frac{dx^2+dy^2}{dt^2}=2\mu^2 ax+\mathrm{C},$$

ou, en coordonnées polaires,

$$(2)\qquad \mathrm{R}\frac{d\theta^2}{dt^2}=\mathrm{R}\omega^2+2\mu^2 a(\cos\theta-\cos\theta_0),$$

en désignant par ω et θ_0 les valeurs initiales de $\frac{d\theta}{dt}$ et de θ.

Quant à la troisième équation (1), elle s'intègre immédiatement :

$$(3)\qquad z=\left(z_0+\frac{g}{\mu^2}\right)\cos\mu t+\frac{1}{\mu}\left(\frac{dz}{dt}\right)_0\sin\mu t-\frac{g}{\mu^2}.$$

La projection de M sur l'axe des z fait des oscillations dont la durée est $\frac{2\pi}{\mu}$ au-dessus et au-dessous du point dont l'ordonnée est $-\frac{g}{\mu^2}$. L'équation (2) prouve que le rayon vecteur de la projection de M se meut par rapport à OA comme la tige d'un pendule de longueur $\frac{gR}{\mu^2 a}$ par rapport à la verticale; le mouvement sera alternatif ou continu selon que

$$R\omega^2 - 2\mu^2 a(1 + \cos\theta_0) \lesseqgtr 0.$$

Dans le second cas, le temps d'une révolution est

$$\int_0^{2\pi} d\theta \sqrt{R}(2\mu^2 a \cos\theta + R\omega^2 - 2\mu^2 a \cos\theta_0)^{-\frac{1}{2}};$$

s'il est commensurable avec $\frac{2\pi}{\mu}$, la trajectoire sera fermée; mais elle ne peut être plane, car ce serait une ellipse, et θ devenant une fonction connue de z s'exprimerait comme lui par des fonctions élémentaires de t; or c'est incompatible avec la forme de l'équation (2) qui exige une intégrale elliptique quand a est différent de zéro.

La valeur de N s'obtient aisément à l'aide des deux premières équations (1) :

$$RN = x\frac{d^2x}{dt^2} + y\frac{d^2y}{dt^2} + \mu^2(R^2 - ax),$$

d'où

$$RN = -\left(\frac{dx^2}{dt^2} + \frac{dy^2}{dt^2}\right) + \mu^2(R^2 - ax),$$

puisque

$$\frac{d}{dt}\left(x\frac{dx}{dt} + y\frac{dy}{dt}\right) = 0;$$

donc

$$N = -R\frac{d\theta^2}{dt^2} + \mu^2(R - a\cos\theta) = \mu^2(R + 2a\cos\theta_0 - 3a\cos\theta) - R\omega^2.$$

Cette force atteint son minimum pour $\theta = 0$ et son maximum pour la valeur limite de θ si le mouvement est oscillatoire, ou pour $\theta = \pi$ s'il est révolutif; il sera donc toujours possible de reconnaître si la réaction, que nous avons comptée extérieurement au cylindre, change de sens pendant le mouvement.

33. *Mouvement d'un point matériel pesant, assujetti à rester sur la surface d'un cylindre de révolution dont l'axe fait un angle ε avec la verticale ascendante.*

(Paris, novembre 1876.)

Prenons pour axe des z l'axe du cylindre et pour plan des zx le plan vertical contenant cet axe; les équations générales du mouvement nous donnent

$$\frac{d^2x}{dt^2} = g\sin\varepsilon + N\frac{x}{R}, \quad \frac{d^2y}{dt^2} = N\frac{y}{R}, \quad \frac{d^2z}{dt^2} = -g\cos\varepsilon.$$

Opérant comme dans l'exemple précédent, on arriverait à

$$\frac{dx^2+dy^2}{dt^2} = 2g\sin\varepsilon\, dx,$$

d'où l'on conclurait que le mouvement de la projection du mobile sur le plan des xy est pendulaire.

Le mouvement de la projection du point sur Oz est celui d'un mobile soumis à la seule action de la pesanteur et animé d'une vitesse initiale $\left(\frac{dz}{dt}\right)_0$. La trajectoire n'est jamais plane, et la réaction s'exprime comme précédemment.

34. *On donne une ellipse dont les axes ont pour longueur $2a$ et $2b$; cette ellipse sert de base à un cylindre droit indéfini, sur lequel un point matériel est assujetti à se mouvoir. Ce point est, en outre, attiré proportionnellement à la distance par le centre O de l'ellipse. Déterminer le mouvement et discuter les divers cas qui peuvent se présenter.*

Données. — *On représentera par k^2 l'attraction du*

centre O sur l'unité de masse à l'unité de distance; par v_0 la vitesse initiale; par ε l'angle qu'elle fait avec la génératrice du cylindre; par z_0 la distance de la position initiale du mobile au plan de l'ellipse, et par x_0 la distance de ce même point au plan qui passe par l'axe du cylindre et le petit axe de l'ellipse.

Appliquer les formules trouvées au cas où $b = a$; que faut-il, dans ce cas, pour que la trajectoire soit une courbe fermée ou bien une courbe plane?

Calculer, dans la même hypothèse, la réaction du cylindre.

(École Normale, juillet 1881.)

Les équations générales du mouvement nous donnent, s étant l'arc d'ellipse,

$$(1)\qquad \begin{cases} \dfrac{d^2x}{dt^2} = -k^2x - \mathrm{N}\dfrac{dy}{ds}, \\ \dfrac{d^2y}{dt^2} = -k^2y + \mathrm{N}\dfrac{dx}{ds}, \\ \dfrac{d^2z}{dt^2} = -k^2z. \end{cases}$$

L'intégrale de la dernière est

$$(2)\qquad z = z_0\cos kt + \frac{v_0\cos\varepsilon}{k}\sin kt;$$

le mouvement projeté sur Oz est oscillatoire, et la durée des oscillations est $\mathrm{T} = \frac{2\pi}{k}$. Les valeurs de t qui rendent z maximum ou minimum sont données par la formule

$$\operatorname{tang} kt = \frac{v_0\cos\varepsilon}{z_0 k},$$

et les valeurs de z correspondantes sont

$$z = \pm\frac{\sqrt{z_0^2k^2 + v_0^2\cos^2\varepsilon}}{k},$$

Si l'on élimine la réaction entre les deux premières équations (1), on a

$$\frac{d^2x}{dt^2}\,dx + \frac{d^2y}{dt^2}\,dy = -k^2(x\,dx + y\,dy),$$

$$\text{(3)}\qquad \frac{dx^2}{dt^2} + \frac{dy^2}{dt^2} + k^2(x^2+y^2) = c,$$

équation qui n'est autre que celle des forces vives dans le mouvement projeté. Éliminant y et dy à l'aide de l'équation du cylindre

$$\frac{x^2}{a^2} + \frac{y^2}{b^2} = 1,$$

l'équation (3) devient, en appelant e l'excentricité de l'ellipse de base,

$$\left(\frac{dx}{dt}\right)^2 \frac{a^2 - e^2x^2}{a^2 - x^2} + k^2(b^2 + e^2x^2) = c = v_0^2 \sin^2\varepsilon + k^2(b^2 + e^2x_0^2),$$

d'où

$$\text{(4)}\qquad \frac{dx}{dt} = \pm\sqrt{\frac{a^2 - x^2}{a^2 - e^2x^2}}\sqrt{v_0^2 \sin^2\varepsilon - k^2e^2(x^2 - x_0^2)}.$$

La quantité $\dfrac{a^2 - x^2}{a^2 - e^2x^2}$ étant positive, les valeurs extrêmes de x sont données par la formule

$$x_1^2 = \frac{v_0^2 \sin^2\varepsilon + k^2e^2x_0^2}{k^2e^2};$$

si $x_1^2 < a^2$, le mouvement est oscillatoire, la projection du mobile passe au sommet du petit axe, milieu de sa course, avec une vitesse maximum, ainsi que cela résulte de l'équation (3). Dans le cas de $x_1^2 > a^2$, le mouvement est révolutif; la vitesse devient maximum ou minimum à chaque passage par un sommet du petit ou du grand axe.

Enfin, si l'on a $x_1^2 = a^2$, l'équation (4) prend la forme simple

$$(5)\qquad ke\,dt = \pm \frac{dx\sqrt{a^2 - e^2x^2}}{a^2 - x^2},$$

expression que l'on sait intégrer; mais il est facile de voir, sans faire l'intégration, que le mobile n'atteint sa position d'équilibre instable $x = \pm a$ qu'au bout d'un temps infini; si l'on forme, en effet, l'expression $(a \mp x)\dfrac{\sqrt{a^2 - e^2x^2}}{a^2 - x^2}$, elle ne change pas de signe, et sa valeur minimum est $\dfrac{\sqrt{1-e}}{2}$.

Dans le cas de $b = a$, $e = 0$, la formule (4) devient

$$\frac{dx}{dt} = \pm \frac{v_0 \sin\varepsilon}{a}\sqrt{a^2 - x^2},$$

d'où

$$(6)\qquad x = a\cos\frac{v_0\sin\varepsilon}{a}t, \quad y = a\sin\frac{v_0\sin\varepsilon}{a}t,$$

si l'on prend pour instant initial celui du maximum de x; ce sont les formules du mouvement angulaire uniforme; l'équation (3) conduit immédiatement à la même conséquence.

La durée de la révolution est $T' = \dfrac{2a\pi}{v_0\sin\varepsilon}$; si donc le rapport $\dfrac{T'}{T} = \dfrac{ak}{v_0\sin\varepsilon}$ est commensurable, la trajectoire est fermée. Pour qu'elle soit plane, il faut d'abord que ce rapport soit égal à l'unité, et il est facile de reconnaître que cette condition est suffisante; les trois coordonnées s'exprimant linéairement en fonction du sinus et du cosinus du même multiple du temps, l'élimination de ces lignes trigonométriques conduit à une équation linéaire et homogène en x, y et z.

La réaction est donnée par la formule

$$N\frac{x}{a} = \frac{d^2x}{dt^2} + k^2x = x\left(k^2 - \frac{v_0^2\sin^2\varepsilon}{a^2}\right),$$

$$(7)\qquad N = a\left(k^2 - \frac{v_0^2\sin^2\varepsilon}{a^2}\right);$$

elle est constante, et cette constante est nulle dans le cas où la courbe décrite est plane.

35. *Un point matériel non pesant est assujetti à se mouvoir sur un cône de révolution, et il est soumis à l'action d'un centre attractif, placé au sommet du cône et qui l'attire en raison inverse du carré de la distance.*

On demande d'étudier le mouvement du point matériel et, en particulier, la projection de la trajectoire sur un plan perpendiculaire à l'axe du cône. On supposera la vitesse initiale perpendiculaire à la génératrice du cône sur laquelle se trouve le point matériel.

(Paris, août 1875.)

Nous prendrons le sommet du cône pour origine et son axe pour axe des z; les deux seules forces qui agissent sur le mobile, la réaction de la surface et l'attraction du sommet rencontrant l'axe des z, le théorème des aires projetées donne l'équation

$$r^2\frac{d\theta}{dt} = r_0 v_0.$$

L'équation des forces vives est

$$v^2 - v_0^2 = -2\int\frac{\mu^2}{R^2}\,\frac{x\,dx + y\,dy + z\,dz}{R} = 2\mu^2\left(\frac{1}{R} - \frac{1}{R_0}\right),$$

R représentant la distance du mobile au sommet. Si nous introduisons les coordonnées polaires R et ω de la transformée de la trajectoire du mobile dans le développement du cône sur un plan, on a, γ étant le demi-angle au sommet du cône,

$$R\omega = r\theta, \quad r = R\sin\gamma, \quad \text{d'où} \quad \omega = \theta\sin\gamma;$$

les équations du mouvement deviennent

$$R^2\frac{d\omega}{dt} = R_0 v_0,$$

$$v^2 = v_0^2 + 2\mu^2\left(\frac{1}{R} - \frac{1}{R_0}\right);$$

ce sont celles du mouvement d'un point attiré par l'origine en raison inverse du carré de la distance, ainsi qu'il était aisé de le prévoir. L'équation de la transformée de la trajectoire est donc

$$R = \frac{\dfrac{R_0^2 v_0^2}{\mu^2}}{1 + \left(\dfrac{R_0 v_0^2}{\mu^2} - 1\right)\cos\omega},$$

qui représente une courbe du second degré, rapportée à un foyer et à son axe focal.

La projection de la trajectoire sur le plan des xy a pour équation

$$r = \frac{\dfrac{R_0^2 v_0^2}{\mu^2}\sin\gamma}{1 + \left(\dfrac{R_0 v_0^2}{\mu^2} - 1\right)\cos(\theta\sin\gamma)};$$

elle est transcendante quand $\sin\gamma$ est incommensurable.

36. *Un point pesant assujetti à rester sur la surface d'un cône de révolution, dont l'axe est vertical, est attiré par un centre placé au sommet* S *du cône, l'attraction est proportionnelle à une fonction inconnue de la distance* MS :

1° *Trouver quelle doit être cette fonction pour que la trajectoire du point* M *soit plane ;*

2° *Étudier, dans ces conditions, le mouvement de la projection du point* M *sur un plan horizontal;*

3° *Déterminer la réaction du cône pour une position quelconque du point* M *sur sa trajectoire.*

(Agrégation, 1879.)

La réaction de la surface, la force attractive f et la pesanteur étant dans le plan du point M et de l'axe du cône, le théorème des aires projetées est applicable

$$r^2 \frac{d\theta}{dt} = c. \tag{1}$$

Le principe des forces vives donne l'équation

$$v^2 - v_0^2 = -2\int(f\,dR + g\,dz) = -2\int \frac{f + g\cos\gamma}{\sin\gamma}\,dr; \tag{2}$$

or

$$v^2 = \frac{dz^2 + dr^2 + r^2\,d\theta^2}{dt^2} = \frac{c^2}{r^2} + \frac{c^2}{\sin^2\gamma}\left(\frac{d\frac{1}{r}}{d\theta}\right)^2,$$

d'où, en différentiant l'équation (2),

$$\frac{f + g\cos\gamma}{\sin\gamma} = \frac{c^2}{r^2}\left(\frac{1}{r} + \frac{1}{\sin^2\gamma}\frac{d^2\frac{1}{r}}{d\theta^2}\right). \tag{3}$$

La trajectoire du mobile étant plane, l'équation de sa projection est

$$r = \frac{p}{1 - e\cos\theta};$$

on en déduit, pour l'expression de la force f,

$$\left\{\begin{aligned} f &= -g\cos\gamma + \frac{c^2}{r^2\sin\gamma}\left(\frac{1}{p} - \frac{\cos^2\gamma}{r}\right)\\ &= -g\cos\gamma + \frac{c^2}{R^2\sin^2\gamma}\left(\frac{1}{p\sin\gamma} - \frac{\cot^2\gamma}{R}\right). \end{aligned}\right. \tag{4}$$

Le mouvement de la projection du mobile sur le plan

horizontal est connu, puisqu'il s'effectue, conformément au principe des aires, sur une courbe du second degré, dont l'origine est un foyer; le temps s'exprime en fonction de r par la somme d'un radical et d'un arc cos ou d'un logarithme, suivant que la courbe est une ellipse ou une hyperbole; dans le premier cas, on introduit de préférence l'anomalie excentrique.

La réaction N, comptée à l'intérieur du cône, se détermine aisément par l'équation du mouvement projeté sur Oz,

$$\frac{d^2 z}{dt^2} = \frac{d^2 r}{dt^2} \cot\gamma = N \sin\gamma - f\cos\gamma - g;$$

or

$$\frac{dr}{dt} = \frac{-ep \sin\theta}{(1 - e\cos\theta)^2} \frac{d\theta}{dt} = -\frac{ec \sin\theta}{p},$$

$$\frac{d^2 r}{dt^2} = -\frac{ec\cos\theta}{p} \frac{d\theta}{dt} = -\frac{c^2}{r^2}\left(\frac{1}{p} - \frac{1}{r}\right),$$

d'où

$$N = \frac{g + f\cos\gamma}{\sin\gamma} - \frac{c^2 \cot\gamma}{r^2 \sin\gamma}\left(\frac{1}{p} - \frac{1}{r}\right) = g\sin\gamma + \frac{c^2}{r^3}\cos\gamma.$$

37. *Un point matériel pesant est assujetti à demeurer sur un cône circulaire droit dont l'axe est vertical; il est, en outre, soumis à l'attraction d'un centre fixe placé au sommet du cône et attirant en raison inverse du cube de la distance.*

On demande d'étudier le mouvement du point matériel.

(Paris, juillet 1876.)

Le théorème des aires projetées sur un plan horizontal et celui des forces vives conduisent aux équations

$$r^2 \frac{d\theta}{dt} = \text{const.} \quad \text{ou} \quad R^2 \frac{d\omega}{dt} = c,$$

$$d\,\tfrac{1}{2} v^2 = -\frac{\mu^2}{R^3} dR - g\,dz = -\left(\frac{\mu^2}{R^3} + g\cos\gamma\right) dR.$$

Le mouvement du mobile sur la transformée de sa trajectoire est celui d'un point soumis à l'action d'une force attractive égale à $\frac{\mu^2}{R^3} + g\cos\gamma$; pour l'étudier, nous éliminerons $\frac{d\omega}{dt}$ entre l'équation des aires et

$$v^2 = \left(\frac{dR}{dt}\right)^2 + R^2\left(\frac{d\omega}{dt}\right)^2 = \frac{\mu^2}{R^2} - 2g\,R\cos\gamma + A;$$

il vient

$$(1)\qquad \left(\frac{R\,dR}{dt}\right)^2 = -2g\,R^3\cos\gamma + AR^2 - \mu^2 - c^2,$$

équation dans laquelle la constante A a pour valeur

$$(2)\qquad A = \left(\frac{dR}{dt}\right)_0^2 + 2g\,R_0\cos\gamma - \frac{\mu^2 - c^2}{R_0^2};$$

on est ainsi ramené aux fonctions elliptiques.

Nous distinguerons trois cas, suivant qu'on aura $\mu^2 - c^2$ négatif, nul ou positif :

1° $\mu^2 - c^2 < 0$. Le polynôme du troisième degré P qui représente $\left(\frac{R\,dR}{dt}\right)^2$ a deux racines positives, séparées par R_0; le mouvement du point est oscillatoire entre les parallèles R_2 et R_3.

Pour que le mobile décrive le parallèle R_0, il faut que la vitesse initiale soit horizontale, ce qui exige $\left(\frac{dR}{dt}\right)_0 = 0$, et qu'on ait, en outre (n° 29),

$$\frac{v_0^2}{R_0} = \frac{\mu^2}{R_0^3} + g\cos\gamma;$$

il est aisé de reconnaître que cette condition équivaut à exprimer que $R_2 = R_3$.

2° $\mu^2 - c^2 = 0$. — On a

$$\frac{dR}{dt} = \pm\sqrt{-2g\,R\cos\gamma + A};$$

le radical s'annule pour une seule valeur R_1 de R, supérieure à R_0; si donc $\left(\frac{dR}{dt}\right)_0 > 0$, R va en croissant jusqu'à R_1 pour décroître ensuite jusqu'à $-\infty$, le mobile passe de la nappe supérieure à la nappe inférieure avec une vitesse infinie; si $\left(\frac{dR}{dt}\right)_0 < 0$, R décroît dès l'origine du mouvement.

Dans le cas actuel, R s'exprime simplement en fonction du temps, et il est aisé d'avoir sous forme finie l'équation de la trajectoire.

3° $\mu^2 - c^2 > 0$. — Le polynôme P a une seule racine positive R_1 supérieure à R_0; la condition de réalité des autres racines s'obtient en remarquant qu'elles sont alors séparées, par la racine

$$R_\alpha = \frac{A}{3g\cos\gamma},$$

de l'équation $\frac{dP}{dR} = 0$; si l'on exprime que cette valeur de R rend P négatif, on trouve

$$\frac{A^3}{27g^2\cos^2\gamma} + \mu^2 - c^2 < 0.$$

Si cette condition, qui suppose $A < 0$, est remplie, le mobile oscille entre deux parallèles R_1 et R_2, ce dernier étant situé sur la nappe inférieure et répondant à la plus petite en valeur absolue des deux racines négatives du polynôme P; on peut reconnaître que les racines R_2 et R_3 sont comprises entre $-R_1$ et $-\infty$ et que par suite $-R_2 > R_1$. En effet $-R_1$ et $-\infty$ substitués dans P donnent des résultats positifs; donc les deux racines négatives sont comprises entre zéro et $-R_1$ ou entre $-R_1$ et $-\infty$. Pour prouver qu'elles sont dans le second intervalle, il suffit de montrer que la racine R_α qui les sépare y est elle-même comprise; or

$$-2gR_1^3\cos\gamma + AR_1^2 + \mu^2 - c^2 = 0,$$

d'où, puisque $A < 0$,

$$2gR_1^3\cos\gamma < \mu^2 - c^2 < \frac{-A^3}{3^3g^2\cos^2\gamma} = g\cos\gamma(-R_\alpha)^3$$

et, par suite,

$$-R_\alpha > R_1.$$

Si le polynôme P a deux racines imaginaires, le mouvement du mobile est analogue à celui du second cas.

Nous avons supposé, dans ce qui précède, que la situation initiale du mobile était sur la nappe supérieure du cône; si c'était l'inverse, nous prendrions la nappe inférieure comme positive, ce qui reviendrait simplement à changer le signe de g, et nous étudierions le mouvement du mobile à l'aide d'une discussion analogue à la précédente.

Le mobile décrit un parallèle de la nappe inférieure si, la vitesse v_0 étant horizontale, on a

$$\frac{v_0^2}{R_0} = \frac{\mu^2}{R_0^3} - g\cos\gamma;$$

tandis que sur la nappe supérieure le point pouvait toujours décrire un parallèle, moyennant un choix convenable de v_0, il n'en est plus de même sur la nappe inférieure au-dessous du parallèle $R = \sqrt[3]{\frac{\mu^2}{g\cos\gamma}}$.

38. *Un point matériel non pesant, assujetti à se mouvoir sur un cône de révolution, est sollicité par une force dirigée à chaque instant suivant la perpendiculaire abaissée du point mobile sur l'axe du cône, et proportionnelle à la longueur de cette perpendiculaire. Trouver le mouvement de ce point.*

On appliquera les formules au cas suivant : l'angle que les génératrices du cône font avec l'axe est de 30°, la vitesse initiale est perpendiculaire à l'axe.

(École Normale, juillet 1869.)

On pourrait procéder comme dans l'exemple précédent, on trouverait que les équations entre R et ω sont celles du mouvement d'un point attiré vers un centre par une force $R\mu^2 \sin^2\gamma$; la transformée de la trajectoire du mobile est donc une ellipse ayant O pour centre. Nous allons traiter la question directement.

Les équations du mouvement sont

$$r^2 \frac{d\theta}{dt} = c,$$

$$v^2 - v_0^2 = -2\int_{r_0}^{r} \mu^2 r\, dr = \mu^2(r_0^2 - r^2),$$

d'où

$$\frac{1}{\sin^2\gamma}\left(\frac{dr}{dt}\right)^2 + \frac{c^2}{r^2} = v_0^2 + \mu^2 r_0^2 - \mu^2 r^2 = a^2 - \mu^2 r^2;$$

l'équation différentielle de la trajectoire projetée est

$$\pm\, d\theta = \pm \frac{c\, dt}{r^2} = \frac{c}{\sin\gamma}\, \frac{dr}{r\sqrt{-\mu^2 r^4 + a^2 r^2 - c^2}},$$

d'où

$$r^2 = \frac{2c^2}{a^2 + \sqrt{a^4 - 4c^2\mu^2}\cos[2(\theta + \alpha)\sin\gamma]};$$

la courbe est fermée si $\sin\gamma$ est commensurable; elle se réduit à une circonférence et le mobile décrit un parallèle si

$$a^4 - 4c^2\mu^2 = 0, \quad (v_0^2 + \mu^2 r_0^2)^2 - 4\mu^2 r_0^2 v_0^2 \sin^2\lambda \sin^2\varepsilon = 0,$$

en désignant par λ l'angle de v_0 avec l'axe du cône et par ε l'angle de la projection de v_0 sur le plan xOy, avec le rayon vecteur r; or le premier membre de l'équation de condition est supérieur à $(v_0^2 - \mu^2 r_0^2)^2$, sauf dans le cas où $\lambda = \varepsilon = \frac{\pi}{2}$; il faut donc, pour qu'il soit nul, que la vitesse v_0 soit tangente au parallèle et que l'on ait en outre $\frac{v_0^2}{r_0} = \mu^2 r_0$, ce que l'on aurait pu écrire immédiatement.

On aurait facilement r et θ en fonction du temps, mais le mouvement révolutif du point est suffisamment défini par la connaissance de la trajectoire et le principe des aires projetées.

Dans le cas où la vitesse initiale est perpendiculaire à l'axe et l'angle γ égal à 30°, on a, en faisant passer l'axe polaire par la position initiale,

$$r^2 = \frac{2 r_0^2 v_0^2}{v_0^2 + \mu^2 r_0^2 + (v_0^2 - \mu^2 r_0^2)\cos\theta},$$

les rayons vecteurs de cette courbe sont les racines carrées de ceux d'une ellipse rapportée à un foyer et à son axe focal.

On trouve facilement pour les expressions de r et θ en fonction du temps

$$r^2 = \frac{1}{\mu^2}\left(v_0^2 \sin^2\frac{\mu t}{2} + \mu^2 r_0^2 \cos^2\frac{\mu t}{2}\right),$$

$$\operatorname{tang}\frac{\theta}{2} = \frac{v_0}{\mu r_0}\operatorname{tang}\frac{\mu t}{2};$$

la durée de la révolution est $T = \frac{2\pi}{\mu}$.

39. *On donne un cône de révolution et l'on considère le plan* P *perpendiculaire à l'axe du cône et passant par son sommet* O. *Un point matériel* M *non pesant est assujetti à se mouvoir sur le cône ; dans chacune de ses positions ce point est soumis à l'action d'une force perpendiculaire au plan* P *et proportionnelle à la* $n^{\text{ième}}$ *puissance de la distance* z *du mobile au plan.*

La vitesse initiale v_0 est supposée tangente au parallèle du point de départ :

1° *Déterminer le mouvement du point* M ;

2° *Trouver l'expression de la réaction normale de la surface en fonction de la distance* MO = R ;

3° *Effectuer complètement les intégrations dans le cas de $n = 1$.*

(Paris, juillet 1882, 1re question.)

Le théorème des aires projetées sur le plan P et celui des forces vives donnent

$$R^2 \frac{d\omega}{dt} = R_0 v_0,$$

$$v^2 - v_0^2 = -2\int_{z_0}^{z} \mu^2 z^n \, dz = \frac{2\mu^2 \cos^{n+1}\gamma}{n+1}(R_0^{n+1} - R^{n+1}).$$

Les deux équations entre R et ω sont celles du mouvement d'un point attiré vers un centre O par une force proportionnelle à la $n^{\text{ième}}$ puissance de la distance.

La relation entre R et t est la suivante :

$$(1) \qquad \left(\frac{dR}{dt}\right)^2 = -\frac{R_0^2 v_0^2}{R^2} + v_0^2 + \frac{2\mu^2 \cos^{n+1}\gamma}{n+1}(R_0^{n+1} - R^{n+1}),$$

d'où l'on déduit, pour l'équation différentielle de la projection de la trajectoire,

$$(2) \quad \frac{r_0^2 v_0^2}{\sin^2\gamma} \frac{1}{r^4}\left(\frac{dr}{d\theta}\right)^2 = v_0^2 - \frac{r_0^2 v_0^2}{r^2} + \frac{2\mu^2 \cot^{n+1}\gamma}{n+1}(r_0^{n+1} - r^{n+1}).$$

Les seules valeurs que puisse prendre R sont celles qui satisfont à la condition

$$-\frac{R_0^2 v_0^2}{R^2} + v_0^2 + \frac{2\mu^2 \cos^{n+1}\gamma}{n+1}(R_0^{n+1} - R^{n+1}) \geqq 0,$$

quantité nulle à l'origine du mouvement : si donc sa dérivée

$$\frac{2 R_0^2 v_0^2}{R^3} - 2\mu^2 R^n \cos^{n+1}\gamma$$

est positive à l'instant initial, c'est-à-dire si

$$v_0^2 > \mu^2 R_0^{n+1} \cos^{n+1}\gamma,$$

il faudra que R commence par croître, $\left(\frac{dR}{dt}\right)_0 > 0$. D'ailleurs l'équation

$$\frac{2\mu^2 \cos^{n+1}\gamma}{n+1} R^{n+3} - \left(v_0^2 + \frac{2\mu^2 \cos^{n+1}\gamma}{n+1} R_0^{n+1}\right) R^2 + R_0^2 v_0^2 = 0,$$

qui n'a que deux variations et qui admet la racine R_0, en a une seconde $R_1 > R_0$; en effet, son premier membre est négatif pour R un peu supérieur à R_0 et positif pour R infini. Le mobile oscille donc entre les parallèles R_0 et R_1 en décrivant des spires égales.

Si $v_0^2 < \mu^2 R_0^{n+1} \cos^{n+1}\gamma$, le mouvement est tout à fait analogue avec cette seule différence que $R_1 < R_0$.

Dans le cas où $v_0^2 = \mu^2 R_0^{n+1} \cos^{n+1}\gamma$, les deux racines R_0 et R_1 sont égales et le mobile décrit le parallèle $R = R_0$ d'un mouvement uniforme.

La réaction N, prise positivement à l'intérieur du cône, est donnée par l'équation du mouvement projeté sur Oz

$$\frac{d^2 z}{dt^2} = -\mu^2 z^n + N \sin\gamma ;$$

or, en décrivant l'équation qui donne $\left(\frac{dR}{dt}\right)^2$, on a

$$\frac{d^2 R}{dt^2} = \frac{1}{\cos\gamma} \frac{d^2 z}{dt^2} = \frac{R_0^2 v_0^2}{R^3} - \mu^2 R^n \cos^{n+1}\gamma,$$

d'où

$$N = \frac{R_0^2 v_0^2}{R^3} \cot\gamma + \mu^2 R^n \sin\gamma \cos^n\gamma. \tag{3}$$

Cas de $n = 1$. — Les équations (1) et (2) s'intègrent facilement et donnent

$$R^2 = R_0^2 \cos^2(\mu t \cos\gamma) + \frac{v_0^2}{\mu^2 \cos^2\gamma} \sin^2(\mu t \cos\gamma), \tag{4}$$

$$\frac{1}{r^2} = \frac{1}{r_0^2} \cos^2(\theta \sin\gamma) + \frac{\mu^2 \cot^2\gamma}{v_0^2} \sin^2(\theta \sin\gamma). \tag{5}$$

L'équation de la transformée de la trajectoire, après développement du cône, est l'ellipse rapportée à son centre et à ses axes

$$(6)\qquad \frac{1}{R^2} = \frac{1}{R_0^2}\cos^2\omega + \frac{\mu^2\cos^2\gamma}{v_0^2}\sin^2\omega.$$

40. *Étudier le mouvement d'un point matériel* M, *assujetti à se mouvoir sur un paraboloïde de révolution, et attiré vers le foyer* F *de ce paraboloïde par une force inversement proportionnelle au carré de la distance.*

(Paris, juillet 1879, 1re question.)

Le paraboloïde rapporté à son axe et au plan tangent au sommet a pour équation, en coordonnées cylindriques,

$$(1)\qquad r^2 = 2az.$$

L'attraction et la réaction rencontrant l'axe des z, on a

$$(2)\qquad r^2\frac{d\theta}{dt} = c;$$

enfin l'équation des forces vives donne

$$(3)\qquad v^2 - v_0^2 = -2\int\frac{\mu^2\,dR}{R^2} = 2\mu^2\left(\frac{1}{R} - \frac{1}{R_0}\right);$$

d'ailleurs

$$R = \frac{a}{2} + z,$$

$$v^2 = r^2\left(\frac{d\theta}{dt}\right)^2 + \frac{dr^2 + dz^2}{dt^2} = \frac{c^2}{r^2} + \frac{a+2z}{2z}\frac{dz^2}{dt^2}$$
$$= \frac{c^2}{2az} + \frac{a+2z}{2z}\frac{c^2}{4a^2z^2}\frac{dz^2}{d\theta^2};$$

l'équation (3) devient donc, en posant $v_0^2 - \dfrac{2\mu^2}{R_0} = A$,

$$(4)\qquad \pm d\theta = \frac{c(a+2z)}{2z\sqrt{a}}\frac{dz}{\sqrt{2az[4\mu^2 + A(a+2z)] - c^2(a+2z)}}.$$

Cette quadrature, ainsi que celle qui donnerait le temps en fonction de z, est facile à former, mais l'équation (4) se prête mieux à la discussion des circonstances que présente le mouvement. La quantité sous le radical égalée à zéro a ses deux racines z_1 et z_2 réelles; en effet, $z = z_0 > 0$ rend nécessairement cette quantité positive, tandis que zéro la rend négative, donc $0 < z_1 < z_0$; le signe de l'autre racine dépend de celui de A :

1° $A > 0$, $z_2 < 0$. — Donc z est constamment supérieur à z_1. Le mobile s'en va à l'infini, en décrivant une spirale, soit dès l'origine du mouvement, soit après être descendu jusqu'au parallèle z_1, suivant que $\left(\frac{dz}{dt}\right)_0 \gtrless 0$.

2° $A = 0$. — Même mouvement.

3° $A < 0$. — Le trinôme sous le radical a ses deux racines, z_1 et z_2, positives, entre lesquelles z est nécessairement compris; le mobile oscille entre les parallèles z_1 et z_2.

Pour que le mobile décrive un parallèle de la surface, il faut que la vitesse initiale v_0 soit normale à l'axe, et que l'on ait

$$\frac{v_0^2}{r_0}\sin\alpha = \frac{\mu^2}{R^2}\cos\alpha;$$

l'angle α de la tangente à la méridienne avec l'axe est donné par la formule $\tang\alpha = \frac{a}{r_0}$: la condition précédente peut donc s'écrire

$$v_0^2 = \frac{\mu^2 r_0^2}{a R_0^2} = \frac{\mu^2(2R_0 - a)}{R_0^2}.$$

Ces conditions équivalent à

$$c^2 = r_0^2 v_0^2 = \frac{a\mu^2(2R_0 - a)^2}{R_0^2},$$

$$A = -\frac{a\mu^2}{R_0^2},$$

et il est facile de vérifier que ces valeurs de c^2 et A rendent égales les deux racines z_1 et z_2, ainsi qu'on pouvait le prévoir.

41. *Trouver le mouvement d'un point matériel pesant assujetti à glisser sans frottement sur la surface d'un paraboloïde de révolution dont l'axe est vertical et dont la concavité est tournée vers le haut. On supposera la vitesse initiale horizontale.*

(École Normale, juillet 1872.)

On a les formules

$$(1)\qquad r^2\frac{d\theta}{dt} = r_0 v_0,$$

$$(2)\qquad v^2 = \frac{r_0^2 v_0^2}{2az} + \frac{a+2z}{2z}\frac{dz^2}{dt^2} = v_0^2 + 2g(z_0 - z),$$

d'où

$$(3)\qquad \left\{\begin{aligned} \frac{dz^2}{dt^2} &= \frac{2z(v_0^2 + 2gz_0 - 2gz) - 2z_0 v_0^2}{a+2z}\\ &= \frac{4g}{a+2z}(z-z_0)\left(\frac{v_0^2}{2g} - z\right);\end{aligned}\right.$$

z devant rester compris entre z_0 et $\frac{v_0^2}{2g} = h$, le mobile oscille entre les parallèles correspondants.

Pour que ces limites se confondent, il faut que $z_0 = h$; dans ce cas, le mobile parcourra uniformément un parallèle de la surface avec la vitesse $\sqrt{2gz_0}$; comme la longueur du parallèle est $2\pi\sqrt{2az_0}$, le temps de la révolution sera $2\pi\sqrt{\frac{a}{g}}$; il est le même pour tous les parallèles. Le paraboloïde est la seule surface de révolution à axe vertical, jouissant de cette propriété que la durée de la révolution d'un point matériel pesant qui décrit un parallèle est constante; en effet, la condition pour que le mobile décrive le parallèle r est

$$\frac{v^2}{r}\sin\alpha = g\cos\alpha,$$

le temps de la révolution sera donc

$$T = \frac{2\pi r}{v} = 2\pi\sqrt{\frac{r}{g}\tan g\alpha};$$

pour qu'il soit constant, il faut que

$$r \tan g\alpha = \frac{r\,dr}{dz} = c;$$

la méridienne est nécessairement parabolique.

L'équation différentielle de la trajectoire projetée sur xOy s'obtient en remplaçant dans l'équation (3) z par $\frac{r^2}{2a}$, dz par $\frac{r\,dr}{a}$ et dt par $\frac{r^2\,d\theta}{r_0 v_0} = \frac{r^2\,d\theta}{\sqrt{2az_0}\sqrt{2gh}}$; il vient

$$(1) \qquad d\theta = \pm 2\frac{dr}{r}\frac{\sqrt{z_0 h(a^2 + r^2)}}{\sqrt{(r^2 - 2az_0)(2ah - r^2)}}.$$

Changeant de variable et posant

$$r^2 = 2a(z_0\cos^2 u + h\sin^2 u),$$

on a

$$d\theta = \pm du\sqrt{\frac{z_0 h}{a}}\frac{\sqrt{a + 2z_0\cos^2 u + 2h\sin^2 u}}{z_0\cos^2 u + h\sin^2 u};$$

r oscillant entre $\sqrt{2az_0}$ et $\sqrt{2ah}$, l'angle de deux rayons vecteurs maximum et minimum qui se suivent est supérieur à $\frac{\pi}{2}$, comme dans le cas du pendule sphérique, car c'est

$$\sqrt{\frac{z_0 h}{a}}\int_0^{\frac{\pi}{2}}\frac{\sqrt{a + 2z_0\cos^2 u + 2h\sin^2 u}}{z_0\cos^2 u + h\sin^2 u}du$$

$$> \int_0^{\frac{\pi}{2}}\sqrt{\frac{h}{z_0}}\frac{1}{1 + \frac{h}{z_0}\tan g^2 u}\frac{du}{\cos^2 u},$$

et cette dernière intégrale est égale à $\frac{\pi}{2}$.

La réaction de la surface est donnée par la formule

$$\frac{d^2 z}{dt^2} = -g + \mathrm{N}\frac{a}{\sqrt{x^2+y^2+a^2}};$$

en différentiant l'équation (3), on obtient $\frac{d^2 z}{dt^2}$; substituant dans l'équation précédente et réduisant, on trouve

$$\mathrm{N} = \frac{g}{\sqrt{a(a+2z)^3}}[a^2 + 2a(z_0+h) + 4hz_0].$$

Comme elle est toujours positive, il en résulte que le mobile appuie constamment sur le côté concave de la surface.

42. *Un point matériel pesant est assujetti à se mouvoir sur un paraboloïde de révolution, dont l'axe est la verticale* Oz. *Il est, en outre, soumis à l'attraction d'un centre placé au foyer de la parabole méridienne. Cette attraction est proportionnelle à la distance et telle que, si le point matériel était placé au sommet* O, *elle serait égale au poids de ce point. On demande d'étudier le mouvement de ce point, en particulier dans le cas où il s'effectue dans un des plans méridiens de la surface.*

(Paris, juillet 1873.)

On a les équations

$$r^2 = 2az, \quad r^2\frac{d\theta}{dt} = c,$$

$$v^2 - v_0^2 = -2\int \mu \mathrm{R}\, d\mathrm{R} - 2\int g\, dz = \mu(\mathrm{R}_0^2 - \mathrm{R}^2) + 2g(z_0 - z);$$

or

$$\mu\frac{a}{2} = g, \quad \mathrm{R} = z + \frac{a}{2},$$

d'où

$$v^2 = v_0^2 + g\left[2z_0 + \frac{(a+2z_0)^2}{2a}\right] - g\left[2z + \frac{(a+2z)^2}{2a}\right];$$

on a d'ailleurs

$$\frac{dz^2}{dt^2} = \frac{2az v^2 - c^2}{a(a+2z)},$$

si donc l'on pose

$$A = 2av_0^2 + g[4az_0 + (a+2z_0)^2],$$

il vient

$$\frac{dz^2}{dt^2} = \frac{-gz(a+2z)^2 - 4agz^2 + Az - c^2}{a(a+2z)},$$

le problème est ramené, comme le précédent, aux fonctions elliptiques.

Pour obtenir les limites de z, étudions le polynôme du troisième degré

$$f(z) = gz(a+2z)^2 + 4agz^2 - Az + c^2,$$

il a une racine négative et deux racines positives z_1 et z_2, séparées par z_0, car $f(z_0)$ est nécessairement négatif; il est d'ailleurs facile de le vérifier,

$$f(z_0) = c^2 - 2az_0v_0^2 = c^2 - r_0^2 v_0^2 < 0.$$

Le mobile oscille donc entre les parallèles z_1 et z_2, avec une vitesse azimutale $\frac{d\theta}{dt}$ inversement proportionnelle à z, comme dans les exemples précédents.

Le cas où la vitesse initiale serait dirigée suivant la tangente au méridien et où le mobile ne sortirait pas de ce méridien se rapporte au mouvement sur une courbe; il se déduit des calculs précédents en y faisant $c = 0$ et, par suite, $z_2 = 0$, l'autre racine

$$z_1 = -a + \frac{1}{2}\sqrt{\frac{A}{g} + 3a^2} > z_0.$$

Si, par exemple, $\left(\frac{dz}{dt}\right)_0 > 0$, z croît, le mobile atteint le point $z = z_1$, alors $\frac{dz}{dt} = 0$, $v = 0$; $\frac{dz}{dt}$ change ensuite de signe, et le mobile se dirige avec une vitesse croissante vers le sommet de la parabole ; au moment où il l'atteint, sa vitesse est maximum, et il oscille indéfiniment entre les deux points de la parabole qui ont z_1 pour ordonnée.

43. *Un point matériel pesant, assujetti à se mouvoir sur la surface d'un paraboloïde de révolution $z = \frac{x^2+y^2}{2a}$, dont l'axe est la verticale Oz, est repoussé par cet axe proportionnellement à la distance. Étudier le mouvement du point, sachant que la vitesse initiale est horizontale et que $z_0 = \frac{a}{2}$.*

(Dijon, juillet 1880.)

Procédant comme dans les problèmes précédents, on arrive à

$$v^2 = v_0^2 + \mu(r^2 - r_0^2) + 2g(z_0 - z) = v_0^2 + 2(a\mu - g)\left(z - \frac{a}{2}\right),$$

$$\frac{dz^2}{dt^2} = \frac{a\mu - g}{a + 2z}(2z - a)\left(2z + \frac{v_0^2}{a\mu - g}\right),$$

$$\frac{dr^2}{d\theta^2} = \frac{a\mu - g}{av_0^2}\,\frac{r^2(r^2 - a^2)}{r^2 + a^2}\left(r^2 + \frac{av_0^2}{a\mu - g}\right).$$

Les circonstances du mouvement dépendent du signe de $a\mu - g$.

1° $a\mu - g > 0$. — Le mobile décrit une spirale en s'élevant jusqu'à l'infini, avec une vitesse croissante, sur la surface du paraboloïde ; la loi du mouvement est définie par le principe des aires projetées.

2° $a\mu - g = 0$. — Le mouvement est de même nature que dans le cas précédent ; les formules deviennent

$$\frac{dz^2}{dt^2} = \frac{v_0^2(2z - a)}{2z + a},$$

$$\frac{dr^2}{d\theta^2} = \frac{r^2(r^2 - a^2)}{r^2 + a^2};$$

elles sont intégrables, et la vitesse est constante.

3° $a\mu - g < 0$. — La trajectoire est une courbe festonnée, comprise entre le parallèle du point de départ et le parallèle $z_1 = \frac{v_0^2}{2(g - a\mu)}$; la vitesse va en décroissant quand z croît. Enfin le mobile décrit un parallèle si $\frac{v_0^2}{a} = g - a\mu$.

Il n'est pas nécessaire, dans le problème actuel, de calculer la réaction de la surface sur le mobile pour connaître le sens dans lequel elle agit; il y a, en effet, équilibre entre cette force, les forces extérieures et les forces d'inertie tangentielle et centrifuge, qui sont toutes extérieures à la surface; la réaction est donc constamment dirigée vers l'axe.

44. *On considère la surface de révolution engendrée par une hyperbole équilatère ayant une asymptote verticale et tournant autour de cette asymptote. On demande le mouvement d'un point pesant, assujetti à demeurer sur l'une des deux nappes de cette surface.*

(Paris, juillet 1877.)

On a les équations

$$rz = a^2, \quad r^2 \frac{d\theta}{dt} = c, \quad v^2 = v_0^2 + 2g(z_0 - z) = b - 2gz,$$

$$\frac{dr}{dt} = \pm r\sqrt{\frac{br^2 - 2a^2gr - c^2}{a^4 + r^4}},$$

$$d\theta = \pm \frac{c\,dr\sqrt{a^4 + r^4}}{r^3\sqrt{br^2 - 2a^2gr - c^2}}.$$

1° La position initiale du mobile est sur la nappe supérieure, $z_0 > 0$, $b > 0$; les racines du trinôme

$$br^2 - 2a^2gr - c^2 = 0$$

sont l'une, r_1, positive et l'autre négative, on doit avoir $r \geqq r_1$; r croît jusqu'à l'infini, soit dès l'origine du mouvement, soit après avoir touché le parallèle r_1, suivant que $\left(\frac{dr}{dt}\right)_0 \gtrless 0$.

2° Le point se meut sur la nappe inférieure. Prenant alors la direction positive de l'axe des z dans le sens de la pesanteur, il suffira de changer le signe de g dans les formules précédentes, ce qui rend b susceptible de signe.

Si $b \geqq 0$, le mouvement est le même que dans le cas précédent.

Si $b < 0$, le trinôme $br^2 + 2a^2gr - c^2$ a ses deux racines r_1 et r_2 positives et séparées par $r = r_0$, qui rend nécessairement le trinôme positif. Le mobile oscille constamment entre les parallèles de rayons r_1 et r_2.

Dans ce dernier cas, le mobile décrit le parallèle r_0 si les deux racines sont égales à r_0, ce qui exige

$$v_0^2 = g z_0,$$

c'est-à-dire quand la vitesse v_0, étant horizontale, est celle qui serait due à la chute $\frac{1}{2} z_0$.

45. *On considère la surface engendrée par une cycloïde* ACB, *tournant autour de sa base* AB. *Un point matériel* M, *non pesant, est assujetti à rester sur cette surface que l'on suppose parfaitement polie ; le point* M *est soumis à l'action d'une force perpendiculaire à* AB, *dirigée vers* AB, *et dont l'intensité est proportionnelle à la distance* r *du mobile à* AB. *Déterminer le mouvement et discuter les différents cas qui peuvent se présenter. Fixer les limites entre lesquelles* r *peut varier.*

(Paris, juillet 1881, 1re question.)

Le mouvement est déterminé par les équations

$$(1) \qquad r^2 \frac{d\theta}{dt} = c^2 = r_0 v_0 \cos\varepsilon,$$

$$(2) \qquad v^2 = v_0^2 + \mu(r_0^2 - r^2) = b^2 - \mu r^2,$$

dans lesquelles ε désigne l'angle de v_0 avec la tangente au parallèle du point de départ, et b^2 la quantité $v_0^2 + \mu r_0^2$.

Or, pour la cycloïde, on a $\dfrac{dr}{dz} = \sqrt{\dfrac{2a - r}{r}}$, a étant le rayon du cercle générateur, d'où

$$dr^2 + dz^2 = \frac{2a}{2a - r}\,dr^2,$$

$$\frac{2a}{2a - r}\frac{dr^2}{dt^2} + \frac{c^2}{r^2} = b^2 - \mu r^2$$

et enfin

$$(3)\quad \left\{\begin{aligned} \pm\frac{dr}{dt} &= \frac{\sqrt{(2a - r)(-\mu r^4 + b^2 r^2 - c^4)}}{r\sqrt{2a}},\\ \pm\frac{dz}{dt} &= \frac{1}{\sqrt{2ar}}\sqrt{-\mu r^4 + b^2 r^2 - c^4},\\ \pm\frac{d\theta}{dr} &= c^2\sqrt{2a}\,\frac{1}{r\sqrt{(2a - r)(-\mu r^4 + b^2 r^2 - c^4)}}.\end{aligned}\right.$$

Comme la quantité $2a - r$ est au moins égale à zéro, le polynôme

$$P = -\mu r^4 + b^2 r^2 - c^4$$

doit être positif ou nul, ses racines en r^2 sont donc nécessairement réelles, positives et séparées par r_0^2; vérifions-le directement

$$\begin{aligned} b^4 - 4\mu c^4 &= (v_0^2 + \mu r_0^2)^2 - 4\mu r_0^2 v_0^2 \cos^2\varepsilon\\ &= (v_0^2 - \mu r_0^2)^2 + 4\mu r_0^2 v_0^2 \sin^2\varepsilon > 0;\end{aligned}$$

$$P_{r_0} = -\mu r_0^4 + (v_0^2 + \mu r_0^2)r_0^2 - r_0^2 v_0^2 \cos^2\varepsilon = r_0^2 v_0^2 \sin^2\varepsilon > 0,$$

tandis que P est négatif pour r^2 nul et r^2 suffisamment grand.

La nature du mouvement dépend de la grandeur de la plus grande racine r_1 de l'équation $P = 0$; suivant que $r = 2a$ rendra P positif, nul ou négatif, c'est-à-dire selon que l'on aura

$$(4) \qquad 4b^2a^2 - 16\mu a^4 - c^4 \gtreqless 0,$$

r_1 sera supérieur, égal ou inférieur à $2a$.

1° $r_1 < 2a$. — Le mobile oscille entre les parallèles r_1 et r_2 situés du même côté de l'équateur de la surface que le parallèle r_0. Il décrira ce parallèle si $r_1 = r_2$, ce qui exige $\varepsilon = 0$ et $v_0^2 = \mu r_0^2$; ces conditions, auxquelles on peut être conduit directement, expriment que la force d'attraction et la force centrifuge sont égales et directement opposées : la réaction de la surface est alors nulle.

Toutefois, si le mobile est primitivement placé sur l'équateur, la condition $\varepsilon = 0$ suffit pour qu'il décrive ce parallèle, seulement la réaction n'est plus nécessairement nulle, elle prend une valeur constante qui dépend de v_0.

2° $r_1 = 2a$. — Le mobile décrit une spirale asymptotique à l'équateur, après avoir touché le parallèle r_2 si $\left(\frac{dr}{dt}\right)_0 < 0$; il n'arrive, en effet, à l'équateur qu'au bout d'un temps infini, car si l'on considère la fonction

$$f(r) = \frac{r\sqrt{2a}}{\sqrt{(2a-r)(-\mu r^4 + b^2r^2 - c^4)}},$$

elle devient $\frac{r\sqrt{2a}}{(2a-r)\sqrt{\mu(2a+r)(r^2-r_2^2)}}$ et son produit par $2a - r$ a, pour $r = 2a$, une valeur finie. Dans ce cas, le problème se ramène aux fonctions elliptiques.

Ce résultat était très probable; si, en effet, le mobile atteignait l'équateur au bout d'un temps fini, les composantes $\frac{dr}{dt}$ et $\frac{dz}{dt}$ de la vitesse devenant alors nulles, le mobile décrirait l'équateur avec la vitesse constante $\frac{c^2}{2a}$, la vitesse, après avoir été fonction du temps, se réduirait à une constante; de pareilles fonctions ne se présentent pas en Mécanique.

3° $r_1 > 2a$. — Le mobile oscille entre les deux parallèles de rayon r_2 situés de part et d'autre de l'équateur. Au moment où il passe à l'équateur $\frac{dr}{dt}$ s'annule, parce que r est maximum, sa vitesse devient minimum, mais il franchit toujours l'équateur, parce que $\frac{dz}{dt}$ n'est pas nul.

46. *En un point* O *de la surface de la Terre, situé à la latitude* λ, *on considère un plan poli* P *supposé vertical et perpendiculaire au plan méridien. Un mobile pesant assujetti à demeurer dans le plan* P *est lancé du point* O *avec une vitesse initiale donnée. Étudier le mouvement du mobile dans le plan* P, *en tenant compte de la rotation de la Terre. Calculer la réaction du plan.*

(Nancy, juillet 1880.)

L'étude du mouvement relatif d'un point se ramène à celle d'un mouvement absolu pourvu qu'aux forces réellement agissantes on ajoute : 1° la force d'inertie d'entraînement ou réaction du point contre le mouvement qu'il tend à prendre avec le système de comparaison, en le regardant comme invariablement lié à ce système, dans la position qu'il occupe à l'instant considéré; 2° la force centrifuge composée qui est égale et directement opposée au double produit de la masse du point par la vitesse de rotation de l'extrémité de la vitesse relative, issue de la rotation instantanée ω des axes mobiles et tournant autour de lui.

Dans le cas qui nous occupe, la vitesse angulaire ω est constante et égale à $\frac{2\pi}{86164} = 0,0000729$; de plus, la force composée étant nulle pour le repos relatif, la résultante de l'attraction de la Terre et de la force d'inertie d'entraînement est la quantité que l'on appelle g, et sa direction est celle du fil à plomb ou verticale apparente du lieu qui détermine également la latitude. Pour traiter les mouvements à la surface de la Terre comme des mouvements absolus, on n'a donc plus à s'inquiéter de la force d'inertie d'entraînement, mais simplement de la force centrifuge composée dont les composantes parallèles aux axes du système de comparaison ont pour expression

$$-2\left(q\frac{dz}{dt}-r\frac{dy}{dt}\right),\quad -2\left(r\frac{dx}{dt}-p\frac{dz}{dt}\right),\quad -2\left(p\frac{dy}{dt}-q\frac{dx}{dt}\right),$$

p, q et r étant les trois composantes de la rotation ω. Nous prendrons pour origine le point de départ, pour axe des x la tangente au méridien dirigée vers le pôle sud, pour axe des y la tangente au parallèle vers l'est et pour axe des z la verticale descendante ([1]); la partie positive de l'axe de rotation de la Terre étant dirigée vers le pôle sud, on a

$$p=\omega\cos\lambda,\quad q=0,\quad r=\omega\sin\lambda;$$

les composantes de la force centrifuge composée sont donc

$$2\omega\sin\lambda\frac{dy}{dt},\quad 2\omega\left(\cos\lambda\frac{dz}{dt}-\sin\lambda\frac{dx}{dt}\right),\quad -2\omega\cos\lambda\frac{dy}{dt}.$$

Les équations du mouvement d'un point sur lequel agit une force (X, Y, Z), rapportée à l'unité de masse, sont

---

([1]) Les axes ainsi choisis constituent le système direct, c'est-à-dire tel que la rotation positive autour de Oz ait lieu de x vers y. Les formules

$$u=qz-ry,\quad v=rx-pz,\quad w=py-qx,$$

qui donnent les composantes de la vitesse du point (x, y, z) dans la rotation (p, q, r), supposent ce choix d'axes; avec le système inverse elles devraient être changées de signe.

donc

$$(1)\quad \left\{\begin{aligned} \frac{d^2x}{dt^2} &= X + 2\omega \sin\lambda \frac{dy}{dt}, \\ \frac{d^2y}{dt^2} &= Y + 2\omega\left(\cos\lambda \frac{dz}{dt} - \sin\lambda \frac{dx}{dt}\right), \\ \frac{d^2z}{dt^2} &= Z + g - 2\omega\cos\lambda \frac{dy}{dt}. \end{aligned}\right.$$

Dans le problème proposé, les formules (1) deviennent, $x = 0$,

$$(2)\quad \left\{\begin{aligned} & N + 2\omega\sin\lambda \frac{dy}{dt} = 0, \\ & \frac{d^2y}{dt^2} = 2\omega\cos\lambda \frac{dz}{dt}, \\ & \frac{d^2z}{dt^2} = g - 2\omega\cos\lambda \frac{dy}{dt}; \end{aligned}\right.$$

elles supposent, comme les précédentes, que le mouvement étudié est assez peu étendu pour que la direction de g et par suite la latitude puissent être regardées comme constantes; nous admettrons également que g est de grandeur constante, ce qui permet d'intégrer les équations (2)

$$\frac{dy}{dt} = v_y + 2\omega z\cos\lambda,$$

$$\frac{dz}{dt} = v_z + gt - 2\omega y\cos\lambda;$$

d'où, en posant $2\omega\cos\lambda = n$,

$$\frac{d^2y}{dt^2} + n^2y = n(v_z + gt),$$

$$y = \frac{v_z + gt}{n} + A\cos nt + B\sin nt;$$

$$(3)\quad \left\{\begin{aligned} y &= \frac{v_z + gt}{n} - \frac{v_z}{n}\cos nt + \left(\frac{v_y}{n} - \frac{g}{n^2}\right)\sin nt, \\ z &= -\frac{v_y}{n} + \frac{g}{n^2} + \frac{v_z}{n}\sin nt + \left(\frac{v_y}{n} - \frac{g}{n^2}\right)\cos nt, \\ N &= -\operatorname{tang}\lambda[g + nv_z\sin nt + nv_y - g)\cos nt]. \end{aligned}\right.$$

Si, à cause de la petitesse de n, on néglige son carré, ces formules deviennent, en développant $\sin nt$ et $\cos nt$,

$$(4)\quad \begin{cases} y = v_y t + \frac{1}{2} n v_z t^2 + \frac{1}{6} g n t^3, \\ z = v_z t + \frac{1}{2} g t^2 - \frac{1}{2} n v_y t^2, \\ N = -2\omega v_y \sin\lambda. \end{cases}$$

Le mobile dévie vers l'est et sa chute est retardée.

Si la vitesse initiale est nulle,

$$(5)\quad z = \tfrac{1}{2} g t^2, \quad y = \tfrac{1}{6} g n t^3, \quad N = 0,$$

$$y^2 = \frac{8\omega^2 \cos^2\lambda}{9g} z^3;$$

la courbe décrite est une parabole semi-cubique.

Si l'on suppose la vitesse initiale dirigée de bas en haut

$$v_y = 0, \quad v_z = -v_0,$$

$$(6)\quad z = -v_0 t + \tfrac{1}{2} g t^2, \quad y = -\omega v_0 t^2 \cos\lambda + \tfrac{1}{3}\omega g t^3 \cos\lambda,$$

le mobile atteint le point le plus élevé de sa trajectoire au bout du temps

$$t_1 = \frac{v_0}{g}, \quad z_1 = -\frac{v_0^2}{2g} = -h,$$

et z redevient nul pour $t = \dfrac{2v_0}{g}$; la valeur de y est alors

$$y = -\frac{4\omega v_0^3 \cos\lambda}{3g^2} = -\tfrac{4}{3}\omega \cos\lambda \sqrt{\frac{8h^3}{g}};$$

le mobile tombe à l'ouest du point de départ à une distance égale à quatre fois l'écart vers l'est que le point aurait eu en tombant en chute libre de la hauteur maximum du jet.

CHAPITRE V.

MOUVEMENT D'UN CORPS SOLIDE.

---

47. *Étant donnés trois axes rectangulaires et une portion de droite matérielle homogène, dont une extrémité est à l'origine et dont la longueur et la position par rapport aux axes sont données :*

1° *Déterminer l'équation de l'ellipsoïde central de cette droite par rapport à l'origine;*

2° *Déterminer la longueur du pendule simple isochrone au pendule composé qui serait formé par cette droite matérielle oscillant autour de sa projection sur le plan des xy.*

(Lille, juillet 1865.)

L'équation générale de l'ellipsoïde d'inertie d'un corps par rapport à l'origine est

$$\begin{aligned}1 = x^2\Sigma m(y^2+z^2) + y^2\Sigma m(z^2+x^2) + z^2\Sigma m(x^2+y^2)\\ - 2yz\Sigma myz - 2zx\Sigma mzx - 2xy\Sigma mxy;\end{aligned}$$

or, si l'on désigne par l la longueur de la droite donnée A et par α, β, γ ses angles avec les axes, on a

$$\mathrm{I}_x = \Sigma m(y^2+z^2) = \int_0^l l^2(\cos^2\beta+\cos^2\gamma)\,dl = \frac{l^3}{3}(\cos^2\beta+\cos^2\gamma),$$

$$\mathrm{S}_x = \Sigma myz = \int_0^l l^2\cos\beta\cos\gamma\,dl = \frac{l^3}{3}\cos\beta\cos\gamma;$$

l'équation de l'ellipsoïde est donc

$$\frac{3}{l^3} = x^2(\cos^2\beta + \cos^2\gamma) + y^2(\cos^2\gamma + \cos^2\alpha) + z^2(\cos^2\alpha + \cos^2\beta)$$
$$- 2yz\cos\beta\cos\gamma - 2zx\cos\gamma\cos\alpha - 2xy\cos\alpha\cos\beta$$

ou

$$\frac{3}{l^3} = x^2 + y^2 + z^2 - (x\cos\alpha + y\cos\beta + z\cos\gamma)^2$$
$$= r^2 - r^2\cos^2(r, \mathrm{A}) = r^2\sin^2(r, \mathrm{A}),$$

r étant la distance à l'origine d'un point quelconque de l'ellipsoïde. Cette surface est un cylindre circulaire droit, ayant la droite donnée pour axe et $\sqrt{\frac{3}{l^3}}$ pour rayon.

La longueur L du pendule simple isochrone est, si l'on représente par a la distance du centre de gravité de la droite de masse l à l'axe d'oscillation

$$\mathrm{L} = \frac{\mathrm{I_A}}{al};$$

or

$$a = \tfrac{1}{2}\,l\cos\gamma,\quad \mathrm{I_A} = \Sigma m z^2 = \frac{l^3}{3}\cos^2\gamma,$$

d'où

$$\mathrm{L} = \tfrac{2}{3}\,l\cos\gamma.$$

48. *Les axes* OX, OY, OZ *étant invariablement liés à un corps solide et l'axe* OZ *étant fixe dans l'espace, on donne par rapport à ces axes les coordonnées* x_1, y_1 *du centre de gravité du solide et les valeurs* D, E *des sommes* Σmyz, Σmxz.

Le solide étant supposé tourner autour de OZ *avec une vitesse angulaire* ω, *sans être sollicité par aucune force extérieure, on demande :*

1° *De trouver quelle relation il doit y avoir entre les données* D, E, x_1 *et* y_1, *pour que les pressions exercées sur l'axe aient une résultante unique;*

2° *De calculer, quand cette relation est satisfaite, la valeur de la pression résultante;*

3° *De former, par rapport aux axes mobiles* OX, OY, OZ, *les équations de la droite suivant laquelle elle est dirigée.*

(Paris, août 1872.)

Soient

M la masse du corps;
X, Y les composantes de la réaction d'un point A de l'axe situé à la distance ζ de l'origine;
X′, Y′ celles d'un second point A′;
Z la réaction de l'axe dans le sens longitudinal.

Appliquant au système le principe de d'Alembert et remarquant que toutes les forces d'inertie sont centrifuges, puisque, en l'absence de force extérieure $\frac{d\omega}{dt} = 0$, on a les cinq équations

$$X + X' + M x_1 \omega^2 = 0, \quad Y + Y' + M y_1 \omega^2 = 0, \quad Z = 0,$$
$$Y\zeta + Y'\zeta' + D\omega^2 = 0, \quad X\zeta + X'\zeta' + E\omega^2 = 0,$$

qui déterminent les réactions de l'axe.

1° La condition générale pour qu'un groupe de forces φ, qui ne se réduit pas à un couple, ait une résultante unique est

$$\Sigma\varphi_x \Sigma\mathfrak{M}_x\varphi + \Sigma\varphi_y \Sigma\mathfrak{M}_y\varphi + \Sigma\varphi_z \Sigma\mathfrak{M}_z\varphi = 0;$$

or

$$\Sigma\varphi_x = X + X' = -M x_1 \omega^2,$$
$$\Sigma\varphi_y = Y + Y' = -M y_1 \omega^2,$$
$$\Sigma\varphi_z = 0;$$
$$\Sigma\mathfrak{M}_x\varphi = -Y\zeta - Y'\zeta' = D\omega^2,$$
$$\Sigma\mathfrak{M}_y\varphi = X\zeta + X'\zeta' = -E\omega^2,$$
$$\Sigma\mathfrak{M}_z\varphi = 0;$$

la condition cherchée est donc

$$-\,\mathrm{MD}x_1\omega^4 + \mathrm{ME}y_1\omega^4 = 0,$$

$$(1)\qquad \frac{y_1}{x_1} = \frac{\mathrm{D}}{\mathrm{E}}.$$

2° La pression résultante est

$$(2)\qquad \mathrm{P} = \mathrm{M}\omega^2\sqrt{x^2+y^2} = \mathrm{M}\omega^2 r;$$

elle est égale et de sens contraire à la force d'inertie qui serait due à la rotation du centre de gravité auquel on aurait condensé toute la masse du corps.

3° Des équations

$$\mathrm{P}_z = 0,\quad \mathfrak{M}_z\mathrm{P} = 0,$$

on déduit que cette force est parallèle au plan XOY et qu'elle rencontre OZ, ce qui était évident; sa projection sur XOY a donc pour équation

$$(3)\qquad \frac{y}{x} = \frac{\Sigma\varphi_y}{\Sigma\varphi_x} = \frac{y_1}{x_1};$$

enfin son ordonnée z doit satisfaire à la fois aux deux équations

$$\Sigma\mathfrak{M}_x\varphi = -\,z\Sigma\varphi_y,\quad \Sigma\mathfrak{M}_y\varphi = z\Sigma\varphi_x,$$

ce qui donne pour z

$$(4)\qquad z = \frac{\mathrm{D}}{\mathrm{M}y_1} = \frac{\mathrm{E}}{\mathrm{M}x_1},$$

valeur unique en vertu de l'équation de condition (1).

49. *Une plaque pesante, homogène, infiniment mince, d'égale épaisseur et dont la forme est celle d'un triangle rectangle, peut tourner dans un plan vertical autour d'un axe perpendiculaire à ce plan et passant par le sommet de l'angle droit. Déterminer :*

1° *L'angle que fait l'un des côtés de l'angle droit avec l'horizontale située dans le plan d'oscillation de la plaque quand la plaque est en équilibre;*

2° *L'amplitude des oscillations que la plaque exécute lorsqu'on l'abandonne à son poids après avoir amené le côté considéré dans une position horizontale.*

(Toulouse, novembre 1880.)

Le centre de gravité G du triangle étant sur la médiane AI (*fig.* 19) et le triangle AIB étant isoscèle, le côté AC

Fig. 19.

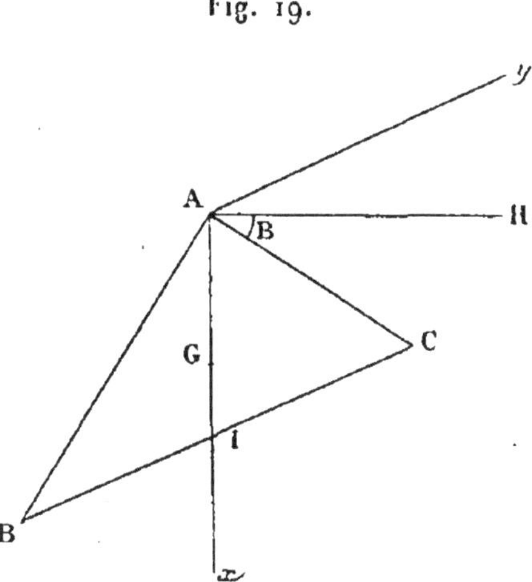

fait, avec l'horizontale AH, un angle égal à B; l'amplitude des oscillations sera 2B ou $\pi + 2B$, suivant que l'on aura amené AC ou AB à coïncider avec AH pour abandonner ensuite le triangle à son poids sans vitesse initiale.

Pour calculer le moment d'inertie I_A du triangle relativement à l'axe d'oscillation, nous prendrons la médiane AI pour axe des x et une parallèle à l'hypoténuse pour axe des y; soit θ l'angle des axes, on a

$$\begin{aligned} I_A &= \int\int (x^2 + y^2 + 2xy\cos\theta)\sin\theta\, dx\, dy \\ &= \sin\theta \int_0^{\frac{a}{2}} dx \int_{-x}^{+x} (x^2 + y^2 + 2xy\cos\theta)\, dy \\ &= \frac{a^4}{24}\sin\theta = \frac{a^2 S}{6}. \end{aligned}$$

La longueur L du pendule simple synchrone est

$$L = \frac{I_A}{\frac{1}{3} a S} = \frac{a}{2} = AI.$$

50. *Un rectangle matériel homogène de masse* M *et de côtés* a *et* b *est mobile autour de l'un de ses côtés* b, *lequel fait avec la verticale un angle* α; *ce rectangle, immobile sous l'action de la pesanteur, vient à être choqué par un point matériel de masse* m *qui le rencontre normalement avec une vitesse donnée* v, *en un point situé à une distance* l *de l'axe de rotation, et se réunit à lui après l'avoir choqué. Déterminer* : 1° *le mouvement initial du rectangle;* 2° *le mouvement ultérieur.*

(Lille, novembre 1868.)

Le théorème des moments des quantités de mouvement et des impulsions des forces extérieures appliqué à la période de choc donne, en appelant ω_0 la vitesse angulaire du système à la fin de cette période,

$$\omega_0(ml^2 + \Sigma mr^2) - mvl = 0,$$

$$\omega_0 = \frac{mvl}{ml^2 + \frac{1}{3} M a^2}.$$

Le mouvement ultérieur est celui d'un pendule simple de longueur

$$L = \frac{ml^2 + \frac{1}{3} M a^2}{(ml + \frac{1}{2} M a) \sin \alpha}.$$

51. *Étudier le mouvement d'un disque circulaire homogène pesant de masse* M *et de rayon* a, *situé dans un plan vertical et assujetti à glisser sans frottement sur une circonférence de cercle fixe de rayon* $R > 2a$

située dans ce plan. Calculer la pression normale du disque mobile sur la circonférence.

(Paris, juillet 1883, 1re question.)

Si l'on prend pour origine le centre de la circonférence et pour axe des y la verticale descendante, que l'on désigne par N la réaction de la circonférence sur le disque, comptée dans le sens du rayon, et par r la quantité $R \pm a$, suivant que le disque est extérieur ou intérieur à la circonférence, le mouvement du centre de gravité ou centre du disque est donné par les équations

$$M \frac{d^2 x}{dt^2} = N \frac{x}{r}, \quad M \frac{d^2 y}{dt^2} = Mg + N \frac{y}{r};$$

ce sont les équations du mouvement d'un pendule simple de longueur r.

La réaction est donnée par l'équation

$$\begin{aligned} Nr &= M\left(x \frac{d^2 x}{dt^2} + y \frac{d^2 y}{dt^2} - gy\right) \\ &= -M\left[gy + \left(\frac{dx}{dt}\right)^2 + \left(\frac{dy}{dt}\right)^2\right] = -M(3gy + v_0^2 - 2gy_0); \end{aligned}$$

la pression du disque mobile sur la circonférence est donc

$$P = \frac{M}{r}(3gy + v_0^2 - 2gy_0).$$

Quant au mouvement du disque relativement à des axes en translation avec son centre de gravité, c'est celui d'un corps solide qui tourne autour d'un axe fixe et qui n'est soumis qu'à l'action de forces rencontrant cet axe; il s'effectue donc avec une vitesse angulaire constante ω. On peut encore rechercher quelle est la vitesse de glissement du disque sur la circonférence; elle est représentée par la vitesse absolue du point de contact qui est la résultante de sa vitesse d'entraînement ou vitesse v du centre du disque et de sa vitesse relative $\pm a\omega$; elle a donc pour expression, en la comptant dans le sens direct,

$$V = \pm\sqrt{v_0^2 + 2g(y - y_0)} \pm a\omega;$$

le signe du premier terme dépend du sens de l'oscillation et celui du second de la position extérieure ou intérieure du disque mobile relativement au cercle fixe.

52. *Déterminer le mouvement d'un corps solide pesant dont les molécules sont sollicitées vers un point fixe* O *par des forces proportionnelles à leurs masses et à la distance au point fixe.*

(Paris, novembre 1872.)

Je prends le point O pour origine et une verticale pour axe des z; soient x, y, z les coordonnées du centre de gravité du solide, les attractions de O sur les divers points ont une résultante passant par le centre de gravité, puisque ses composantes sont $-\mu^2 mx$, $-\mu^2 my$, $-\mu^2 mz$. On a pour le mouvement du centre de gravité

$$\frac{d^2x}{dt^2} = -\mu^2 x, \quad \frac{d^2y}{dt^2} = -\mu^2 y, \quad \frac{d^2z}{dt^2} = -\mu^2 z + g;$$

or, si l'on transporte l'origine au point $z = \frac{g}{\mu^2}$, ces équations deviennent celles du mouvement d'un point attiré par l'origine proportionnellement à la distance. Le mouvement en projection sur chaque axe est un mouvement oscillatoire connu. La trajectoire est une ellipse ayant pour centre la nouvelle origine et dont le plan passe par la vitesse initiale du centre de gravité. Quant au solide, il tourne autour de son centre de gravité comme autour d'un point fixe et sans forces extérieures.

53. *On considère deux points matériels non pesants, de masses m et m', assujettis à se mouvoir sans frotte-*

ment dans deux plans différents, mais parallèles, et maintenus à une distance invariable l'un de l'autre par une tige dont on néglige la masse. Ces deux points sont soumis uniquement à l'action d'un centre fixe qui les attire proportionnellement à leur masse et à leur distance. On demande le mouvement du centre de gravité des deux points et le mouvement de ces points rapporté à leur centre de gravité. On indiquera pour quelles conditions initiales le mouvement des deux points sera le même que s'ils n'étaient pas reliés l'un à l'autre par la tige solide.

(École Normale, juillet 1878.)

On reconnaît immédiatement que le centre de gravité décrit une ellipse dont le centre est sur la normale aux plans fixes menée par le point attirant.

Le mouvement relatif du système des deux points est celui d'un solide assujetti à tourner autour d'un axe fixe, normal aux plans donnés, et qui est soumis aux réactions des deux plans; ces deux forces étant parallèles à l'axe de rotation, le mouvement angulaire est uniforme. Soit ω cette vitesse angulaire, les formules qui donnent le mouvement du centre de gravité et celui des deux points sont, en prenant l'axe des x parallèle à la projection de la position initiale de la tige sur les plans donnés,

$$X = a\cos\mu t + a'\sin\mu t,$$
$$Y = b\cos\mu t + b'\sin\mu t;$$

$$x = X + r\cos\omega t,\quad y = Y + r\sin\omega t,$$
$$x' = X - r'\cos\omega t,\quad y' = Y - r'\sin\omega t;$$

dans lesquelles r et r' désignent les rayons des circonférences décrites par les points m et m' dans leurs mouvements relatifs. Pour que ces points se meuvent comme s'ils étaient indépendants, il est nécessaire et suffisant que l'on ait $\omega = \mu$.

54. *Une sphère homogène est posée sans vitesse sur un plan horizontal; trouver le mouvement de cette sphère, en supposant tous les éléments qui la composent attirés proportionnellement à la distance par un point fixe O du plan. L'adhérence de la sphère au plan horizontal est supposée telle qu'elle ne puisse que rouler sans glisser.*

Les données sont le rayon R de la sphère, la distance a du point de contact initial au point O et l'attraction μ^2 que ce dernier point exerce sur l'unité de masse à l'unité de distance.

(École Normale, juillet 1873.)

Le centre de la sphère décrit l'horizontale qui passe par sa position initiale et coupe la verticale du point O, tandis que le mouvement relatif de la sphère est un mouvement de rotation autour d'une horizontale perpendiculaire à la première. Si F est la force de frottement, le mouvement du centre de gravité est donné par l'équation

$$m\frac{d^2x}{dt^2} = -m\mu^2 x - F;$$

or l'accélération angulaire de la rotation relative est donnée par la formule

$$\frac{d^2\theta}{dt^2} = \frac{FR}{I},$$

I étant le moment d'inertie de la sphère autour d'un diamètre; d'où

$$F = \frac{I}{R}\frac{d^2\theta}{dt^2} = \frac{I}{R^2}\frac{d^2x}{dt^2} = \tfrac{2}{5}m\frac{d^2x}{dt^2},$$

et enfin

$$\frac{d^2x}{dt^2} + \tfrac{5}{7}\mu^2 x = 0;$$

c'est l'équation du mouvement rectiligne d'un point attiré par l'origine avec la force $\frac{5}{7}\mu^2 x$, le mouvement est oscillatoire,

$$x = a \cos \sqrt{\frac{5}{7}}\,\mu t,$$

et la durée d'une oscillation $T = \frac{2\pi}{\mu}\sqrt{\frac{7}{5}}$.

Reprenons la même question en supposant le centre de gravité animé d'une vitesse initiale. (De Saint-Germain, *Recueil d'exercices sur la Mécanique rationnelle.*)

Au point de contact de la sphère et du plan, la sphère éprouve une réaction dont les composantes sont X, Y, Z; on a, pour le mouvement du centre rapporté à des axes rectangulaires passant en O, l'axe Oz étant vertical,

$$(1)\quad \left\{\begin{aligned} m\frac{d^2x}{dt^2} &= -m\mu^2 x + X,\\ m\frac{d^2y}{dt^2} &= -m\mu^2 y + Y,\\ 0 &= m\mu^2 R + mg - Z. \end{aligned}\right.$$

Pour étudier le mouvement de la sphère autour de son centre C, nous mènerons par ce point des axes parallèles aux axes fixes; soient p, q, r les composantes de la rotation autour de ces axes: le théorème des moments des quantités de mouvement par rapport à ces axes, en remarquant qu'ils sont constamment axes principaux de la sphère et que les moments de la résultante des forces attractives et de celle des forces d'inertie d'entraînement sont nuls, donne trois nouvelles équations

$$(2)\quad \tfrac{2}{5}mR^2\frac{dp}{dt} = RY,\quad \tfrac{2}{5}mR^2\frac{dq}{dt} = -RX,\quad \frac{dr}{dt} = 0.$$

Il faut encore deux équations pour pouvoir déterminer nos inconnues x, y, X, Y, Z, p, q, r; on les obtient en écrivant que la vitesse du point de contact B est nulle; ses projections sur Ox et Oy sont les sommes des projections de la vitesse d'entraînement et de la vitesse relative

$$(3) \qquad \frac{dx}{dt} - Rq = 0, \quad \frac{dy}{dt} + Rp = 0.$$

Ces équations permettent de remplacer les deux premières du système (2) par les suivantes :

$$(4) \qquad \tfrac{2}{5} m \frac{d^2 y}{dt^2} = -Y, \quad \tfrac{2}{5} m \frac{d^2 x}{dt^2} = -X;$$

éliminant X et Y entre ces équations et les deux premières du groupe (1), il vient

$$(5) \qquad \frac{d^2 x}{dt^2} + \tfrac{5}{7} \mu^2 x = 0, \quad \frac{d^2 y}{dt^2} + \tfrac{5}{7} \mu^2 y = 0.$$

Ce système connu montre que le point C décrit une ellipse dont le centre est sur Oz; comptons le temps à partir du passage à l'un des sommets, et supposons qu'alors $y = 0$, $x = c$, $v = h$, les intégrales du mouvement seront

$$x = c \cos \sqrt{\frac{5}{7}} \mu t, \quad y = \frac{h}{\mu} \sqrt{\frac{7}{5}} \sin \sqrt{\frac{5}{7}} \mu t.$$

Les équations (3) donnent

$$p = -\frac{h}{R} \cos \sqrt{\frac{5}{7}} \mu t, \quad q = -\sqrt{\frac{5}{7}} \frac{c\mu}{R} \sin \sqrt{\frac{5}{7}} \mu t;$$

quant à r, c'est une constante. Il résulte de ces formules que, si l'on mène par l'origine une droite qui, à chaque instant, représente en grandeur et en direction l'axe de la rotation instantanée, le lieu des extrémités de cette droite sera une ellipse horizontale.

Les équations (4) et (5) nous donnent les composantes horizontales de la réaction du plan

$$X = \tfrac{2}{7} \mu^2 m x, \quad Y = \tfrac{2}{7} \mu^2 m y.$$

La résultante de ces deux forces est dirigée suivant OB

et égale à $\frac{2}{7}\mu^2 m\mathrm{OB}$; pour que le mouvement ait lieu sans glissement, comme on l'a supposé, il faut qu'elle soit inférieure à Z multipliée par le coefficient de frottement

$$\tfrac{2}{7}\mu^2\mathrm{OB} < f(g + \mu^2\mathrm{R}).$$

53. *Déterminer le mouvement d'une baguette rectiligne pesante homogène, dont les extrémités sont assujetties à glisser sans frottement l'une sur une droite horizontale* $\mathrm{O}x$, *l'autre sur une droite verticale* $\mathrm{O}y$.

On calculera les pressions exercées par la baguette sur les deux droites.

(Paris, août 1871.)

Le mouvement de la tige sera défini par l'angle variable θ qu'elle fait avec la verticale; le principe des forces vives fournira une équation différentielle du premier ordre, propre à déterminer cette unique inconnue.

Soient

M la masse de la tige;

l sa longueur;

v la vitesse de l'un de ses points dont la masse est m et dont les coordonnées, rapportées aux deux droites fixes, sont désignées par x et y;

r la distance du point m à l'extrémité de la droite qui s'appuie sur $\mathrm{O}y$;

x_1, y_1 les coordonnées du centre de gravité;

a sa distance à la même extrémité.

On a

$$\Sigma mv^2 = c - 2\Sigma mgy = c - 2\mathrm{M}gy_1 = c - 2\mathrm{M}ga\cos\theta.$$

On a d'ailleurs

$$x = r\sin\theta, \quad y = (l - r)\cos\theta,$$

$$v^2 = \frac{dx^2 + dy^2}{dt^2} = \frac{[r^2 + (l^2 - 2lr)\sin^2\theta]\,d\theta^2}{dt^2},$$

donc

$$\frac{d\theta^2}{dt^2}\Sigma m[r^2+(l^2-2lr)\sin^2\theta]=c-2\mathrm{M}ga\cos\theta.$$

Cette équation, qui s'applique quelles que soient les lois de répartition de densité et d'épaisseur de la droite, se simplifie notablement si l'on suppose la barre homogène et d'épaisseur constante. La masse m de chaque élément peut alors être représentée par sa longueur dr et la masse M par l; on a

$$a=\frac{l}{2},\quad \Sigma mr^2=\int_0^l r^2\,dr=\frac{l^3}{3},$$

$$\Sigma m(l^2-2lr)\sin^2\theta=\sin^2\theta\int_0^l(l^2-2lr)\,dr=0.$$

L'équation du mouvement se réduit donc à

$$\frac{l}{3}\frac{d\theta^2}{dt^2}=c-g\cos\theta;$$

elle coïncide avec celle qui déterminerait les oscillations d'un pendule simple de longueur $\frac{2}{3}l$.

Pour calculer la pression horizontale P_1 sur $\mathrm{O}y$ et la pression verticale P_2 sur $\mathrm{O}x$, posons les équations du mouvement du centre de gravité

$$\mathrm{M}\frac{d^2x_1}{dt^2}=\mathrm{P}_1,\quad \mathrm{M}\frac{d^2y_1}{dt^2}=\mathrm{P}_2-\mathrm{M}g;$$

d'où

$$\mathrm{P}_1=\frac{\mathrm{M}l}{2}\left(\cos\theta\frac{d^2\theta}{dt^2}-\sin\theta\frac{d\theta^2}{dt^2}\right),$$

$$\mathrm{P}_2=\mathrm{M}g-\frac{\mathrm{M}l}{2}\left(\sin\theta\frac{d^2\theta}{dt^2}+\cos\theta\frac{d\theta^2}{dt^2}\right);$$

or, en dérivant l'équation du mouvement de la tige, on a

$$\frac{2l}{3}\frac{d^2\theta}{dt^2}=g\sin\theta;$$

substituant dans les valeurs de P_1 et P_2, on arrive finalement à

$$P_1 = \tfrac{3}{4} M \sin\theta (3g\cos\theta - 2c),$$

$$P_2 = \frac{Mg}{4} + \tfrac{3}{4} M \cos\theta (3g\cos\theta - 2c),$$

CHAPITRE VI.

DYNAMIQUE DES SYSTÈMES.

56. *Un cylindre de rayon r et de moment d'inertie* I *par rapport à son axe, est mobile autour de cet axe supposé fixe et horizontal. Sur ce cylindre s'enroule un fil sans masse, supportant à ses deux bouts deux poids cylindriques de même diamètre, mais de masses inégales m et m'. Ces deux poids éprouvent de la part de l'air une même résistance αv^2, proportionnelle au carré de leur vitesse commune v. Trouver le mouvement de ce système, en négligeant le frottement du cylindre contre l'air et contre ses appuis.*

Examiner le cas particulier où les masses m et m' seraient égales et où le cylindre serait animé, à l'origine du temps, d'une vitesse de rotation donnée ω_0.

(Paris, novembre 1869.)

Diverses méthodes peuvent être employées pour l'étude du mouvement d'un système à liaisons :

1° On applique les équations générales du mouvement à chacune des parties du système considéré, ce qui implique l'introduction des forces de liaison que l'on élimine ensuite ;

2° L'emploi des théorèmes généraux de la Dynamique qui n'introduisent pas les liaisons et sont applicables au système considéré, peut souvent fournir un nombre suffisant d'équations pour déterminer le mouvement de ce système.

3° La méthode de Lagrange a, sur les précédentes, les avantages suivants : elle n'introduit pas les liaisons comme la première méthode, et elle conduit toujours, par des moyens purement analytiques, au résultat que l'on cherche, mais elle donne des équations différentielles du second ordre; c'est pourquoi on lui préfère quelquefois la seconde méthode, qui fournit généralement les intégrales premières du mouvement.

4° Une autre méthode, dont celle de Lagrange n'est au fond que la traduction analytique, est basée sur l'application simultanée du principe de d'Alembert et de celui des vitesses virtuelles. On écrit que, pour tout mouvement élémentaire compatible avec les liaisons telles qu'elles existent à l'instant considéré, la somme des travaux virtuels des forces extérieures et intérieures (non compris les forces de liaison dont le travail dans ce déplacement est nul) et des forces d'inertie est nulle.

Nous emploierons toujours cette méthode pour les systèmes à liaisons complètes; elle revient alors à poser que, pour un déplacement élémentaire ou fini, mais réel du système, le demi-accroissement de force vive est égal à la somme des travaux des forces réellement agissantes, quand les liaisons sont indépendantes du temps; cette condition est indispensable pour que le théorème du travail ainsi conçu soit applicable à un système à liaisons; on sait, en effet, que le mouvement réel ne doit être considéré comme étant compatible avec les liaisons supposées immuables que quand le temps ne figure pas explicitement dans les équations de liaison.

Nous appliquerons cette dernière méthode au problème qui nous occupe. Soient $m > m'$, x et x' les distances Om,

$O'm'$ (*fig.* 20) comptées dans le sens de la pesanteur; v_0 la vitesse initiale de m que nous supposerons d'abord

Fig. 20.

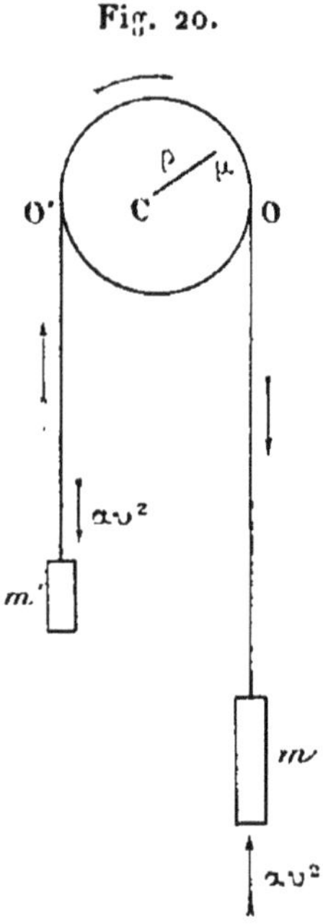

positive ou nulle; le mouvement aura lieu dans le sens indiqué, le travail de la pesanteur appliquée à la poulie sera nul, son centre de gravité étant sur l'axe de rotation, enfin celui de la force d'inertie de la poulie aura pour valeur absolue

$$\Sigma \mu\rho \frac{d^2\theta}{dt^2} \delta s = \frac{d^2\theta}{dt^2} \mathrm{I}\, \delta\theta = \frac{\mathrm{I}}{r^2} \frac{dv}{dt} \delta x;$$

d'où l'équation

$$\left(mg - \alpha v^2 - m \frac{d^2x}{dt^2}\right) \delta x + \left(m'g + \alpha v'^2 - m' \frac{d^2x'}{dt^2}\right) \delta x' - \frac{\mathrm{I}}{r^2} \frac{dv}{dt} \delta x = 0.$$

Or de la relation

$$x + x' + \pi r = l$$

on déduit

$$\delta x' = - \delta x, \quad v' = - v;$$

l'équation du travail virtuel devient donc

$$mg - m'g - 2\alpha v^2 - \left(m + m' + \frac{I}{r^2}\right)\frac{dv}{dt} = 0.$$

Il est aisé de reconnaître que, si $v_0 < 0$, le mouvement aurait lieu d'abord en sens inverse et que pour cette période du mouvement il suffirait, dans l'équation qui précède, de changer le signe de α. Si l'on pose, pour simplifier,

$$K^2 = \frac{(m-m')g}{2\alpha}, \quad G = \frac{(m-m')g}{m + m' + \frac{I}{r^2}},$$

l'équation du mouvement prend la forme

$$\frac{dv}{dt} = \frac{G}{K^2}(K^2 \mp v^2),$$

suivant que $v_0 \gtrless 0$; c'est l'équation du mouvement rectiligne d'un point soumis à une force constante G, dans un milieu dont la résistance par unité de masse est $\frac{Gv^2}{K^2}$.

Soit d'abord $v_0 \geqq 0$, on a

$$2G\,dt = 2\frac{K^2\,dv}{K^2 - v^2} = K\,dv\left(\frac{1}{K+v} + \frac{1}{K-v}\right),$$

$$2G(t + t_0) = K \log\frac{K+v}{K-v} = 2GT,$$

$$v = K\frac{e^{\frac{GT}{K}} - e^{-\frac{GT}{K}}}{e^{\frac{GT}{K}} + e^{-\frac{GT}{K}}},$$

$$x = \frac{K^2}{G}\log\left(e^{\frac{GT}{K}} + e^{-\frac{GT}{K}}\right) + C;$$

si $v_0 = 0$, $t_0 = 0$, $T = t$,

$$C = \frac{K^2}{G}\log\tfrac{1}{2} + x_0.$$

Dans le cas où la vitesse initiale est dirigée en sens contraire de la pesanteur, si l'on compte les espaces parcourus dans le sens du mouvement, on a la formule

$$\frac{dv}{dt} = -\frac{G}{K^2}(K^2 + v^2);$$

d'où l'on tire

$$\text{arc tang}\,\frac{v}{K} - \text{arc tang}\,\frac{v_0}{K} = -\frac{Gt}{K},$$

$$v = K\,\frac{v_0 - K\,\text{tang}\,\frac{Gt}{K}}{K + v_0\,\text{tang}\,\frac{Gt}{K}} = K\,\frac{v_0\cos\frac{Gt}{K} - K\sin\frac{Gt}{K}}{K\cos\frac{Gt}{K} + v_0\sin\frac{Gt}{K}},$$

$$x = \frac{K^2}{G}\log\frac{K\cos\frac{Gt}{K} + v_0\sin\frac{Gt}{K}}{K}.$$

Le mouvement change de sens quand v s'annule, alors $t_1 = \frac{K}{G}\,\text{arc tang}\,\frac{v_0}{K}$ et comme, en général,

$$x = \frac{K^2}{2G}\log\frac{K^2 + v_0^2}{K^2 + v^2},$$

la hauteur correspondant à $v = 0$ est

$$x_1 = \frac{K^2}{2G}\log\frac{K^2 + v_0^2}{K^2}.$$

Enfin, si $m = m'$, la formule du mouvement est

$$-\frac{dv}{dt} = \frac{2\alpha}{m + m' + \frac{I}{r^2}}\,v^2 = A v^2,$$

$$\frac{1}{v} - \frac{1}{v_0} = At, \quad x = \frac{1}{A}\log(1 + A v_0 t) + x_0.$$

57. *Une droite homogène AA' de masse m' et de longueur 2a est assujettie à tourner autour d'un axe vertical auquel elle est perpendiculaire et qui passe par son milieu O. Un point mobile M de masse m, assujetti à rester sur cette droite, est attiré par le point O pro-*

portionnellement à sa distance à ce point. On donne la vitesse angulaire initiale ω_0 de la droite, la position initiale du point M sur la droite et sa vitesse initiale relative. Trouver le mouvement du système.

On appliquera les formules au cas où le point M est placé d'abord à l'extrémité A de la droite sans vitesse relative. On supposera, en outre, $m' = \frac{m}{2}$ et le coefficient d'attraction $f = 4\omega_0^2$.

(École Normale, juillet 1870.)

Nous mettrons le problème en équation en employant successivement les quatre méthodes précédemment indiquées :

1° *Introduction des forces de liaison.* — Soit N l'action de la tige sur le point M, comptée dans le sens de la rotation positive; les équations du mouvement du point M sont

$$m\frac{d^2x}{dt^2} = -fmx - N\frac{y}{r},$$

$$m\frac{d^2y}{dt^2} = -fmy + N\frac{x}{r};$$

d'où, en éliminant N,

$$x\frac{d^2x}{dt^2} + y\frac{d^2y}{dt^2} = -fr^2.$$

Or, de

$$x\,dx + y\,dy = r\,dr$$

on tire, par différentiation,

$$x\,d^2x + y\,d^2y = dr^2 + r\,d^2r - ds^2 = r\,d^2r - r^2\,d\theta^2,$$

ce qui donne l'équation différentielle de la trajectoire du point M

$$\frac{d^2r}{dt^2} - r\frac{d\theta^2}{dt^2} + fr = 0. \tag{1}$$

La tige est un corps solide tournant autour d'un axe fixe et soumis à la force $-\mathrm{N}$: son mouvement angulaire est donc déterminé par l'équation

$$\frac{d^2\theta}{dt^2} = \frac{-\mathrm{N}r}{\mathrm{I}} = -\frac{m}{\mathrm{I}}\left(x\frac{d^2y}{dt^2} - y\frac{d^2x}{dt^2}\right);$$

le moment d'inertie I de la tige par rapport à l'axe de rotation est

$$\mathrm{I} = \frac{m'}{2a}\int_{-a}^{+a} \rho^2 d\rho = \frac{m'a^2}{3};$$

l'équation du mouvement de la tige, intégrée une première fois, donne

$$\frac{d\theta}{dt} = -\frac{3m}{m'a^2}\,\frac{x\,dy - y\,dx}{dt} + \mathrm{A} = -\frac{3m}{m'a^2}\,r^2\frac{d\theta}{dt} + \mathrm{A}$$

ou

$$(2)\qquad \frac{d\theta}{dt}(m'a^2 + 3mr^2) = k^2 = \omega_0(3mr_0^2 + m'a^2),$$

équation d'un mouvement révolutif dans lequel la vitesse angulaire décroît quand r croît. Quant au mouvement relatif du point M sur la tige, il est déterminé par l'équation que l'on obtient en éliminant $\frac{d\theta}{dt}$ entre (1) et (2)

$$(3)\qquad \frac{d^2r}{dt^2} - \frac{rk^4}{(m'a^2 + 3mr^2)^2} + fr = 0,$$

qui se ramène aisément au premier ordre

$$(4)\qquad \left(\frac{dr}{dt}\right)^2 + \frac{k^4}{3m(m'a^2 + 3mr^2)} + fr^2 = c^2.$$

2° *Théorèmes généraux de la Dynamique.* — Aucune force extérieure autre que la réaction de l'axe de rotation de la tige et celle du plan horizontal n'agissant sur le système considéré, le théorème des aires projetées sur le plan horizontal est applicable, puisque ces forces ont des moments nuls autour de l'axe de rotation ; il donne

$$mr^2\frac{d\theta}{dt}+\mathrm{I}\frac{d\theta}{dt}=\text{const.}:$$

c'est l'équation (2).

Le principe des forces vives fournit l'équation

$$mv^2+\frac{d\theta^2}{dt^2}\mathrm{I}=-2\int fmr\,dr+\text{const.}=-fmr^2+c^2m,$$

qui conduit à l'équation (4).

3° *Équations de Lagrange.* — Formons la demi-force vive T du système et le travail virtuel δU des forces tant extérieures qu'intérieures, non compris les liaisons, pour un déplacement compatible avec ces liaisons

$$\begin{aligned}\mathrm{T}&=\frac{1}{2}m\left[\left(\frac{dr}{dt}\right)^2+r^2\left(\frac{d\theta}{dt}\right)^2\right]+\frac{1}{2}\left(\frac{d\theta}{dt}\right)^2\mathrm{I}\\&=\frac{1}{2}mr'^2+\frac{\theta'^2}{2}\left(mr^2+\frac{m'a^2}{3}\right),\end{aligned}$$

$$\delta\mathrm{U}=-fmr\,\delta r=\mathrm{R}\,\delta r,$$

d'où

$$\frac{d\mathrm{T}}{dr}=mr\theta'^2,\quad \frac{d\mathrm{T}}{dr'}=mr',$$

$$\frac{d\mathrm{T}}{d\theta}=0,\quad \frac{d\mathrm{T}}{d\theta'}=\theta'\left(mr^2+\frac{m'a^2}{3}\right)$$

et enfin, en appliquant les formules de Lagrange,

$$\frac{d}{dt}\frac{d\mathrm{T}}{d\theta'}-\frac{d\mathrm{T}}{d\theta}-\Theta=0,\quad \frac{d}{dt}\frac{d\mathrm{T}}{dr'}-\frac{d\mathrm{T}}{dr}-\mathrm{R}=0;$$

$$\frac{d}{dt}\left[\theta'\left(mr^2+\frac{m'a^2}{3}\right)\right]=0,\quad \theta'(3mr^2+m'a^2)=k^2,$$

$$m\frac{dr'}{dt}-mr\theta'^2+fmr=0,$$

qui ne sont autres que les équations (2) et (3).

4° Le principe de d'Alembert, joint à celui des vitesses

virtuelles, fournit l'équation générale

$$\sum\left[\left(X - m\frac{d^2x}{dt^2}\right)\delta x + \left(Y - m\frac{d^2y}{dt^2}\right)\delta y + \left(Z - m\frac{d^2z}{dt^2}\right)\delta z\right] = 0,$$

dans laquelle X, Y, Z sont les composantes parallèles aux axes de la résultante des forces réellement agissantes (abstraction faite des forces produites par les liaisons) pour le point du système de masse m, et δx, δy, δz les composantes d'un déplacement virtuel de ce point, compatible avec les liaisons.

Si, dans le problème actuel, on désigne par x' et y' les coordonnées d'un point quelconque, de masse dm', de la tige, l'équation précédente prend la forme

$$m\left[\left(fx + \frac{d^2x}{dt^2}\right)\delta x + \left(fy + \frac{d^2y}{dt^2}\right)\delta y\right] + \Sigma\, dm'\left(\frac{d^2x'}{dt^2}\delta x' + \frac{d^2y'}{dt^2}\delta y'\right) = 0.$$

Or, en vertu des liaisons,

$$\delta x = \delta(r\cos\theta) = \frac{x}{r}\delta r - y\,\delta\theta,$$

$$\delta y = \delta(r\sin\theta) = \frac{y}{r}\delta r + x\,\delta\theta,$$

$$\delta x' = -y'\delta\theta, \quad \delta y' = x'\delta\theta;$$

d'où, en égalant séparément à zéro les coefficients des variations arbitraires δr et $\delta\theta$,

$$fm\frac{x^2+y^2}{r} + m\left(\frac{d^2x}{dt^2}\frac{x}{r} + \frac{d^2y}{dt^2}\frac{y}{r}\right) = 0,$$

$$m\left(x\frac{d^2y}{dt^2} - y\frac{d^2x}{dt^2}\right) + \Sigma\, dm'\left(x'\frac{d^2y'}{dt^2} - y'\frac{d^2x'}{dt^2}\right) = 0;$$

le première nous a fourni l'équation (1), et la seconde, en l'intégrant une fois, donne l'équation (2).

Revenons à l'étude du mouvement relatif du point M,

défini par l'équation (4), qui conduit à une intégrale abélienne; on doit toujours avoir

$$-fr^2 + c^2 - \frac{k^4}{3m(3mr^2 + m'a^2)} > 0$$

ou

$$9fm^2r^4 + 3mr^2(fm'a^2 - 3mc^2) + k^4 - 3mm'a^2c^2 < 0,$$

ce qui exige que les racines en r^2 de ce trinôme égalé à zéro ne soient ni imaginaires, ni toutes deux négatives : l'une d'elles au moins est donc positive; soient r_1^2 et r_2^2 ces racines et $r_1^2 > r_2^2$, on reconnaît aisément que le point m oscille entre r_2 et r_1 si r_2 est réel, ou, s'il est imaginaire, entre $\pm r_1$. Il est clair que si $r_1 > a$, le mobile s'arrêterait à l'extrémité de la tige dont le mouvement angulaire deviendrait uniforme à partir de cet instant. Enfin, quand $r_2 = 0$, r pourra croître jusqu'à r_1 et diminuer ensuite jusqu'à zéro; mais il n'y arrivera qu'après un temps infini, parce que dt contient $\frac{1}{r}$ en facteur, ce qui rend infinie l'intégrale qui a zéro pour limite; la courbe décrite est alors une spirale asymptote au pôle.

Appliquant les formules au cas particulier de l'énoncé, on trouve

$$k^2 = \tfrac{7}{2} m a^2 \omega_0, \quad c^2 = \tfrac{31}{6} a^2 \omega_0^2$$

et, pour l'équation qui détermine r_1 et r_2,

$$8r^4 - 9a^2r^2 + a^2 = 0$$

l'une des racines $r_1 = a$, ainsi qu'on pouvait le prévoir, et l'autre $r_2 = \dfrac{a}{2\sqrt{2}}$.

58. *Un prisme de masse donnée* M *repose, par une surface plane, sur un plan horizontal, sur lequel il peut glisser sans frottement; dans ce prisme, on a creusé*

un cylindre ayant ses génératrices horizontales; un point matériel pesant de masse donnée m glisse sans frottement sur la section médiane de ce cylindre. On suppose que les vitesses initiales du prisme et du point matériel sont nulles. Trouver le mouvement de ce système.

On appliquera les formules au cas où la section droite du prisme est une cycloïde à base horizontale, convexe vers le bas, et l'on supposera que le point m a été placé au commencement, au point le plus élevé de la cycloïde. On effectuera le calcul en supposant que la masse m est très petite par rapport à M *et négligeant les puissances du rapport* $\frac{m}{M}$ *supérieures à la première.*

(Paris, novembre 1871.)

Nous rapporterons la position relative du point m à un système d'axes, l'un Ox horizontal, l'autre Oy dans le sens de la verticale, l'origine O étant le point de départ; les coordonnées relatives de ce point sont liées par l'équation du canal $f(x, y) = 0$. Soit d'ailleurs x_1 le déplacement du point O du prisme au bout du temps t, les coordonnées absolues de m sont $x + x_1$ et y, et celles du centre de gravité du prisme $x_1 + X_0$ et Y_0.

Cela posé, le système du prisme et du point m n'est soumis qu'à des forces verticales et, comme les vitesses initiales sont nulles, le centre de gravité doit rester sur une verticale, ce qui donne

$$\frac{m(x+x_1)+M(X_0+x_1)}{m+M} = \text{const.} = \frac{MX_0}{m+M}$$

ou

$$(1) \qquad Mx_1 + m(x+x_1) = 0.$$

Le théorème des forces vives fournira la seconde équation nécessaire pour la détermination des deux seules inconnues x et x_1 du problème

$$M\frac{dx_1^2}{dt^2}+m\left[\frac{d(x+x_1)}{dt}\right]^2+m\frac{dy^2}{dt^2}=2mgy;$$

remplaçant dans cette équation $\frac{dx_1}{dt}$ par sa valeur obtenue en différentiant l'équation (1), on a une relation différentielle entre x, y et t,

$$\frac{M}{M+m}\frac{dx^2}{dt^2}+\frac{dy^2}{dt^2}=2gy. \tag{2}$$

Quand la section est cycloïdale, on peut écrire

$$x=a(u-\sin u),\quad y=a(1-\cos u);$$

et, si l'on pose $m=M\varepsilon$, l'équation (2) devient

$$a\left[\frac{1}{1+\varepsilon}(1-\cos u)^2+\sin^2 u\right]\frac{du^2}{dt^2}=2g(1-\cos u),$$

d'où

$$dt\sqrt{\frac{g}{a}}=\pm\, du\sqrt{1-\frac{\varepsilon}{1+\varepsilon}\sin^2\tfrac{1}{2}u}. \tag{3}$$

On est conduit à effectuer une intégrale elliptique de seconde espèce; mais la forme de l'équation montre que u qui croît d'abord ira jusqu'à 2π; comme il ne peut dépasser cette limite si le canal est formé d'une seule branche de cycloïde, u décroîtra ensuite jusqu'à zéro; la durée de ces oscillations est d'ailleurs constante.

Les coordonnées absolues de m sont

$$x+x_1=\left(1-\frac{\varepsilon}{1+\varepsilon}\right)x=\frac{a}{1+\varepsilon}(u-\sin u),\quad y=a(1-\cos u);$$

la trajectoire absolue se déduit de la cycloïde donnée en réduisant les abscisses dans le rapport de 1 à $1+\varepsilon$. Le prisme a un mouvement oscillatoire en arrière, avec une amplitude égale à $\frac{2\pi a\varepsilon}{1+\varepsilon}$.

La pression exercée par m sur le prisme s'obtient en écrivant que c'est elle qui produit le mouvement horizontal du prisme. Comme elle fait avec la partie positive de l'axe des x l'angle $\pi - \frac{1}{2}u$, on aura

$$-\mathrm{N}\cos\tfrac{1}{2}u = \mathrm{M}\frac{d^2x_1}{dt^2} = -\frac{m}{1+\varepsilon}\frac{d^2x}{dt^2}$$
$$= -\frac{ma}{1+\varepsilon}\left[(1-\cos u)\frac{d^2u}{dt^2} + \sin u\frac{du^2}{dt^2}\right];$$

mais l'équation (3) peut s'écrire

$$\frac{1}{1+\varepsilon}\frac{du^2}{dt^2} = \frac{g}{a(1+\varepsilon\cos^2\frac{1}{2}u)},$$

d'où

$$\frac{2}{1+\varepsilon}\frac{d^2u}{dt^2} = \frac{g\varepsilon\sin\frac{1}{2}u\cos\frac{1}{2}u}{a(1+\varepsilon\cos^2\frac{1}{2}u)^2}.$$

Substituant dans N et réduisant, on trouve une valeur essentiellement positive

$$(4) \qquad \mathrm{N} = mg\frac{2+\varepsilon+\varepsilon\cos^2\frac{1}{2}u}{(1+\varepsilon\cos^2\frac{1}{2}u)^2}\sin\frac{1}{2}u.$$

Quand on néglige le carré de ε, l'équation (3) devient intégrable,

$$dt\sqrt{\frac{g}{a}} = du(1-\tfrac{1}{2}\varepsilon\sin^2\tfrac{1}{2}u),$$

$$(5) \qquad t\sqrt{\frac{g}{a}} = u - \frac{\varepsilon u}{4} + \frac{\varepsilon}{4}\sin u.$$

Le temps d'une demi-oscillation est $2\pi\left(1-\frac{\varepsilon}{4}\right)\sqrt{\frac{a}{g}}$.

Appliquant la série de Lagrange à l'équation (5), on a, avec la même approximation que précédemment,

$$(6) \qquad u = \left(1+\frac{\varepsilon}{4}\right)t\sqrt{\frac{g}{a}} - \frac{\varepsilon}{4}\sin t\sqrt{\frac{g}{a}}.$$

On peut regarder cette équation comme exprimant la loi du mouvement.

59. *Étant donnés un cône circulaire droit dont l'axe est vertical et dirigé de bas en haut, et une poulie homogène, de masse et de rayon connus, située dans un plan méridien du cône et tournant autour d'un axe perpendiculaire à ce plan, un fil flexible et inextensible est enroulé sur la poulie; un des brins du fil passe dans une ouverture infiniment petite pratiquée au sommet du cône et à son extrémité est attaché un point pesant de masse m assujetti à glisser sans frottement sur la surface du cône; l'autre brin descend suivant la verticale et porte à son extrémité un point pesant de masse m'. Trouver le mouvement de ce système en supposant que la vitesse initiale du point m soit horizontale et celle du point m' nulle.*

On néglige le poids du fil.

(École Normale, juillet 1872.)

Soient (*fig.* 21)

Fig. 21.

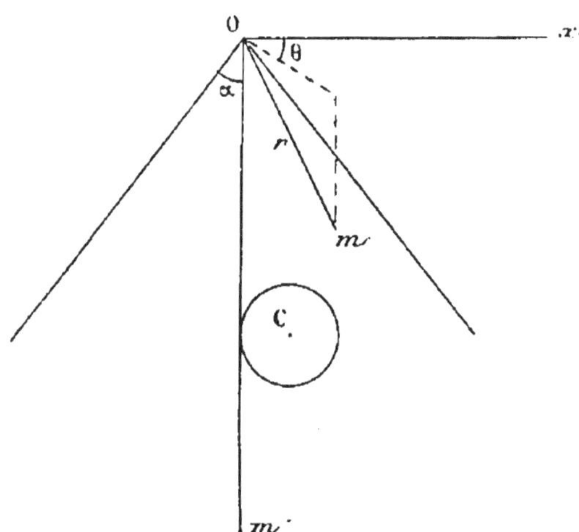

α le demi-angle au sommet du cône;
r la distance Om;
θ l'angle dont a tourné le plan méridien qui contient cette droite;

μ la masse de la poulie;
a son rayon;
I son moment d'inertie autour de son axe.

L'application des équations de Lagrange conduit aux formules

$$2T = m' \frac{dr^2}{dt^2} + m \left(\frac{dr^2}{dt^2} + r^2 \frac{d\theta^2}{dt^2} \sin^2 \alpha \right) + \frac{\frac{dr^2}{dt^2}}{a^2} I$$

ou, en remarquant que

$$I = \int_0^a \rho^2 2\pi\rho \, d\rho \, \frac{\mu}{\pi a^2} = \frac{\mu a^2}{2}$$

et posant $m + m' + \frac{\mu}{2} = M$,

$$2T = M \frac{dr^2}{dt^2} + mr^2 \frac{d\theta^2}{dt^2} \sin^2 \alpha;$$

$$\delta U = g(m \cos \alpha - m') \, \delta r = g m_1 \, \delta r;$$

$$\frac{dT}{d\theta'} = mr^2 \theta' \sin^2 \alpha, \quad \frac{dT}{d\theta} = 0, \quad \Theta = 0,$$

$$\frac{dT}{dr'} = M r', \quad \frac{dT}{dr} = mr\theta'^2 \sin^2 \alpha, \quad R = g m_1.$$

On en déduit

$$\frac{d}{dt} \frac{dT}{d\theta'} = 0$$

ou

$$(1) \qquad r^2 \frac{d\theta}{dt} \sin^2 \alpha = \text{const.} = r_0 v_0 \sin \alpha,$$

équation à laquelle on aurait été conduit immédiatement en remarquant que, les trois forces auxquelles est soumis le point m, la pesanteur, la réaction du cône et la traction du fil étant dans le plan méridien, le théorème des aires est applicable au mouvement de la projection de m sur un plan horizontal.

On a encore

$$(2) \qquad M\frac{d^2 r}{dt^2} - mr\frac{d\theta^2}{dt^2}\sin^2\alpha - gm_1 = 0$$

ou, en intégrant après avoir éliminé $\frac{d\theta}{dt}$,

$$(3) \quad M\frac{dr^2}{dt^2} + \frac{mr_0^2 v_0^2}{r^2} - 2gm_1 r = \text{const.} = mv_0^2 - 2gm_1 r_0;$$

c'est l'équation des forces vives appliquée à tout le système.

On a, en définitive,

$$(4) \quad \begin{cases} \pm dt = \sqrt{M}\dfrac{r\,dr}{\sqrt{(r-r_0)\left[2gm_1 r^2 + mv_0^2(r+r_0)\right]}}, \\ \pm d\theta = \dfrac{r_0 v_0\sqrt{M}}{\sin\alpha}\dfrac{dr}{r\sqrt{(r-r_0)\left[2gm_1 r^2 + mv_0^2(r+r_0)\right]}}; \end{cases}$$

ce sont des intégrales elliptiques de deuxième et de troisième espèce.

Les circonstances du mouvement dépendent du signe de $m_1 = m\cos\alpha - m'$.

1° $m_1 < 0$. — Les racines de la quantité entre crochets sous le radical sont réelles et de signes contraires; si r_1 est la racine positive, r varie entre r_0 et r_1, et le point m touche alternativement les parallèles correspondants. Ces deux parallèles se confondent et le mouvement de m est uniforme si $gm_1 r_0 + mv_0^2 = 0$.

Ce cas comprend celui où le point m se meut sur un plan horizontal.

2° $m_1 > 0$. — La quantité entre crochets est positive pour toute valeur positive de r : donc r, qui doit toujours être supérieur à r_0, grandit indéfiniment, mais cela exige un temps infini. Au contraire, la valeur correspondante θ_1 de θ est finie, le coefficient de dr dans l'expression de $d\theta$ ayant un dénominateur de l'ordre de $r^{\frac{5}{2}}$; la trajectoire est asymptotique à la génératrice θ_1 du cône, ainsi qu'il est aisé de le vérifier en cherchant la sous-tangente polaire de la projection horizontale de la trajectoire.

3° $m_1 = 0$. — Les équations (4) deviennent intégrables; on trouve

$$r = \frac{r_0}{\cos\left(\theta\sqrt{\frac{m}{M}}\sin\alpha\right)},$$

La projection horizontale de la trajectoire se déduit de la ligne droite en augmentant les angles polaires de ses divers points dans un rapport constant; il y a une asymptote

$$\theta_1 = \frac{\pi}{2\sin\alpha}\sqrt{\frac{M}{m}},$$

située à la distance $\rho_0 = r_0 \sin\alpha$ du pôle.

On a encore

$$t = \frac{1}{v_0}\sqrt{\frac{M}{m}}\sqrt{r^2 - r_0^2};$$

il faut un temps infini à m pour parcourir sa trajectoire qui, dans ce cas comme dans le précédent, se trouvera limitée en fait par la longueur du fil.

60. *Deux points matériels de masse m et m', réunis par un fil flexible et inextensible qui traverse un anneau infiniment petit* O, *sont assujettis à se mouvoir dans un plan qui passe par* O; *le point m est sollicité par une force dirigée vers* O *et qui varie en raison inverse du carré de sa distance à ce point; déterminer le mouvement du système en négligeant la masse du fil.*

On examinera, en particulier, le cas où la vitesse initiale du point m' est dirigée suivant la droite qui joint la position initiale au point fixe O.

(Paris, novembre 1873.)

Soient r et r' les distances Om, Om'; θ et θ' les angles de ces droites avec un axe fixe; le théorème des aires s'applique au mouvement de chaque point

$$r^2 \frac{d\theta}{dt} = c, \quad r'^2 \frac{d\theta'}{dt'} = c',$$

relations auxquelles il faut joindre $r + r' = l$; elles montrent que les vitesses angulaires varient en sens inverse l'une de l'autre : chacune d'elles conserve, d'ailleurs, son sens primitif.

L'équation des forces vives appliquée à tout le système fournit la quatrième équation du mouvement

$$m(v^2 - v_0^2) + m'(v'^2 - v_0'^2) = 2\mu m\left(\frac{1}{r} - \frac{1}{r_0}\right);$$

si l'on y remplace les vitesses par leurs expressions en coordonnées polaires, et qu'on élimine les vitesses angulaires et r' à l'aide des trois premières équations, on obtient

$$(m + m')\frac{dr^2}{dt^2} = \frac{A r^2(l - r)^2 + 2\mu m r(l - r)^2 - mc^2(l - r)^2 - m'c'^2 r^2}{r^2(l - r)^2},$$

équation dans laquelle

$$A = m v_0^2 + m' v_0'^2 - \frac{2\mu m}{r_0}.$$

Considérons le polynôme du quatrième degré

$$P = A r^2(l - r)^2 + 2\mu m r(l - r)^2 - mc^2(l - r)^2 - m'c'^2 r^2;$$

il est nécessairement positif pour $r = r_0$, tandis qu'il est négatif pour r égal à zéro ou à l : il a donc au moins deux racines comprises dans cet intervalle. Si $A \geqq 0$, les deux autres racines sont également réelles, l'une est négative et l'autre supérieure à l. Si $A < 0$, ces racines peuvent être imaginaires; mais, si elles sont réelles, elles sont toutes deux dans l'un des quatre intervalles séparés par

$$-\infty,\ o,\ r_0,\ l,\ +\infty,$$

et il pourra y avoir trois racines, soit entre o et r_0, soit entre r_0 et l; quoi qu'il en soit, r oscillera toujours entre les deux racines séparées par r_0, et il ira de l'une à l'autre de ces valeurs α et β, dans un temps constant. La trajectoire de m sera formée d'arcs égaux compris entre les cercles de rayons α et β, qu'elle touche alternativement; celle de m' a une forme analogue entre les cercles de rayons $l-\alpha$ et $l-\beta$. Pour que $\alpha=\beta$, il faut que leur valeur commune soit r_0, ce qui exige $\left(\frac{dr}{dt}\right)_0 = o$, ou qu'à l'instant initial la vitesse de m et, par suite, celle de m' soient perpendiculaires au rayon vecteur correspondant, et qu'en outre $r=r_0$ annule la dérivée de l'équation $P=o$; cette dernière condition, en tenant compte de la première, équivaut à $\left(\frac{d^2 r}{dt^2}\right)_0 = o$, ou

$$\frac{mc^2}{r_0^3} - \frac{m'c'^2}{(l-r_0)^3} - \mu\frac{m}{r_0^2} = o,$$

que l'on peut encore écrire

$$\frac{mv_0^2}{r_0} - \frac{m'v_0'^2}{r_0'} - \mu\frac{m}{r_0^2} = o,$$

puisque alors

$$c = r_0 v_0, \quad c' = r_0' v_0'.$$

Quand ces conditions sont satisfaites, les deux points se meuvent uniformément sur deux cercles.

Dans le cas particulier proposé, $c'=o$, $\theta'=$ const.:

$$\pm dt\sqrt{\frac{m}{m+m'}} = \frac{r\,dr}{\sqrt{Br^2+2\mu r - c^2}}, \quad B = \frac{A}{m},$$

$$\pm d\theta\sqrt{\frac{m}{m+m'}} = \frac{c\,dr}{r\sqrt{Br^2+2\mu r - c^2}};$$

l'équation de la trajectoire de m est

$$\frac{1}{r} = \frac{\mu}{c^2}\left\{1 + \sqrt{1 + \frac{Bc^2}{\mu^2}} \cos\left[(\theta - \theta_1)\sqrt{\frac{m}{m+m'}}\right]\right\}.$$

Cette courbe a pour rayons vecteurs ceux d'une conique ayant son foyer au pôle, les angles polaires de tous les points étant augmentés dans le rapport de $\sqrt{m+m'}$ à $\sqrt{m}$. On trouvera la position de m en fonction du temps de la même façon que pour le mouvement des planètes; son mouvement sur sa trajectoire est d'ailleurs suffisamment défini par la loi des aires.

64. *Trouver le mouvement de deux points matériels pesants qui s'attirent proportionnellement à leur distance et qui sont assujettis à se mouvoir sans frottement, le premier sur une droite verticale donnée, le second sur un plan donné oblique à l'horizon.*

On examinera en particulier les circonstances du mouvement dans les hypothèses suivantes :

1° *Les deux points matériels ont des masses égales;*

2° *Leur position initiale est celle où ils resteraient en équilibre si leurs vitesses étaient nulles;*

3° *Les projections de la vitesse initiale du second point sur l'horizontale et sur la ligne de plus grande pente du plan sont égales chacune à la vitesse initiale du premier point;*

4° *Le plan donné fait avec l'horizon un angle, dont le sinus est égal à $\frac{3}{4}$.*

(École Normale, juillet 1874.)

Nous prendrons pour origine le point O de rencontre du plan dans lequel se meut le point M et de la verticale que parcourt le point M′, pour axes des x et des y la ligne de plus grande pente et l'horizontale du plan passant en O;

enfin soient $OM' = r$ et α l'angle du plan avec la verticale. Les équations du mouvement de ces points s'écrivent immédiatement, si l'on remarque que les composantes de MM' parallèles aux trois axes coordonnés sont respectivement $r\cos\alpha - x$, $-y$ et $r\sin\alpha$; elles donnent

$$(1)\quad \begin{cases} \dfrac{d^2r}{dt^2} = g + fm[-(r\cos\alpha - x)\cos\alpha - r\sin^2\alpha] \\ \qquad = g + fm(x\cos\alpha - r), \\ \dfrac{d^2x}{dt^2} = g\cos\alpha + fm'(r\cos\alpha - x), \quad \dfrac{d^2y}{dt^2} = -fm'y. \end{cases}$$

Ces équations montrent que le mouvement de la projection du point M sur l'axe des y est celui d'un mobile attiré par le point O proportionnellement à la distance; on a

$$(2)\qquad y = A\cos t\sqrt{fm'} + B\sin t\sqrt{fm'};$$

l'équation qui donne r s'obtient par l'élimination de x entre les deux premières équations générales du mouvement

$$\frac{d^4r}{dt^4} + f(m+m')\frac{d^2r}{dt^2} + f^2mm'r\sin^2\alpha = fg(m' + m\cos^2\alpha),$$

d'où

$$(3)\quad \begin{cases} r = c_1\cos kt + c_2\sin kt \\ \qquad + c_3\cos k_1t + c_4\sin k_1t + \dfrac{g(m' + m\cos^2\alpha)}{fmm'\sin^2\alpha}; \end{cases}$$

x s'en déduit aisément

$$(4)\quad \begin{cases} x = \dfrac{1}{fm\cos\alpha}\Big[(fm - k^2)(c_1\cos kt + c_2\sin kt) \\ \qquad + (fm - k_1^2)(c_3\cos k_1t + c_4\sin k_1t) + g\dfrac{m+m'}{m'}\cot^2\alpha\Big]. \end{cases}$$

Introduisons les hypothèses de l'énoncé dans les équations (1) : ce sera plus simple que de les introduire dans ces équations intégrées; faisant $m = m'$ et posant $fm = \mu^2$, elles deviennent

$$(1\ bis)\qquad \left\{\begin{aligned} \frac{d^2 r}{dt^2} &= g + \mu^2(x\cos\alpha - r),\\ \frac{d^2 x}{dt^2} &= g\cos\alpha + \mu^2(r\cos\alpha - x),\\ \frac{d^2 y}{dt^2} &= -\mu^2 y.\end{aligned}\right.$$

En vertu de la seconde hypothèse, les coordonnées initiales satisfont aux équations (1 *bis*), dans lesquelles on ferait les accélérations nulles,

$$(5)\qquad \left\{\begin{aligned} &g + \mu^2(x_0\cos\alpha - r_0) = 0,\\ &g\cos\alpha + \mu^2(r_0\cos\alpha - x_0) = 0,\\ &y_0 = 0;\end{aligned}\right.$$

d'où

$$r_0 = \frac{g(1+\cos^2\alpha)}{\mu^2\sin^2\alpha},\quad x_0 = \frac{2g\cos\alpha}{\mu^2\sin^2\alpha},\quad y_0 = 0.$$

Posons

$$R = r - r_0,\quad X = x - x_0,\quad Y = y - y_0,$$

et retranchons les équations (5) des équations (1 *bis*), il vient

$$\begin{aligned} \frac{d^2 R}{dt^2} &= \mu^2(X\cos\alpha - R),\\ \frac{d^2 X}{dt^2} &= \mu^2(R\cos\alpha - X),\\ \frac{d^2 Y}{dt^2} &= -\mu^2 Y;\end{aligned}$$

remplaçant enfin les deux premières équations par les suivantes,

$$\begin{aligned} \frac{d^2(R+X)}{dt^2} &= -\mu^2(1-\cos\alpha)(R+X),\\ \frac{d^2(R-X)}{dt} &= -\mu^2(1+\cos\alpha)(R-X),\end{aligned}$$

on a un système de trois équations qui s'intègrent séparément.

D'après la troisième condition, les dérivées de X, Y et R ont, à l'instant initial, la valeur commune c; tenant compte enfin de

$$X_0 = Y_0 = R_0 = 0, \quad \cos\alpha = \tfrac{3}{4},$$

on trouve que les intégrales générales se réduisent ainsi :

$$R + X = \frac{4c}{\mu} \sin\frac{1}{2}\mu t, \quad R - X = 0, \quad Y = \frac{c}{\mu}\sin\mu t.$$

L'équation de la trajectoire de M s'obtient en éliminant μt entre les valeurs de X et Y

$$\mu^2 X^4 = 4c^2(X^2 - Y^2).$$

Prenons des coordonnées polaires avec le point $x_0, y_0 = 0$ pour pôle,

$$\rho^2 = \frac{4c^2 \cos 2\omega}{\mu^2 \cos^4\omega};$$

c'est une courbe du quatrième ordre, qui ressemble à une lemniscate de Bernoulli.

62. *Trouver le mouvement de deux points matériels, assujettis à glisser sans frottement sur un cercle horizontal et s'attirant mutuellement en raison inverse du cube de la distance.*

(École Normale, juillet 1876.)

Soient

m et m' les masses des deux points;
l leur distance;
r le rayon du cercle sur lequel ils se meuvent;
θ et θ' les angles que font les rayons qui aboutissent en m et m' avec un diamètre fixe du cercle.

Les formules de Lagrange donnent

$$2T = mr^2\left(\frac{d\theta}{dt}\right)^2 + m'r^2\left(\frac{d\theta'}{dt}\right)^2, \quad \delta U = -F\,\delta l;$$

or

$$l = \pm 2r\sin\tfrac{1}{2}(\theta - \theta'), \quad F = \pm\frac{\mu^2 mm'}{8r^3\sin^3\frac{1}{2}(\theta-\theta')},$$

le signe à prendre étant celui de $\sin\frac{1}{2}(\theta - \theta')$;

$$\delta U = -\frac{\mu^2 mm'}{8r^2}\,\frac{\cos\frac{1}{2}(\theta-\theta')}{\sin^3\frac{1}{2}(\theta-\theta')}(\delta\theta - \delta\theta');$$

d'où les équations du mouvement

$$(1)\quad \begin{cases} m\,\dfrac{d^2\theta}{dt^2} = -\dfrac{\mu^2 mm'}{8r^4}\,\dfrac{\cos\frac{1}{2}(\theta-\theta')}{\sin^3\frac{1}{2}(\theta-\theta')}, \\[2ex] m'\,\dfrac{d^2\theta'}{dt^2} = \dfrac{\mu^2 mm'}{8r^4}\,\dfrac{\cos\frac{1}{2}(\theta-\theta')}{\sin^3\frac{1}{2}(\theta-\theta')}. \end{cases}$$

En combinant ces formules, on arrive aux suivantes :

$$m\frac{d^2\theta}{dt^2} + m'\frac{d^2\theta'}{dt^2} = 0,$$

$$\frac{d^2(\theta-\theta')}{dt^2} = -\frac{\mu^2(m+m')}{8r^4}\,\frac{\cos\frac{1}{2}(\theta-\theta')}{\sin^3\frac{1}{2}(\theta-\theta')}.$$

La première, qui est la dérivée de l'équation des aires, donne

$$(2)\quad m\theta + m'\theta' = ct + c';$$

cette équation montre que, si l'on considère sur la circonférence un point M, tel que, OM faisant avec le diamètre un angle Θ, on ait

$$m\theta + m'\theta' = (m + m')\Theta,$$

ce point, qui divisera $\theta - \theta'$ en parties inversement proportionnelles aux masses des deux points, se mouvra sur la circonférence d'un mouvement uniforme.

La seconde équation donne la loi du mouvement relatif; si l'on pose $\theta - \theta' = \omega$, elle devient, en l'intégrant,

$$(3)\quad \left(\frac{d\omega}{dt}\right)^2 - \left(\frac{d\omega}{dt}\right)_0^2 = \frac{\mu^2(m+m')}{4r^4}\left(\frac{1}{\sin^2\frac{1}{2}\omega} - \frac{1}{\sin^2\frac{1}{2}\omega_0}\right)$$

ou

$$(3\ bis)\quad \left\{\begin{aligned} &\pm dt\,\frac{\mu}{4r^2}\sqrt{m+m'} \\ &= \frac{\frac{1}{2}\,d\omega}{\sqrt{\frac{1}{\sin^2\frac{1}{2}\omega} - A}} = \frac{\frac{1}{2}\,d\omega\sin\frac{1}{2}\omega}{\sqrt{1 - A + A\cos^2\frac{1}{2}\omega}}, \end{aligned}\right.$$

équation dans laquelle nous avons représenté par A la constante

$$(4)\quad \frac{1}{\sin^2\frac{1}{2}\omega_0} - \frac{4r^4\left(\frac{d\omega}{dt}\right)_0^2}{\mu^2(m+m')} = A.$$

L'équation (3 *bis*) est intégrable, et les circonstances que présente le mouvement relatif dépendent de la valeur de A:

1° $A > 1$. — Posons alors $A = \frac{1}{\sin^2\frac{1}{2}\alpha}$, $0 < \alpha < \frac{\pi}{2}$; or, en choisissant convenablement le sens dans lequel on compte l'angle ω, on peut toujours supposer $0 < \omega_0 < \pi$; l'équation (3 *bis*) montre alors que ω variera entre $\pm\alpha$, le mouvement relatif sera oscillatoire et d'amplitude $2\alpha < \pi$.

Quand les mobiles se rencontrent, leur vitesse relative $\frac{d\omega}{dt}$ passe par l'infini; en vertu de l'équation (2), les vitesses des mobiles sont infinies et de sens contraires.

Intégrant l'équation (3 *bis*), on a

$$(5)\quad \cos\frac{1}{2}\omega = \frac{1}{2}\sqrt{\frac{A-1}{A}}\left[e^{(t+k)\frac{\mu\sqrt{A(m+m')}}{4r^2}} + e^{-(t+k)\frac{\mu\sqrt{A(m+m')}}{4r^2}}\right],$$

la constante k devant être changée à chaque passage de la

vitesse par l'infini. La durée T d'une demi-oscillation relative est

$$T = \frac{4r^2}{\mu\sqrt{A(m+m')}}\left[\log\left(\sqrt{A}\cos\tfrac{1}{2}\omega + \sqrt{1 - A\sin^2\tfrac{1}{2}\omega}\right)\right]_{\omega=\alpha}^{\omega=0},$$

$$(6) \qquad T = \frac{4r^2}{\mu\sqrt{A(m+m')}}\log\frac{1+\sqrt{A}}{\sqrt{A}-1}.$$

2° $A = 1$. — La loi du mouvement est donnée par la formule

$$\pm\, dt\,\frac{\mu\sqrt{m+m'}}{4r^2} = \frac{\frac{1}{2}d\omega\sin\frac{1}{2}\omega}{\cos\frac{1}{2}\omega},$$

le signe à prendre étant celui de $d\omega\tang\frac{1}{2}\omega$; on en tire

$$(7) \qquad \cos\tfrac{1}{2}\omega = \cos\tfrac{1}{2}\omega_0\, e^{\mp t\frac{\mu\sqrt{m+m'}}{4r^2}};$$

si $\left(\frac{d\omega}{dt}\right)_0 > 0$, on doit prendre le signe supérieur, ω va constamment en croissant et n'atteint sa limite supérieure π qu'au bout d'un temps infini.

Si $\left(\frac{d\omega}{dt}\right)_0 < 0$, comme par hypothèse $\pi > \omega_0 > 0$, on devra prendre d'abord le signe inférieur; ω décroît et les mobiles se rejoignent au bout du temps

$$T = \frac{4r^2}{\mu\sqrt{m+m'}}\log\frac{1}{\cos\frac{1}{2}\omega_0};$$

à partir de cet instant, $\tang\frac{1}{2}\omega$ changeant de signe, le mouvement sera donné par la formule

$$\cos\tfrac{1}{2}\omega = e^{-(t-T)\frac{\mu\sqrt{m+m'}}{4r^2}},$$

ω deviendra égal à $-\pi$ dans un temps infini.

3° $A < 1$. — La vitesse angulaire relative ne s'annule jamais, le mouvement est révolutif.

Soit d'abord $A > 0$; on a

$$(8) \quad \cos\frac{1}{2}\omega = \frac{1}{2}\sqrt{\frac{1-A}{A}}\left[e^{\mp(t+k)\frac{\mu\sqrt{A(m+m')}}{4r^2}} - e^{\pm(t+k)\frac{\mu\sqrt{A(m+m')}}{4r^2}}\right],$$

les signes supérieurs étant pris quand $d\omega \sin\frac{1}{2}\omega$ est positif; or, le mouvement étant révolutif, $d\omega$ ne change jamais de signe; on devra donc, dans la formule (8), changer de signe et de constante k à chaque rencontre.

L'intervalle qui sépare deux rencontres consécutives est

$$(9) \quad T = \frac{4r^2}{\mu\sqrt{A(m+m')}} \log\frac{1+\sqrt{A}}{1-\sqrt{A}}.$$

Pour $A = 0$, on a les formules

$$(10) \quad \cos\tfrac{1}{2}\omega = \mp(t+k)\frac{\mu\sqrt{m+m'}}{4r^2}, \quad T = \frac{8r^2}{\mu\sqrt{m+m'}}.$$

Soit enfin $A = -B < 0$, on obtient

$$(11) \quad \left\{\begin{aligned} \cos\tfrac{1}{2}\omega &= \sqrt{\frac{1+B}{B}}\cos\left[\frac{\mu\sqrt{B(m+m')}}{4r^2}(t+k)\right], \\ T &= \frac{8r^2}{\mu\sqrt{B(m+m')}}\operatorname{arc\,sin}\sqrt{\frac{B}{1+B}} \\ &= \frac{8r^2}{\mu\sqrt{B(m+m')}}\operatorname{arc\,tang}\sqrt{B}. \end{aligned}\right.$$

63. *Mouvement de deux points matériels de masses m et m', s'attirant proportionnellement à la distance et assujettis à se mouvoir sans frottement sur deux cercles concentriques de rayons a et a' situés dans un même plan horizontal. On suppose les deux mobiles en repos à l'origine du temps.*

Cas des oscillations infiniment petites.

(Paris, novembre 1877.)

Suivant la même marche que dans l'exercice précédent, on a

$$2T = ma^2\left(\frac{d\theta}{dt}\right)^2 + m'a'^2\left(\frac{d\theta'}{dt}\right)^2,$$

$$l = \sqrt{a^2 + a'^2 - 2aa'\cos(\theta - \theta')},$$

$$\delta U = -\mu^2 mm' l\,\delta l = \mu^2 mm'aa'\sin(\theta - \theta')(\delta\theta - \delta\theta');$$

d'où les équations

$$(1)\quad \begin{cases} ma^2\dfrac{d^2\theta}{dt^2} = -\mu^2 mm'aa'\sin(\theta - \theta'), \\ m'a'^2\dfrac{d^2\theta'}{dt^2} = \mu^2 mm'aa'\sin(\theta - \theta'), \end{cases}$$

que l'on peut remplacer par les suivantes :

$$(2)\quad \begin{cases} ma^2\dfrac{d^2\theta}{dt^2} + m'a'^2\dfrac{d^2\theta'}{dt^2} = 0, \\ \dfrac{d^2(\theta - \theta')}{dt^2} = -\mu^2\left(m\dfrac{a}{a'} + m'\dfrac{a'}{a}\right)\sin(\theta - \theta'). \end{cases}$$

La première, en tenant compte des circonstances initiales et choisissant l'axe polaire tel que

$$ma^2\theta_0 + m'a'^2\theta'_0 = 0,$$

devient, en intégrant,

$$(3)\quad ma^2\theta + m'a'^2\theta' = 0,$$

formule qui montre que l'axe polaire divise l'angle des rayons vecteurs des mobiles en parties inversement proportionnelles à leurs moments d'inertie par rapport au centre commun des deux cercles.

La seconde nous donne

$$(4)\quad \left(\frac{d\omega}{dt}\right)^2 = 2k^2\mu^2(\cos\omega - \cos\omega_0),$$

si l'on pose, pour simplifier,

$$k^2 = \frac{ma^2 + m'a'^2}{aa'};$$

elle prouve que le mouvement angulaire relatif est celui d'un pendule simple de longueur $L = \frac{g}{k^2 \mu^2}$, abandonné sans vitesse initiale.

Dans le cas des oscillations infiniment petites, la seconde des formules (2) peut s'écrire

$$\frac{d^2(\theta - \theta')}{dt^2} + \mu^2 k^2 (\theta - \theta') = 0,$$

d'où

$$\theta - \theta' = (\theta_0 - \theta'_0) \cos \mu k t,$$

ce qui donne finalement

$$(5) \qquad \begin{cases} \theta = \theta_0 \cos \mu k t, \\ \theta' = \theta'_0 \cos \mu k t; \end{cases}$$

chaque mobile oscille comme un pendule simple de longueur L.

64. *Un tube circulaire, infiniment petit, peut tourner librement autour de l'un de ses diamètres qui est fixe; dans l'intérieur du tube peut se mouvoir sans frottement un point matériel.*

Déterminer le mouvement de ce système en supposant que les seules forces qui agissent sur le tube et sur le point soient leurs réactions normales mutuelles.

On donne le rayon r du cercle, le moment d'inertie A *du tube par rapport à l'axe fixe et la masse m du point mobile.*

(Paris, juillet 1880, 1re question.)

L'axe de rotation étant pris pour axe polaire, soient ψ l'azimut et θ l'angle polaire du point mobile. Aucune force extérieure autre que les réactions de l'axe fixe n'agissant sur le système, le théorème des aires donne

$$(1) \qquad (A + mr^2 \sin^2\theta) \frac{d\psi}{dt} = c,$$

équation qui montre que le tube est animé d'un mouvement révolutif, avec une vitesse angulaire d'autant plus faible que le point mobile est plus voisin de l'équateur.

Le théorème du travail et des forces vives fournit la seconde équation du mouvement; exprimant que la force vive totale du système est constante, on a

$$(2)\qquad A\left(\frac{d\psi}{dt}\right)^2 + m\left[r^2\left(\frac{d\theta}{dt}\right)^2 + r^2\sin^2\theta\left(\frac{d\psi}{dt}\right)^2\right] = b^2.$$

L'équation différentielle du mouvement est donc

$$(3)\qquad dt = \pm\frac{r\sqrt{m}\,d\theta\sqrt{A+mr^2\sin^2\theta}}{\sqrt{b^2(A+mr^2\sin^2\theta)-c^2}};$$

et celle de la trajectoire

$$(4)\qquad d\psi = \pm\frac{cr\sqrt{m}\,d\theta}{\sqrt{A+mr^2\sin^2\theta}\sqrt{b^2(A+mr^2\sin^2\theta)-c^2}};$$

on les ramène aux fonctions elliptiques en posant

$$A + mr^2\sin^2\theta = u.$$

L'équation (3) montre que la vitesse du point dans le tube est d'autant plus grande que ce point est plus rapproché de l'équateur; elle varie donc en sens inverse de la vitesse azimutale.

Les circonstances du mouvement dépendent du signe de

$$b^2A - c^2 = mr^2\left[A\left(\frac{d\theta}{dt}\right)_0^2 - \left(\frac{d\psi}{dt}\right)_0^2\sin^2\theta_0(A+mr^2\sin^2\theta_0)\right].$$

1° $b^2A - c^2 > 0$. — $\frac{d\theta}{dt}$ ne s'annule jamais, le mouvement du point dans le tube est révolutif.

2° $b^2A - c^2 < 0$. — Comme on a nécessairement $c^2 - b^2A < mr^2b^2$, ce que d'ailleurs l'on vérifierait aisément, on peut toujours poser

$$c^2 - b^2A = mr^2b^2\sin^2\alpha;$$

le mobile oscille entre les deux parallèles α et $\pi - \alpha$. Ces parallèles se confondent et le point reste sur l'équateur si l'on a

$$c^2 - b^2 A = mr^2 b^2 \quad \text{ou} \quad \theta_0 = 0, \quad \left(\frac{d\theta}{dt}\right)_0 = 0.$$

3° $b^2 A - c^2 = 0$. — Les équations (3) et (4) deviennent intégrables et l'expression de dt prend la forme

$$dt = \pm \frac{r\sqrt{m}}{b} \frac{\sqrt{A + mr^2 \sin^2\theta}}{\sin\theta} d\theta;$$

le mobile se dirige vers l'un des pôles qu'il n'atteint qu'au bout d'un temps infini, le degré d'infinitude de la fonction à intégrer étant égal à l'unité.

65. *On donne un cône de révolution dont l'axe* Oz *est vertical et l'angle au sommet égal à* 2α; *en* O *se trouve une très petite poulie sur laquelle passe un fil de longueur* l, *portant à ses deux extrémités des poids égaux* M *et* M'; M *est assujetti à rester sur la surface du cône,* M' *sur l'axe* Oz.

Déterminer le mouvement.

On supposera pour les données initiales que, pour $t = 0$, OM $= r_0$; *que la vitesse initiale* v_0 *du point* M *est égale à* $\sqrt{2gh}$ *et dirigée tangentiellement au parallèle du point de départ, et par suite que la vitesse initiale de* M' *est nulle.*

On s'attachera particulièrement à fixer les limites entre lesquelles varie la distance OM $= r$. *On considérera en dernier lieu le cas de* $h = \frac{8}{3} r_0 \sin^2 \frac{\alpha}{2}$.

(Paris, novembre 1880.)

Ce problème n'est qu'un cas particulier de celui du n° 59; faisant dans les formules obtenues $\mu = 0$, $m = m'$, et par suite $M = 2m$, $m_1 = -2m\sin^2\frac{\alpha}{2}$, on a

$$\pm dt = \frac{r\,dr}{\sqrt{g}\sqrt{(r-r_0)\left[h(r+r_0)-2r^2\sin^2\frac{\alpha}{2}\right]}},$$

$$\pm d\theta = \frac{r_0\sqrt{2h}}{\sin\alpha}\,\frac{dr}{r\sqrt{(r-r_0)\left[h(r+r_0)-2r^2\sin^2\frac{\alpha}{2}\right]}};$$

le mobile M oscille entre les parallèles

$$r_0 \quad \text{et} \quad r_1 = \frac{h+\sqrt{h^2+8hr_0\sin^2\frac{\alpha}{2}}}{4\sin^2\frac{\alpha}{2}}.$$

Le résultat de la substitution de $r = r_0$ dans le trinôme $h(r+r_0) - 2r^2\sin^2\frac{\alpha}{2}$ étant $2r_0\left(h - r_0\sin^2\frac{\alpha}{2}\right)$, il en résulte que $r_1 \gtrless r_0$, suivant que

$$h - r_0\sin^2\frac{\alpha}{2} \gtrless 0;$$

si cette quantité est nulle, le point M décrit un parallèle; la tension du fil reste alors constante et égale à mg.

Dans le cas particulier de l'énoncé, on a $r_1 = 2r_0$.

66. *On considère deux points matériels* M, M′ *de masses* m *et* m', *que l'on suppose non pesants. L'un d'eux* M *est assujetti à demeurer sur un plan* P; *l'autre à demeurer sur une droite* Oz, *perpendiculaire au plan* P. *De plus, ces deux points sont reliés par un fil tendu* MOM′ *de longueur* l, *qui passe par une petite ouverture pratiquée en* O *dans le plan* P.

On demande de déterminer le mouvement de ces deux points, en supposant qu'ils se repoussent proportionnellement à la distance, la répulsion mutuelle à la distance 1 *étant* μ. *On négligera le frottement, et l'on représentera par* r_0 *la distance du point* O *à la position initiale de* M, *par* v_0 *la vitesse initiale de* M, *qui sera supposée perpendiculaire à* OM_0.

(Paris, novembre 1881, 1re question.)

Soient

z l'ordonnée du point M';

r la distance OM;

θ l'angle de cette droite avec une droite fixe Ox, tracée dans le plan P.

On a

$$(1) \qquad z + r = l.$$

Les forces qui agissent sur le point M sont la réaction du plan P, la tension du fil et la répulsion exercée par M'; ces trois forces étant le plan passant par Oz et le point M, le théorème des aires est applicable,

$$(2) \qquad r^2 \frac{d\theta}{dt} = r_0 v_0.$$

Le principe des forces vives fournit la troisième équation du mouvement

$$(3) \quad m \frac{dr^2 + r^2 d\theta^2}{dt^2} + m' \frac{dz^2}{dt^2} - m v_0^2 = 2 \int_{R_0}^{R} \mu R \, dR = \mu (R^2 - R_0^2),$$

R étant la distance MM'; cette équation peut s'écrire

$$(m + m') \frac{dr^2}{dt^2} + m v_0^2 \frac{r_0^2 - r^2}{r^2} = 2\mu (r - r_0)(r - z_0),$$

d'où les formules

$$(4) \quad \left\{ \begin{aligned} \pm dt &= \frac{\sqrt{m + m'}\, r \, dr}{\sqrt{(r - r_0)[2\mu r^2 (r - z_0) + m v_0^2 (r + r_0)]}}, \\ \pm d\theta &= \frac{\sqrt{m + m'}\, r_0 v_0 \, dr}{r\sqrt{(r - r_0)[2\mu r^2 (r - z_0) + m v_0^2 (r + r_0)]}}; \end{aligned} \right.$$

on ramène la première aux fonctions elliptiques de première et de seconde espèce, en posant $r - r_0 = \frac{1}{u}$.

Soit le polynôme

$$P = 2\mu r^2(r - z_0) + mv_0^2(r + r_0);$$

l'équation qu'on obtient en l'égalant à zéro a toujours une racine négative, et comme sa transformée en $-r$ n'a qu'une variation, les deux autres, si elles sont réelles, sont positives; de plus, cette équation n'a aucune racine supérieure à z_0, puisque, pour $r \geqq z_0$, $P > 0$. Les circonstances du mouvement dépendent du signe du résultat de la substitution de $r = r_0$ dans le polynôme P,

$$P_0 = 2r_0[mv_0^2 + \mu r_0(r_0 - z_0)];$$

1° $P_0 < 0$. — L'équation $P = 0$ a deux racines positives r_1 et r_2, séparées par r_0,

$$0 < r_1 < r_0 < r_2 < z_0,$$

le point M oscille entre deux circonférences de rayons r_0 et r_1.

2° $P_0 > 0$. — Les deux racines r_1 et r_2, si elles sont réelles, sont toutes deux inférieures ou supérieures à r_0. Pour reconnaître si r doit commencer par croître, puisque $\left(\frac{dr}{dt}\right)_0 = 0$, il faut calculer $\left(\frac{d^2r}{dt^2}\right)_0$; or

$$(m + m')\frac{d^2r}{dt^2} = \frac{mr_0^2v_0^2}{r^3} + \mu(2r - l),$$

d'où

$$(m + m')\left(\frac{d^2r}{dt^2}\right)_0 = \frac{P_0}{2r_0^2} > 0; \tag{5}$$

il en résulte que, si les racines r_1 et r_2 sont réelles et inférieures à r_0 ou imaginaires, r ira constamment en croissant de r_0 à l, limite imposée par la longueur du fil.

Enfin r oscillera entre r_0 et la plus petite des deux racines si celles-ci sont supérieures à r_0. Toutefois, dans le cas où elles seraient égales, le rayon vecteur n'atteindrait sa valeur maximum qu'après un temps infini. Il y aurait lieu de faire la même restriction pour les exercices n°s 37 (3°) et 60 (2°).

3° $P_0 = 0$. — La vitesse et l'accélération radiales $\frac{dr}{dt}$ et $\frac{d^2r}{dt^2}$ étant nulles à l'instant initial, le problème admet la solution singulière $r = \text{const.} = r_0$. En effet, si le point M décrit une circonférence, le point M' reste en repos; la tension du fil est donc

$$T = \mu z_0,$$

et l'équation du mouvement de M est

$$\frac{mv_0^2}{r_0} = -\mu r_0 + T = \mu(z_0 - r_0):$$

le mouvement prévu est donc possible.

Il est aisé de reconnaître que ce mouvement est seul admissible; car, si l'on prend la première des équations (4), elle devient

$$(6)\quad \pm dt = \sqrt{\frac{m+m'}{2\mu}}\,\frac{r\,dr}{(r-r_0)\sqrt{r^2+(2r_0-l)r+\frac{r_0}{2}(2r_0-l)}},$$

et elle montre que r, partant de r_0, ne peut varier d'une quantité infiniment petite ε qu'au bout d'un temps infini, le degré d'infinitude de la fonction à intégrer étant égal à 1 pour $r = r_0 + \varepsilon$.

Cette importante remarque s'applique aux cas analogues des exercices précédents, dans lesquels la trajectoire, ou sa projection, est la limite d'une courbe festonnée, comprise entre deux cercles concentriques, dont les rayons tendent vers une valeur commune.

67. *Deux points matériels* M *et* M′ *de masses* m *et* m' *sont fixés aux extrémités d'un fil flexible et inextensible de longueur* l, *qui passe sur une très petite poulie* O. *Le point* M *est soumis à une force répulsive émanant du point* O, *inversement proportionnelle au carré de la distance* OM *et dirigée constamment suivant* OM. *Le point* M′ *est assujetti à se mouvoir sans frottement sur une courbe plane donnée* C, *dont le plan passe par le point* O.

Étudier le mouvement des points M *et* M′. *On représentera par* $\frac{1}{2}\mu m$ *la force répulsive à l'unité de distance; on prendra l'équation de la courbe* C *en coordonnées polaires sous la forme* $\theta' = f(r')$, r' *désignant la distance* OM′. *On supposera nulle la vitesse initiale de* M′; *celle de* M *sera supposée dirigée dans le plan de la courbe* C, *perpendiculairement au rayon vecteur initial, et sa grandeur sera représentée par* $\sqrt{\frac{\mu}{k}}$, k *étant donné.*

On ramènera le problème aux quadratures.

Trouver l'équation de la trajectoire du point M, *lorsque la courbe* C *est une spirale logarithmique ayant* O *pour pôle.*

(École Normale, juillet 1882, 1re question.)

Appliquant le théorème des aires au point M et le principe des forces vives à tout le système, on a les équations

$$r^2 \frac{d\theta}{dt} = r_0 \sqrt{\frac{\mu}{k}}, \tag{1}$$

$$m\left(v^2 - \frac{\mu}{k}\right) + m'v'^2 = \mu m\left(\frac{1}{r_0} - \frac{1}{r}\right). \tag{2}$$

Or

$$v^2 = \frac{dr^2}{dt^2} + \frac{\mu r_0^2}{kr^2}, \quad v'^2 = \frac{dr'^2}{dt^2} + r'^2 \frac{d\theta'^2}{dt^2} = \frac{dr^2}{dt^2}[1 + r'^2 f'^2(r')];$$

d'où la relation entre r et t

$$(3)\quad \left\{\begin{aligned}&\frac{dr^2}{dt^2}[m+m'+m'(l-r)^2 f'^2(l-r)]\\&=\mu m\left(\frac{1}{k}+\frac{1}{r_0}-\frac{1}{r}-\frac{r_0^2}{kr^2}\right).\end{aligned}\right.$$

Enfin la trajectoire de M a pour équation différentielle

$$(4)\quad \left\{\begin{aligned}&\frac{dr^2}{d\theta^2}[m+m'+m'(l-r)^2 f'^2(l-r)]\\&=km\frac{r^2}{r_0^2}\left[\left(\frac{1}{k}+\frac{1}{r_0}\right)r^2-r-\frac{r_0^2}{k}\right].\end{aligned}\right.$$

Le trinôme $\left(\frac{1}{k}+\frac{1}{r_0}\right)r^2-r-\frac{r_0^2}{k}$ doit être constamment positif; or ses racines sont r_0 et $r_1=-\frac{r_0^2}{k+r_0}$: r ne peut donc être inférieur à r_0 et commence par croître; il en résulte que r' décroît et que le point M′ se meut sur la courbe dans le sens vers lequel r' diminue jusqu'à ce que r' devienne minimum. A cet instant $\frac{dr'}{d\theta'}=0$, $f'(r')=\infty$: donc $\frac{dr}{dt}$ passe par zéro et r commence à décroître; il n'en est pas de même de $\frac{d\theta'}{dt}=f'(r')\frac{dr'}{dt}$, qui prend alors la valeur

$$\left(\frac{d\theta'}{dt}\right)^2=\frac{\mu m}{m' r'^2}\left(\frac{1}{k}+\frac{1}{r_0}-\frac{1}{r}-\frac{r_0^2}{kr^2}\right),$$

différente de zéro. θ' continue donc à varier dans le même sens, jusqu'à ce que M′ atteigne un point de la courbe C pour lequel on ait encore $r'=r'_0$, et ce mobile oscille sur la courbe C entre ce point et sa situation initiale. Si r' n'admet pas de minimum, le mouvement de M′ est révolutif; celui de M l'est dans tous les cas. Enfin, dans le cas où r'_0 serait maximum, le sens du mouvement initial de M′ serait indéterminé et il en serait de même à chaque passage par la position initiale.

Soit, pour la courbe C, la spirale logarithmique,

$$r' = ae^{n\theta'}, \quad f'(r') = \frac{1}{nr'},$$

d'où l'équation différentielle de la trajectoire de M

$$(5) \quad \frac{dr^2}{d\theta^2}\left[m + m'\left(1 + \frac{1}{n^2}\right)\right] = km\,\frac{r^2}{r_0^2}\left[\left(\frac{1}{k} + \frac{1}{r_0}\right)r^2 - r - \frac{r_0^2}{k}\right],$$

qui donne, en l'intégrant et faisant passer l'axe polaire par la position initiale de M,

$$(6) \qquad \frac{r_0}{r} = -\frac{k}{2r_0} + \left(1 + \frac{k}{2r_0}\right)\cos\frac{\theta}{\sqrt{1 + \frac{m'}{m}\left(1 + \frac{1}{n^2}\right)}}.$$

Cette courbe, indépendante de la longueur du fil, admet les mêmes rayons vecteurs que l'hyperbole

$$(7) \qquad \frac{r_0}{r} = -\frac{k}{2r_0} + \left(1 + \frac{k}{2r_0}\right)\cos\omega,$$

pour des angles θ qui sont à ω dans le rapport constant $\sqrt{1 + \frac{m'}{m}\left(1 + \frac{1}{n^2}\right)}$, mais il n'y a qu'une portion de la branche gauche de cette courbe qui convienne : c'est celle qui correspond aux valeurs de θ comprises entre zéro et θ_1 répondant à $r = l$. Pour $r = l$, le point M′ est arrivé au pôle, $\theta' = -\infty$, dans un temps fini, ce qui s'explique en remarquant que $\frac{d\theta'}{dt}$, nul à l'origine du mouvement, tend vers $-\infty$ en même temps que θ'.

68. *Un point pesant* M *de masse* m (*fig.* 22) *est assujetti à rester sur une circonférence verticale* C. *Ce point est à l'extrémité d'un fil qui passe dans un anneau infiniment mince* A *situé au point le plus haut de la circonférence* C *et qui vient ensuite s'enrouler sur la*

grande roue d'un treuil T. *Le fil enroulé sur la petite roue de ce treuil porte à son extrémité un point pesant* M' *de masse* m'.

On demande de déterminer le mouvement de ce système. Après avoir traité la question d'une manière générale, on examinera particulièrement le cas où la vitesse initiale de M *serait nulle.*

NOTA. — *On désignera par* R *le rayon de cercle* C, *par* r *et* r' *les rayons de la grande et de la petite roue du treuil; soit de plus* MK^2 *le moment d'inertie du treuil par rapport à son axe.*

(Paris, octobre 1882, 1re question.)

Soit ω l'angle dont a tourné le treuil pour un angle

Fig. 22.

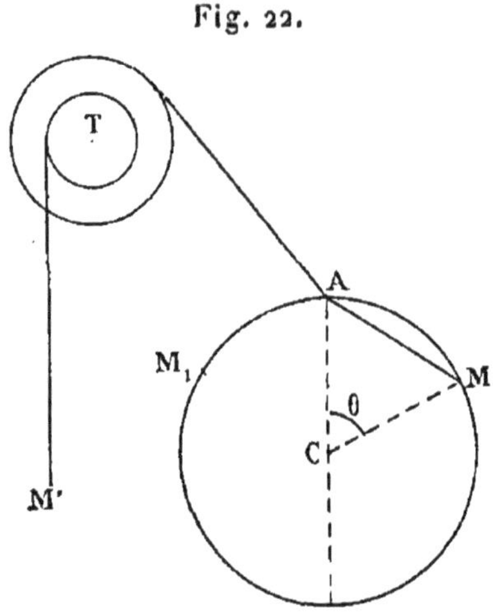

$ACM = \theta$, parcouru par le point M; si l'on compte cet angle θ dans le même sens que ω et de o à 2π seulement, on aura

$$r\omega = 2R\sin\frac{\theta}{2},\quad \frac{d\omega}{dt} = \frac{R}{r}\frac{d\theta}{dt}\cos\frac{\theta}{2}.$$

Le système étant à liaisons complètes, le principe des forces vives suffit pour déterminer le mouvement. La force vive du système est à un instant t

$$(m'r'^2 + MK^2)\left(\frac{d\omega}{dt}\right)^2 + mR^2\left(\frac{d\theta}{dt}\right)^2$$
$$= \left(\frac{d\theta}{dt}\right)^2\left[mR^2 + (m'r'^2 + MK^2)\frac{R^2}{r^2}\cos^2\frac{\theta}{2}\right];$$

le travail des forces, non compris les liaisons dont le travail est nul, a pour expression

$$\text{const.} - gmR\cos\theta - gm'r'\omega$$
$$= \text{const.} - gR\left(m\cos\theta + 2m'\frac{r'}{r}\sin\frac{\theta}{2}\right),$$

d'où l'équation

$$R\left(\frac{d\theta}{dt}\right)^2\left(m + \frac{m'r'^2 + MK^2}{r^2}\cos^2\frac{\theta}{2}\right)$$
$$= A - 2g\left(m\cos\theta + 2\frac{m'r'}{r}\sin\frac{\theta}{2}\right);$$

l'étude du mouvement est ramenée à une quadrature abélienne.

Si la vitesse initiale de M et par suite du système est nulle,

$$A = 2g\left(m\cos\theta_0 + 2\frac{m'r'}{r}\sin\frac{\theta_0}{2}\right),$$

et l'équation du mouvement devient

$$R\left(\frac{d\theta}{dt}\right)^2\left(m + \frac{m'r'^2 + MK^2}{r^2}\cos^2\frac{\theta}{2}\right)$$
$$= 4g\left[m\left(\sin^2\frac{\theta}{2} - \sin^2\frac{\theta_0}{2}\right) - \frac{m'r'}{r}\left(\sin\frac{\theta}{2} - \sin\frac{\theta_0}{2}\right)\right].$$

Le second membre de cette équation, égalé à zéro, admet la racine $\sin\frac{\theta_0}{2}$; soit a l'autre racine

$$a = \frac{m'r'}{mr} - \sin\frac{\theta_0}{2},$$

le mouvement dépend de la grandeur de a.

1° $a < \sin\frac{\theta_0}{2}$. — Le point M oscille sur la partie inférieure du cercle entre M_0 et son symétrique M_1 par rapport au diamètre vertical AC.

2° $a > \sin\frac{\theta_0}{2}$. — Il y a encore mouvement oscillatoire entre M_0 et M_1, mais il se produit sur la partie supérieure de la circonférence.

3° $a = \sin\frac{\theta_0}{2}$. — Cette condition équivaut à la relation

$$2\sin\frac{\theta_0}{2} = \frac{m'r}{mr};$$

or le travail élémentaire a pour expression

$$gR\cos\frac{\theta}{2}\left(2m\sin\frac{\theta}{2} - \frac{m'r'}{r}\right)d\theta:$$

donc il est nul à l'instant initial et le système est en équilibre.

Reprenons la discussion dans le cas général où la vitesse initiale de M est quelconque; l'équation du mouvement peut s'écrire

$$R\left(\frac{d\theta}{dt}\right)^2\left(m' + \frac{m'r'^2 + MK^2}{r^2}\cos^2\frac{\theta}{2}\right)$$
$$= 2g\left(2m\sin^2\frac{\theta}{2} - 2\frac{m'r'}{r}\sin\frac{\theta}{2} + \frac{A}{2g} - m\right).$$

Le second membre de cette équation est un trinôme en $\sin\frac{\theta}{2}$ dont les racines peuvent être imaginaires ou réelles; si elles sont réelles, $\sin\frac{\theta_0}{2}$ est en dehors des racines, et comme leur somme est positive, la plus rapprochée a de $\sin\frac{\theta_0}{2}$ est positive; on peut donc distinguer les cas suivants :

1° *Les racines sont imaginaires.* — $\frac{d\theta}{dt}$ ne s'annule jamais et le mouvement de M est révolutif.

2° $a < \sin\frac{\theta_0}{2}$. — M oscille sur la partie inférieure de la circonférence entre les deux points situés sur une horizontale θ_1 donnée par $a = \sin\frac{\theta_1}{2}$.

3° $\sin\frac{\theta_0}{2} < a < 1$. — Mouvement oscillatoire de M vers le haut de la circonférence.

Toutefois, dans ce cas comme dans le précédent, si les deux racines sont égales, le point θ_1 ou $2\pi - \theta_1$, suivant le sens de la vitesse initiale, n'est atteint qu'au bout d'un temps infini.

4° $a = 1$. — On a

$$\pm dt = \sqrt{\frac{R}{4gm}} \frac{d\theta\sqrt{m + \frac{m'r'^2 + MK^2}{r^2}\cos^2\frac{\theta}{2}}}{\sqrt{\left(1 - \sin\frac{\theta}{2}\right)\left(\frac{A - 2gm}{4gm} - \sin\frac{\theta}{2}\right)}}$$

ou, en posant $\sin\frac{\theta}{2} = x$,

$$\pm dt = \sqrt{\frac{R}{gm}} \frac{dx\sqrt{m + \frac{m'r'^2 + MK^2}{r^2}(1 - x^2)}}{(1 - x)\sqrt{(1 + x)\left(\frac{A - 2gm}{4gm} - x\right)}},$$

et sous cette forme on reconnaît que ce n'est qu'après un temps infini que le mobile M atteint le point le plus bas de la circonférence, où il arriverait sans vitesse dans une position d'équilibre instable.

5° $a > 1$. — Le mouvement est révolutif.

69. *Trois points matériels* M, M′, M″, *non pesants, de masses* m, m', m'', *assujettis à se mouvoir dans un plan, s'attirent mutuellement proportionnellement aux masses et à la distance :*

1° *On demande de déterminer leur mouvement; on prendra pour origine la position initiale* G_0 *du centre de gravité des trois points, et l'on exprimera les coordonnées des trois points en fonction du temps et des données qui font connaître les positions et les vitesses initiales des trois points;*

2° *En supposant les vitesses initiales perpendiculaires respectivement aux rayons vecteurs aboutissant au point* G_0, *et supposant, en outre,* $m = m' = m''$, *on demande quelles relations doivent exister entre les positions et les vitesses initiales, pour que les trajectoires des trois points soient trois ellipses égales entre elles.*

(École Normale, juillet 1883, 1re question.)

Le centre de gravité se meut d'un mouvement rectiligne et uniforme, et le mouvement du point M projeté sur un axe Gx en translation avec le centre de gravité satisfait à l'équation

$$m\frac{d^2x}{dt^2} = \mu mm'(x' - x) + \mu mm''(x'' - x)$$

ou, en remarquant que

$$mx + m'x' + m''x'' = 0$$

et posant $m + m' + m'' = M$,

$$\frac{d^2x}{dt^2} = -\mu M x;$$

le mouvement relatif est donc celui d'un point sollicité vers l'origine par une force proportionnelle à la distance, et les trajectoires relatives sont des ellipses ayant leur centre au centre de gravité du système.

Les formules qui donnent le mouvement relatif de l'un de ces points sont

$$x = x_0 \cos t\sqrt{\mu M} + \frac{v_{x_0}}{\sqrt{\mu M}} \sin t\sqrt{\mu M},$$

$$y = y_0 \cos t\sqrt{\mu M} + \frac{v_{y_0}}{\sqrt{\mu M}} \sin t\sqrt{\mu M}.$$

Si la vitesse initiale relative v_0 est perpendiculaire au rayon vecteur r_0, les axes de l'ellipse sont r_0 et $\frac{v_0}{\sqrt{\mu M}}$, et, pour que les trois ellipses décrites soient égales, il faut que l'on ait

$$r_0 = r'_0 = r''_0 \quad \text{avec} \quad v_0 = v'_0 = v''_0,$$

ou bien

$$r_0 = r'_0 = \frac{v''_0}{\sqrt{\mu M}} \quad \text{et} \quad v_0 = v'_0 = r''_0 \sqrt{\mu M}.$$

Dans le premier cas, les positions initiales des trois points sont sur une même circonférence, et, pour que leur centre de gravité soit à l'origine, il faut, puisqu'ils ont des masses égales, qu'ils occupent les sommets d'un triangle équilatéral; de plus, leurs vitesses initiales tangentes à la circonférence doivent être dirigées dans le même sens.

Quant au second cas, pour qu'il soit réalisable, il faut que l'on ait

$$2 r_0 \cos\alpha = r''_0, \quad 2 v_0 \cos\alpha = v''_0,$$

α désignant l'angle de GM avec M″G ; or cette double condition, jointe aux précédentes, entraîne $r''_0 = r_0$, et les ellipses deviennent une même circonférence ; on n'a donc là qu'un cas particulier du précédent.

70. *Une barre pesante et homogène* AB *est fixée par une de ses extrémités* A, *et elle peut tourner librement dans l'espace autour de ce point. Un fil fixé à l'extrémité* B *vient passer dans un anneau infiniment mince* O, *situé sur la verticale de* A, *au-dessus de ce point et à une distance égale à la longueur* AB *de la barre; il retombe ensuite suivant la verticale* OA, *portant à son extrémité* C *un point de masse* m.

On demande de trouver le mouvement de la barre en faisant abstraction de la masse du fil.

(Paris, novembre 1883, 1re question.)

Soient $2l$ la longueur de la barre et M sa masse.

Appliquant à la barre le principe des aires projetées sur un plan horizontal, on a, en appelant θ l'angle de AB avec la verticale ascendante et ψ son azimut,

$$\Sigma \mu r^2 \sin^2\theta \frac{d\psi}{dt} = \frac{4Ml^2}{3} \sin^2\theta \frac{d\psi}{dt} = \text{const.}$$

ou

$$\sin^2\theta \frac{d\psi}{dt} = c; \tag{1}$$

le mouvement azimutal de la tige est révolutif.

Le théorème des forces vives fournit la seconde équation du mouvement. On a

$$\mathrm{OB} = 4l \sin\frac{\theta}{2}, \quad d\,\overline{\mathrm{AC}} = -d\,\overline{\mathrm{OB}} = -2l\cos\frac{\theta}{2}\,d\theta;$$

l'expression du travail est donc

$$-4mgl\sin\frac{\theta}{2} - Mgl\cos\theta + \text{const.}$$

et celle de la puissance vive du système

$$4ml^2\cos^2\frac{\theta}{2}\left(\frac{d\theta}{dt}\right)^2 + \frac{4Ml^2}{3}\left[\left(\frac{d\theta}{dt}\right)^2 + \sin^2\theta\left(\frac{d\psi}{dt}\right)^2\right];$$

d'où l'équation

$$(2) \quad \left\{ \begin{aligned} &\left(\frac{d\theta}{dt}\right)^2\left(\frac{M}{3} + m\cos^2\frac{\theta}{2}\right) \\ &\quad = -\frac{Mc^2}{3\sin^2\theta} + \frac{g}{2l}\left(k - 4m\sin\frac{\theta}{2} - M\cos\theta\right). \end{aligned} \right.$$

Le second membre de cette équation est négatif pour θ voisin de zéro ou de π, tandis qu'il doit être positif pour $\theta = \theta_0$; or on peut le mettre sous forme de quotient par $\sin^2\theta$ d'un polynôme du sixième degré en $\sin\frac{\theta}{2}$: ce polynôme aura donc deux racines réelles, positives, inférieures à l'unité $\sin\frac{\theta_1}{2}$ et $\sin\frac{\theta_2}{2}$, séparées par $\sin\frac{\theta_0}{2}$. Il en résulte que l'extrémité B de la tige oscillera entre les parallèles θ_1 et θ_2 parfaitement déterminés, puisqu'ils sont définis par les sinus des angles $\frac{\theta_1}{2}$ et $\frac{\theta_2}{2}$.

Si la vitesse initiale de l'extrémité B est dans le plan azimutal θ_0, le mouvement a lieu dans ce plan : on a $c=0$ et l'équation (2) est de même forme que celle du n° 68; elle donne lieu à une discussion identique.

71. *Deux barres homogènes pesantes* AB, A'B' *de même longueur* $2a$ *et de même masse* M *sont reliées l'une à l'autre par deux tiges* AA', BB' *rigides, inextensibles et sans masse, de même longueur* l. *La barre supérieure* AB *est mobile autour de son milieu* O *qui est fixe, et le système tout entier est assujetti à se mouvoir dans un plan vertical invariable* xOy. *Étudier le mouvement de ce système.*

NOTA. — *On désignera par* Mk^2 *le moment d'inertie de chaque barre par rapport à son milieu, par* θ *l'angle que fait la verticale* Oy *avec la droite* OO' *qui joint les milieux des deux barres, et par* φ *l'angle que fait la droite* OA *avec l'horizontale* Ox.

(Paris, juillet 1884, 1re question.)

Appliquons les formules de Lagrange.

Le travail élémentaire δU est celui de la pesanteur appliquée au point C, milieu de OO' et centre de gravité du système

$$\delta U = -Mgl\sin\theta\,\delta\theta.$$

La force vive de AB est $Mk^2\frac{d\varphi^2}{dt^2}$; celle de A'B' est égale à sa force vive $Mk^2\frac{d\varphi^2}{dt^2}$ relativement à des axes en translation avec son centre de gravité O', augmentée de la force vive $M l^2 \frac{d\theta^2}{dt^2}$ du point O', auquel on aurait transporté toute la masse de la barre.

On a donc

$$T = M k^2 \frac{d\varphi^2}{dt^2} + \frac{1}{2} M l^2 \frac{d\theta^2}{dt^2};$$

$$\frac{dT}{d\varphi} = 0, \quad \frac{dT}{d\varphi'} = 2 M k^2 \frac{d\varphi}{dt},$$

$$\frac{dT}{d\theta} = 0, \quad \frac{dT}{d\theta'} = M l^2 \frac{d\theta}{dt},$$

d'où les deux équations du mouvement

$$2 M k^2 \frac{d^2\varphi}{dt^2} = 0, \quad \frac{d\varphi}{dt} = \text{const.}$$

$$l \frac{d^2\theta}{dt^2} + g \sin\theta = 0.$$

La première montre que le mouvement de rotation de la barre AB s'effectue avec une vitesse angulaire constante; la seconde n'est autre que l'équation du mouvement d'un pendule simple, de longueur l.

72. *Déterminer la figure d'équilibre d'un fil homogène fixé en deux de ses points* A *et* B, *et attiré par un centre fixe en raison inverse du carré de la distance.*

(Besançon, juillet 1880.)

Soit plus généralement $R = f(r)$ l'expression de la force attractive; les équations de l'équilibre sont, en appelant T la tension du fil au point $m(x, y, z)$,

$$(1) \quad \begin{cases} d.T \frac{dx}{ds} - R \frac{x}{r} ds = 0, \\ d.T \frac{dy}{ds} - R \frac{y}{r} ds = 0, \\ d.T \frac{dz}{ds} - R \frac{z}{r} ds = 0. \end{cases}$$

Démontrons d'abord que la courbe AmB est plane.

En combinant deux à deux les équations précédentes pour éliminer les seconds termes, on a

$$x\,d.\mathrm{T}\frac{dy}{ds} - y\,d.\mathrm{T}\frac{dx}{ds} = 0 \quad \text{ou} \quad d.\mathrm{T}\left(x\frac{dy}{ds} - y\frac{dx}{ds}\right) = 0,$$

$$x\,d.\mathrm{T}\frac{dz}{ds} - z\,d.\mathrm{T}\frac{dx}{ds} = 0 \quad \text{ou} \quad d.\mathrm{T}\left(x\frac{dz}{ds} - z\frac{dx}{ds}\right) = 0$$

et, en intégrant,

$$\mathrm{T}(x\,dy - y\,dx) = c\,ds,$$
$$\mathrm{T}(x\,dz - z\,dx) = c_1\,ds.$$

Divisant ces équations membre à membre et intégrant deux fois, on a

$$cz = c_1 y + kx,$$

équation d'un plan passant par le centre d'attraction. Prenant ce plan pour plan des xy, nous ne conserverons que les deux premières équations (1), que nous remplacerons par les suivantes :

$$\mathrm{T}\left(x\frac{dy}{ds} - y\frac{dx}{ds}\right) = c, \tag{2}$$

$$d\mathrm{T} = \mathrm{R}\,dr$$

ou

$$\mathrm{T} = c' + \int \mathrm{R}\,dr. \tag{3}$$

Éliminant T entre (2) et (3), on a l'équation différentielle de la figure d'équilibre en coordonnées polaires

$$d\theta = \frac{\pm c\,dr}{r\sqrt{r^2(c' + \int \mathrm{R}\,dr)^2 - c^2}}. \tag{4}$$

Le rayon de courbure ρ d'une courbe plane a pour expression

$$\rho = \frac{r\,dr}{dp};$$

or l'équation (2), qui exprime que le moment de la tension est constant, peut s'écrire

$$\mathrm{T}p = c,$$

d'où

$$dp = d\frac{c}{\mathrm{T}} = -\frac{c\,\mathrm{R}\,dr}{(c' + \int \mathrm{R}\,dr)^2}$$

et, par suite,

$$(5) \qquad \rho = -\frac{r(c' + \int \mathrm{R}\,dr)^2}{c\,\mathrm{R}}.$$

Telle est l'expression du rayon de courbure en fonction du rayon vecteur.

Dans le cas particulier de l'énoncé,

$$\mathrm{R} = \frac{\mu}{r^2}, \quad \int \mathrm{R}\,dr = -\frac{\mu}{r},$$

l'équation (4) devient

$$d\theta = \frac{\pm c\,dr}{r\sqrt{(\mu - c'r)^2 - c^2}} = \frac{\mp c\,dz}{\sqrt{c'^2 - 2\mu c' z + (\mu^2 - c^2)z^2}},$$

en posant $\frac{1}{r} = z$. L'intégrale prend des formes différentes suivant le signe de $\mu^2 - c^2$. Soit, par exemple,

$$\mu^2 - c^2 = -n^2;$$

on trouve

$$r = \frac{n}{-\frac{\mu c'}{n} + \frac{c'}{n}\sqrt{n^2 + \mu^2}\cos\left(\frac{\theta}{\sqrt{n^2 + \mu^2}} - \alpha\right)}.$$

Pour déterminer les trois constantes n, c' et α, on a les conditions que le fil passe par les points donnés A et B, et qu'il ait une longueur donnée; si ces conditions ne fournissent pas des valeurs réelles pour les constantes, on en conclura que la forme adoptée *a priori* pour l'intégrale n'est pas admissible, et l'on recommencera le calcul en partant d'une autre forme.

En général, la courbe est rectifiable, car on a

$$ds = dr\sqrt{1 + \frac{r^2\,d\theta^2}{dr^2}} = \frac{(\mu - c'r)\,dr}{\sqrt{(\mu - c'r)^2 - c^2}},$$

d'où

$$s = c'' - \frac{1}{c'}\sqrt{(\mu - c'r)^2 - c^2}.$$

73. *Une barre homogène et très mince, reposant sur un plan horizontal parfaitement poli, est choquée par une bille dont la vitesse est perpendiculaire à la barre; en supposant les deux corps parfaitement élastiques, on demande le mouvement qu'ils prendront après le choc.*

(Caen, novembre 1880.)

Soient

M la masse de la barre;
$2l$ sa longueur;
ρ sa masse par unité de longueur;
a la distance du point choqué au milieu O de la barre;
v_0 la vitesse initiale de la bille de masse m;

Et à la fin du choc :

v la vitesse de la bille;
V celle du centre de gravité O de la barre;
ω la vitesse angulaire de la barre autour de O.

Les forces qui agissent sur le système étant intérieures à ce système, les projections et les moments des quantités de mouvement n'ont pas changé pendant le choc, puisqu'il n'y a pas de force extérieure. Il en résulte d'abord que, v_0 et v étant de même direction, il en est de même de V; si donc on projette les quantités de mouvement sur la direction de la normale à la barre et qu'on prenne les moments autour de O, on a les équations

$$(1) \qquad mv_0 = mv + MV,$$

$$(2) \qquad mav_0 = mav + 2\int_0^l \rho\, dr.r^2\omega = mav + \frac{Ml^2}{3}\omega.$$

Enfin, les deux corps étant supposés parfaitement élastiques, la période de choc présente deux phases dans chacune desquelles les sommes des travaux des forces développées par le choc sont égales et de signes contraires; exprimant donc que la force vive du système n'a pas changé, on a l'équation

$$mv_0^2 = mv^2 + \int_0^l \rho\, dr(V + r\omega)^2 + \int_0^l \rho\, dr(V - r\omega)^2$$

ou

$$(3) \qquad mv_0^2 = mv^2 + M\left(V^2 + \frac{l^2\omega^2}{3}\right).$$

Éliminant $v_0 - v$ entre (1) et (2), on a

$$aV = \frac{l^2\omega}{3},$$

puis successivement

$$m(v_0^2 - v^2) = MV^2\left(1 + \frac{3a^2}{l^2}\right) = kMV^2,$$

$$v_0 + v = kV = \frac{km}{M}(v_0 - v);$$

d'où

$$v = \frac{mk - M}{mk + M}v_0, \quad V = \frac{2m}{mk + M}v_0, \quad \omega = \frac{6mav_0}{l^2(mk + M)}.$$

74. *Montrer comment varie le moment d'inertie d'un cube homogène par rapport aux diverses droites qui passent en un sommet O du cube; déterminer les axes principaux et les moments principaux d'inertie relatifs au point O.*

On suppose que le sommet O est fixe, tandis qu'aucun autre point n'est soumis à l'action de forces extérieures; le cube, libre de tourner autour du point O, est d'abord en repos lorsqu'une des faces qui aboutissent au sommet fixe vient à être choquée, en son centre, par une très petite sphère, animée d'une vitesse de translation donnée perpendiculaire à la face choquée. On demande le mouvement que prendront, après le choc, les deux corps supposés parfaitement élastiques.

(Caen, juillet 1883.)

L'ellipsoïde central relatif au centre de gravité C du cube se réduit à une sphère, et, si $2a$ est la longueur de l'arête du cube, M sa masse, le moment d'inertie autour d'une droite quelconque passant en C est $\frac{2}{3}Ma^2$. Le moment d'inertie I relatif à une droite passant en O est, si l'on appelle d la distance de C à cette droite,

$$I = \frac{2}{3}Ma^2 + Md^2;$$

il est minimum pour $d = 0$, c'est-à-dire pour la diagonale. OC du cube et maximum pour toute direction normale à OC, $d = a\sqrt{3}$; le valeur de ce maximum est $\frac{11}{3}Ma^2$. L'ellipsoïde d'inertie de O est donc allongé et de révolution autour de OC.

Le moment d'inertie pour une droite OP faisant avec les arêtes du cube des angles α, β, γ a pour expression

$$\begin{aligned} I &= \tfrac{2}{3}Ma^2 + M[3a^2 - a^2(\cos\alpha + \cos\beta + \cos\gamma)^2] \\ &= 2Ma^2(\tfrac{4}{3} - \cos\alpha\cos\beta - \cos\alpha\cos\gamma - \cos\beta\cos\gamma). \end{aligned}$$

L'axe de la rotation instantanée due à la percussion est le diamètre de l'ellipsoïde d'inertie de O, conjugué du plan qui passe par la vitesse initiale v_0 de la sphère de masse m et le point O; or ce plan contient OC : c'est donc un plan principal; l'axe de la rotation instantanée est, par suite, normal à la droite qui joint O au centre de la face choquée et dans le plan de cette face. Cet axe, étant d'ailleurs axe principal de l'ellipsoïde, est axe permanent de rotation, et la vitesse angulaire de rotation ω est constante.

Pour déterminer ω ainsi que la vitesse v de la sphère après le choc, appliquons à la période de choc et à l'ensemble des deux corps le théorème des forces vives et celui des moments des quantités de mouvement autour de l'axe de rotation; on a les équations

$$mv_0^2 = mv^2 + \tfrac{11}{3} \mathrm{M} a^2 \omega^2, \tag{1}$$

$$ma\sqrt{2}\, v_0 = ma\sqrt{2}\, v + \tfrac{11}{3} \mathrm{M} a^2 \omega; \tag{2}$$

d'où

$$v_0 + v = a\sqrt{2}\,\omega$$

et enfin

$$\left\{\begin{aligned} \omega &= \frac{2\sqrt{2}\, m v_0}{a(2m + \frac{11}{3}\mathrm{M})}, \\ v &= v_0 \frac{2m - \frac{11}{3}\mathrm{M}}{2m + \frac{11}{3}\mathrm{M}}; \end{aligned}\right. \tag{3}$$

la vitesse v est, en général, négative, puisque m est très petit; elle devient nulle pour $m = \frac{11}{6}\mathrm{M}$, et positive si $m > \frac{11}{6}\mathrm{M}$.

APPENDICE.

ASTRONOMIE.

ÉNONCÉS DES SUJETS DE COMPOSITIONS DONNÉS AUX FACULTÉS DE PARIS ET DE FRANCE.

FACULTÉ DE PARIS.

(Années 1869 à 1884.)

1. La longitude du Soleil étant $322°44'28'',3$ et l'obliquité de l'écliptique $23°27'23'',7$, calculer l'ascension droite et la déclinaison du Soleil.

On exprimera, suivant l'usage, l'ascension droite en temps.

2. Calcul numérique; l'excentricité d'une planète étant supposée égale à $\frac{1}{4}$, calculer l'anomalie vraie et l'anomalie moyenne correspondant à une anomalie excentrique égale à $40°17'34'',74$.

3. Calculer l'heure d'après la hauteur du Soleil. Données : latitude du lieu, $48°50'11''$ boréale; déclinaison du Soleil, $15°12'25''$ boréale; hauteur observée corrigée de la réfraction, $30°28'50''$.

4. La déclinaison du Soleil étant supposée égale à $18°27'16''$, calculer la hauteur zénithale de cet astre à 6^h de temps vrai à Paris.

On prendra pour latitude de Paris la valeur de $48°59'13''$.

5. Connaissant pour un astre, à une certaine époque, les coordonnées écliptiques

$$\lambda = 2°51'4'',45, \quad \mathfrak{L} = 9°33'38'',386,$$

on propose de trouver les coordonnées équatoriales correspondantes.

On supposera l'obliquité de l'écliptique

$$\omega = 23^\circ 27' 32'',935.$$

6. La déclinaison du Soleil étant supposée boréale et égale à $16^\circ 32' 48''$ et la latitude du lieu égale à $52^\circ 26' 17''$, calculer, à $0'',1$, la hauteur du Soleil au-dessus de l'horizon à $4^h 28^m 15^s$ du temps vrai.

7. Sachant qu'un astre a, à une certaine époque, pour coordonnées écliptiques

$$\lambda = 2^\circ 51' 4'',45, \quad \mathcal{L} = 9^\circ 33' 38'',386.$$

on demande les coordonnées équatoriales correspondantes.

On prendra pour l'obliquité de l'écliptique

$$\omega = 23^\circ 27' 32'',09.$$

8. L'obliquité de l'écliptique étant supposée de $23^\circ 27' 26'',4$, on donne l'ascension droite d'un astre égale à $14^h 17^m 35^s,28$ et sa déclinaison égale à $-46^\circ 49' 13'',7$, calculer la longitude et la latitude à $0'',1$ près.

9. Calculer une éclipse de Lune :

Heure de l'apparition, temps moyen.......	$17^h 39^m 30^s,3$
Déclinaison à cette époque de la Lune......	$4^\circ 53' 17',4$
Déclinaison du Soleil.....................	3.57.15,9
Mouvement horaire en ascension de la Lune.	30.11,4
Mouvement horaire en ascension du Soleil.	2.18,0
Mouvement en déclinaison de la Lune......	16.13,6
Mouvement en déclinaison du Soleil........	58,7
Parallaxe horizontale de la Lune..........	57.59,9
Parallaxe horizontale du Soleil............	8,9
Demi-diamètre de la Lune.................	15.49,8
Demi-diamètre du Soleil..................	16. 7,9

On demande l'époque du commencement, du milieu et de la fin de l'éclipse.

10. Calculer l'anomalie excentrique et l'anomalie moyenne d'une planète, sachant que l'anomalie vraie est de $123^\circ 37' 15''$ et que l'excentricité de l'orbite a pour valeur 0,01675966.

11. Le demi-grand axe de l'orbite d'une planète est égal à 2,954267; l'excentricité est égale à 0,218709. Étant donnée l'anomalie vraie égale à 143°28′17″,6, calculer les valeurs correspondantes du rayon vecteur et de l'anomalie moyenne.

12. A un lieu dont la latitude est

$$\lambda = 48°50',$$

la distance zénithale observée est

$$Z = 61°48'30'';$$

la réfraction calculée 1″,8; les coordonnées équatoriales de l'étoile observée

$$Æ = 4^h 28^m 48^s,38,$$
$$\delta = 73°44'30''.$$

On demande l'heure sidérale.

13. La durée de la révolution d'une planète autour du Soleil est de 1035^j,438; l'excentricité de son orbite est 0,245367. Calculer le temps qui s'écoule depuis le passage de la planète, à son périhélie, jusqu'à l'instant auquel son rayon vecteur est perpendiculaire au grand axe.

14. La comète de Donati fut observée par James Ferguson, à Washington, le 13 octobre 1858, à $6^h 26^m 21^s,01$, temps moyen, qui trouva, pour l'ascension droite et la déclinaison corrigées de la réfraction,

$$\mathcal{A} = 236°48'\ 0'',5,$$
$$\mathcal{D} = -\ 7°36'52'',08,$$

le logarithme de la distance de la comète à la Terre étant

$$\log\Delta = 9,7444,$$

on demande le lieu géocentrique correspondant.

On a, pour Washington,

$$\varphi = 38°53'39'',3,$$
$$\log\rho\cos\varphi' = 9,8917,$$
$$\log\rho\sin\varphi' = 9,7955,$$

et le temps moyen de l'observation réduit en temps sidéral est

$$\theta = 19^h 55^m 16^s,98.$$

15. Le 1er janvier 1851, l'ascension droite de α du Cocher (la Chèvre) était de $5^h 5^m 42^s,03$, et la déclinaison $45°50'22'',4$. On demande de trouver sa longitude et sa latitude, en adoptant pour l'obliquité de l'écliptique

$$23°27'25'',47.$$

16. Sachant que les coordonnées écliptiques d'un astre sont, à une certaine époque,

$$\lambda = 2°51'\ 4'',55,$$
$$\beta = 9°33'38'',386,$$

on propose de trouver les coordonnées équatoriales correspondantes. L'obliquité de l'écliptique est supposée égale à

$$\omega = 23°27'32'',935.$$

17. On donne la distance zénithale apparente de Vénus

$$Z' = 64°43',$$

et la parallaxe horizontale $\varpi = 20''$ correspondant à la même distance au centre de la Terre, supposée sphérique. On demande la distance zénithale géocentrique. Vérifier les résultats en déterminant inversement la distance zénithale apparente au moyen de la distance zénithale géocentrique.

18. En un lieu de la Terre, dont la latitude est $38°58'53''$ et dont la longitude est, par rapport au méridien de Paris, $48°51'15''$, on a observé une étoile qui a $8°31'46'',56$ de déclinaison et $79°30'$ d'ascension droite absolue. Sachant qu'au moment de l'observation, la pendule sidérale, réglée sur le méridien de Paris, marque $22^h 22^m 16^s,76$, on demande la distance zénithale ζ et l'azimut A' de l'étoile au même moment.

19. On donne, à un certain instant, l'ascension droite $6°33'29'',3$ et la déclinaison $16°22'35'',45$ d'un astre. On sait que l'obliquité de l'écliptique $\omega = 23°27'31'',72$. On demande la latitude et la longitude astronomiques correspondantes.

20. Le 1er avril 1880, en un lieu qui a $105°30'15''$ de longitude Est et $48°50'$ de latitude, on a observé :

1° L'heure que marquait une pendule sidérale réglée sur Paris, ce qui a donné $5^h 20^m 59^s$;

2° La différence d'azimut entre une étoile ayant $272°43'47''$

pour $\mathcal{R}$, et $86°36'12'',40$ pour δ, et un certain signal terrestre situé à l'Est de l'étoile, ce qui a donné $25°20'18'',2$.

On demande l'azimut du signal.

21. Dans un lieu dont la latitude est $38°58'53''$, on a observé un astre au théodolite en un certain instant, et l'on a trouvé :

Distance zénithale............ $Z = 69°42'30''$
Azimut...................... $A = 300°10'30''$

on demande les valeurs correspondantes de la distance polaire p et de l'angle horaire P.

22. On donne la longitude et la latitude d'un astre

$$\mathcal{L} = 9°32'47'',94,$$
$$\lambda = -2°51'28'',12;$$

calculer l'ascension droite et la déclinaison. On sait d'ailleurs que l'obliquité de l'écliptique

$$\omega = 23°27'32'',9.$$

23. 1° On a trouvé, à un certain instant et dans un certain lieu, que la déclinaison du Soleil était

$$D = 23°26'8'',57,$$

et son ascension droite

$$\mathcal{R} = 5^h 48^m 50^s,54.$$

On demande l'obliquité vraie ou apparente ε de l'écliptique et la longitude vraie θ du Soleil.

2° Sachant, en outre, qu'à l'instant considéré la longitude du nœud de l'orbite lunaire est

$$\Omega = 272°37',4$$

et réduisant les formules de la nutation à

$$\Psi = -17'',24 \sin\Omega - 1'',269 \sin 2\theta,$$
$$\Omega = 9'',223 \cos\Omega + 0'',55 \cos 2\theta,$$

on demande l'obliquité moyenne ε_n de l'écliptique et la longitude θ_n du Soleil, comptée à partir de l'équinoxe moyen.

24. Les coordonnées équatoriales de l'étoile polaire α de la Petite Ourse sont actuellement

$$Æ = 1^h 16^m \text{ en temps sidéral,}$$
$$D = 88^\circ 41' \text{ en arc.}$$

On demande ce que deviendront ces coordonnées dans deux cents ans d'ici, en vertu de la précession des équinoxes.

On rappelle d'ailleurs que la précession des équinoxes consiste en un mouvement du pôle s'effectuant en 25800 ans sur un petit cercle de la sphère céleste parallèle à l'écliptique, dont le rayon sphérique est $23^\circ 27'$.

FACULTÉS DE FRANCE.

(Année 1880.)

25. Calculer de 2^m en 2^m, et pour des angles horaires variant de 4^h à $4^h 10^m$, la hauteur au-dessus de l'horizon d'une étoile dont la déclinaison est de $1^\circ 21' 14'',32$. La latitude est de $44^\circ 50' 19''$. On vérifiera l'exactitude des calculs par la méthode des différences.

26. Déterminer l'azimut du centre du Soleil, à $3^h 10^m$ de l'après-midi (temps moyen), avec les données suivantes :

Latitude du lieu....................	$45^\circ 11' 12''$
Déclinaison australe du Soleil.......	$17^\circ \ 8' 53''$
Équation du temps.................	$13^m 48^s$

27. Le 17 juillet 1880, à midi moyen de Paris, la planète Mars a pour coordonnées héliocentriques

Longitude héliocentrique........	$167^\circ \ 5' 26'',3$
Latitude........................	$1^\circ 37' 37'',8$
Logarithme du rayon vecteur....	0,2204213

Au même instant, la longitude du Soleil est

$$115^\circ 12' 9'',2.$$

On a

Logarithme du rayon vecteur de la Terre... 0,0069929

Déterminer la longitude et la latitude géocentriques de la planète à l'instant considéré.

28. Les hauteurs apparentes de deux étoiles sont respectivement égales à 48°0′49″ et 70°34′9″. Leur distance apparente est 58°8′48″ :

1° Calculer les éléments nécessaires pour déterminer la distance vraie de ces étoiles;

2° Former avec ces éléments le Tableau des calculs à effectuer pour arriver à son expression numérique.

29. Quels ont été, le 18 juillet 1880, à Poitiers, l'azimut et la distance zénithale d'Arcturus, l'heure sidérale étant 18 heures :

Latitude Poitiers	46°34′55″
Ascension droite Arcturus......	$14^h 10^m 13^s,97$
Déclinaison boréale.............	19°48′21″,7

30. L'excentricité d'une planète étant égale à $\frac{1}{5}$, calculer l'anomalie vraie et l'anomalie moyenne correspondant à une anomalie excentrique égale à

$$30°19'24'',54.$$

31. Le 12 mars 1880, on a observé α d'Orion vers l'ouest, à 14°23′15″,23 au-dessus de l'horizon.

On demande de calculer l'heure sidérale de l'Observatoire et l'azimut de l'étoile à l'instant de l'observation. Les coordonnées de α d'Orion sont

$$\text{Æ} = 5^h 48^m 42^s,21,$$
$$\delta = 7°22'57'',2.$$

La latitude du point d'observation est 44°50′19″.

32. On a mesuré, en un lieu de la Terre, les hauteurs d'une étoile et du centre de la Lune au-dessus de l'horizon, ainsi que leur différence d'azimut, et l'on demande sous quel angle leur distance serait vue du centre de la Terre, en tenant compte de la réfraction.

Hauteur de l'étoile..................	27°35′0″
Hauteur du centre de la Lune.......	35.20.0
Différence des azimuts..............	13.15.0
Parallaxe horizontale de la Lune.....	57.2

Réfraction $\theta = 60'',6 \tang z$, z étant la distance zénithale de l'astre.

33. En un lieu dont la latitude est égale à 48°50′49″, on trouve, à un moment donné, pour hauteur d'une étoile, 13°57′52″, et

pour déclinaison $8°25'45'',2$. On demande l'angle horaire de l'étoile au moment de l'observation.

34. On a trouvé, pour les distances zénithales de deux étoiles, les valeurs

$$z = 73°19'26'',5,$$
$$z' = 40°53'56'',3,$$

leurs déclinaisons étant d'ailleurs

$$D = 69°55'36'',4,$$
$$D' = 81°34',$$

et la différence $Æ - Æ'$ de leurs ascensions droites étant

$$78°49'38'',3.$$

On demande : 1° d'indiquer les opérations à effectuer pour trouver l'angle du vertical d'une de ces étoiles et de son plan horaire; 2° en supposant que cet angle ait été trouvé égal à $43°29'8'',3$, calculer la latitude du lieu et l'angle horaire correspondant à l'observation des deux astres, faite simultanément par deux observateurs.

35. Une étoile, dont la déclinaison est $+15°$, passe au méridien d'un lieu à 2^h (temps sidéral). La latitude du lieu est 35°. A quelle heure sidérale l'étoile se couchera-t-elle?

36. La longitude de Moscou étant $35°17'30''$ et sa colatitude $34°14'47''$, trouver l'azimut de Moscou sur l'horizon de Paris, azimut compté du nord et sa distance sphérique à Paris. On sait que la colatitude de Paris est $41°9'8''$.

(Année 1883.)

37. Établir les formules générales de la transformation de l'angle horaire et de la déclinaison en azimut et hauteur.

Calculer pour Bordeaux ($\varphi = 44°50'19''$) l'angle horaire et l'azimut du coucher du Soleil, le 26 juillet 1883 :

Déclinaison ☉, le 26, à midi vrai... $+19°41'30'',8$
Déclinaison ☉, le 27, à midi vrai... $+19°28'27'',2$

38. Quelle est l'heure sidérale à laquelle α de la Lyre atteint la hauteur $34°24'10''$ au-dessus de l'horizon de Besançon?

Les coordonnées équatoriales de α Lyre sont

$$\begin{aligned} Æ &= 18^h33^m1^s, \\ \delta &= 38^\circ 40' 30''. \end{aligned}$$

Latitude de Besançon, $47^\circ 13' 46''$.

39. On donne, pour le 10 août, à midi vrai, la déclinaison du Soleil égale à $15^\circ 31' 34''$ et l'équation du temps égale à $5^m 8^s,1$; pour le 11, à midi vrai, la déclinaison est de $15^\circ 14' 53''$, l'équation du temps $4^m 58^s,7$. Calculer, en temps moyen, l'heure du coucher du Soleil pour le 10 août, en un lieu dont la latitude est $50^\circ 38' 44''$. On ne tient compte ni de la réfraction ni de la parallaxe.

40. Calculer la valeur de u par la formule

$$u - e \sin u = nt;$$

en posant $t = \frac{T}{4}$, $e = 0,01676697$, $n = \frac{360}{T}$,

$$T = 365,2422.$$

41. Résoudre un triangle sphérique, connaissant les éléments suivants :

$$\begin{aligned} a &= 11^\circ 25' 56'',3, \\ B &= 184.\ \ 6.55,4, \\ C &= 11.18.40,3. \end{aligned}$$

42. Calculer les coordonnées équatoriales d'une étoile dont les coordonnées écliptiques sont :

$$\begin{aligned} l &= 146^\circ 16'\ 6'',21, \\ \lambda &= 0^\circ 43' 42'',67, \end{aligned}$$

l'obliquité de l'écliptique étant $23^\circ 27' 24'',34$.

43. Deux observations, faites à deux époques différentes d'un même mois, ont donné, pour la déclinaison du Soleil,

1°........................ $\delta = 6^\circ 26' 40''$
2°........................ $\delta = 13^\circ 12' 20''$

La différence des ascensions droites est

$$\alpha' - \alpha = 17^\circ 39' 9'',6.$$

En déduire l'obliquité de l'écliptique.

44. La comète Swift-Brook a une orbite dont les éléments de position sont :

Longitude du périhélie...........	$\pi = 29°0'\ 1'',4$
Longitude du nœud ascendant	$\Omega = 278.7.40,7$
Inclinaison sur l'écliptique	$i = 78.4.40,2$

Le 15 avril 1883, à minuit moyen de Paris, cette comète avait, pour anomalie moyenne,

$$\nu = 79°21'41'',6.$$

Calculer la longitude et la latitude héliocentriques correspondantes.

45. Étant données la longitude λ et la latitude β, ainsi que l'inclinaison de l'écliptique ε, calculer l'ascension droite et la déclinaison de cet astre :

$$\lambda = \quad 235°48'25'',6,$$
$$\beta = - \quad 6.29.48,5,$$
$$\varepsilon = \quad 23.27.15,5.$$

46. Le 2 mai 1883, la déclinaison du Soleil au midi vrai, à Paris, est trouvée égale à 15°21'17'',3. Le 31 du même mois, la déclinaison est 21°54'30'',6.

L'accroissement de l'ascension droite dans l'intervalle est

$$1^h 54^m 49^s,85.$$

En déduire l'obliquité de l'écliptique.

47. En un lieu dont la latitude est

$$\lambda = 48°41'31'',$$

on a observé, à un certain instant, l'azimut A et la distance zénithale Z d'une étoile

$$A = 29°15'40'',$$
$$Z = 61°48'30''.$$

Calculer l'heure sidérale de cet instant. On connaît l'ascension droite

$$Æ = 5^h 23^m 14^s,$$

et la réfraction calculée est 1',8.

48. Le 1er janvier 1875, les coordonnées héliocentriques de Vénus avaient pour valeur

Longitude....................	114°42′12″,2
Latitude boréale...............	2° 8′37″,5
Rayon vecteur..............	0,7185679

On demande de calculer les coordonnées géocentriques de cette planète, sachant que ce même jour la Terre avait, pour coordonnées héliocentriques,

Longitude....................	100°43′10″,4
Rayon vecteur..............	0,9832602

49. Quelle est l'heure solaire vraie dans un lieu dont la latitude est de 45°52′34″,26, quand la hauteur du Soleil, corrigée de la réfraction, est de 29°48′37″,18, sa déclinaison boréale étant de 15°28′32″,58?

50. L'anomalie vraie d'une planète est 112°28′42″,5. L'excentricité de l'orbite est égale au sinus de 2°3′42″,81. Trouver l'anomalie moyenne.

FIN.

9784 Paris. — Imprimerie de GAUTHIER-VILLARS, quai des Grands-Augustins, 55.

www.ingramcontent.com/pod-product-compliance
Ingram Content Group UK Ltd.
Pitfield, Milton Keynes, MK11 3LW, UK
UKHW020128220726
13923UKWH00001B/57